新手零基础

学电脑

从入门到精通

AI升级版

H.D.百科联盟　编著

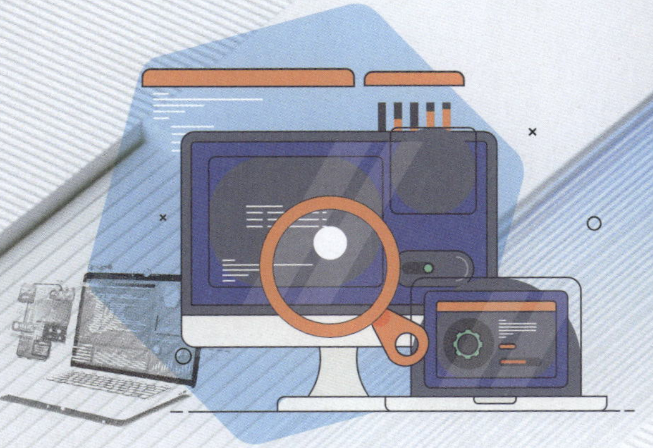

化学工业出版社
·北京·

内容简介

本书针对零基础的电脑使用者，采用全彩图解+视频讲解的形式，系统讲解了“电脑”这一工具的应用技巧。

全书主要内容包括：全面认识电脑、Windows 11 入门、文件与文件夹的管理、互联网的连接与使用、选择适合自己的输入法、常见办公文档的制作、对报表数据进行处理、演示文稿的设计与制作、Photoshop 2024 新手必会、AIGC 技术基础应用指南。此外，本书还额外赠送了几章拓展学习内容，包括：熟悉系统自带的附件、系统的安全与管理、装机必备的应用程序、上网可以做的那些事、PDF 阅读器的使用。

本书内容丰富实用，案例贴合实际需求，讲解细致，通俗易懂。本书非常适合电脑新手阅读使用，还可用作职业院校及相关培训机构的教材及参考书。

图书在版编目（CIP）数据

学电脑从入门到精通 / H.D. 百科联盟编著. -- 北京 : 化学工业出版社，2025. 4. -- ISBN 978-7-122-47403-2

Ⅰ. TP3

中国国家版本馆CIP数据核字第202552DE95号

责任编辑：要利娜　　文字编辑：徐卿华
责任校对：宋　玮　　装帧设计：张　辉

出版发行：化学工业出版社
（北京市东城区青年湖南街 13 号　邮政编码 100011）
印　　装：北京瑞禾彩色印刷有限公司
710mm×1000mm　1/16　印张 14　字数 317 千字
2025 年 5 月北京第 1 版第 1 次印刷

购书咨询：010-64518888　　售后服务：010-64518899
网　　址：http://www.cip.com.cn
凡购买本书，如有缺损质量问题，本社销售中心负责调换。

定　　价：99.00元

前言

编写目的

你是否被以下这些问题所困扰过？

“这个软件怎么安装？”

“我的电脑怎么不能上网了？”

“怎样才能下载网盘中的资料？”

“打印指定区域的内容，该如何操作？”

……

如果没有，那么恭喜，你已脱离电脑小白圈，成功晋级。如果有，那么请仔细阅读这本教程。本教程以案例制作辅助知识点讲解，详细介绍了在 Windows 11 操作系统中，各常用软件的应用方法与技巧，其中包括装机必备软件、系统维护与优化软件、网络下载软件、网络休闲娱乐软件、常用的办公软件，以及 PS、AIGC 常用工具等。

全书知识架构清晰合理，用语通俗易懂，内容难易得当，适合电脑新手阅读与学习。本书的编写目的就是让零基础的读者在更短的时间内掌握更多的电脑操作技能，以全面认识、掌握并应用电脑这一工具。

内容特点

本书为零基础的电脑小白量身定做，从认识电脑讲起，对新手所要学习且必须掌握的内容进行了系统介绍。

1. 强化基础，打好功底

本书以“认识电脑→系统安装→系统维护→电脑的基本应用→必备软件的应用”这一主线，循序渐进地向读者讲解了电脑的使用。强化电脑的基本操作技能，为后期深入学习打下扎实的基础。

2. 图文并茂，学习无压力

本书采用图文并茂的讲解方式，让读者能够更直观、更清晰地掌握每一步的具体操作，减轻阅读障碍，从而提高读者的学习兴趣和动力。

3. 知识拓展，举一反三

本书针对重点内容，除文字讲解外，还安排了相关的视频讲解以及知识拓展，读者只需扫描书中相应的二维码即可获取相关内容，从而帮助读者将所学知识真正应用到实处。

本书在编写过程中力求严谨细致，但由于时间与精力有限，疏漏之处在所难免，望广大读者批评指正。

编者

目录

第1章 全面认识电脑 // 001

1.1 认识电脑 // 001

1.1.1 电脑的主要作用 // 001
1.1.2 电脑的主要分类 // 002

1.2 电脑的硬件系统 // 003

1.2.1 电脑的主要内部组件 // 003
1.2.2 电脑的主要外设构成 // 005

1.3 电脑的软件系统 // 005

1.3.1 操作系统 // 005
1.3.2 应用软件 // 006

1.4 电脑软硬件信息查看 // 007

1.4.1 使用BIOS查看 // 007
1.4.2 使用Windows系统软件查看 // 007
1.4.3 使用第三方工具查看配置 // 008

第2章 Windows 11入门 // 010

2.1 Windows 11的安装 // 010

2.1.1 制作官方系统安装U盘 // 010
2.1.2 使用系统安装U盘安装 // 011

2.2 Windows 11的基本操作 // 013

2.2.1 启动Windows 11 013
2.2.2 微软账户和本地账户的切换 // 014
2.2.3 退出Windows 11 015

2.3 Windows 11桌面 // 016

2.3.1 显示默认桌面图标 // 016
2.3.2 设置系统主题 // 016
2.3.3 设置桌面背景 // 017
2.3.4 设置锁屏界面 // 018

2.4 Windows 11任务栏自定义 // 018

2.4.1 改变任务栏对齐方式 // 019
2.4.2 隐藏任务栏图标 // 019
2.4.3 取消任务栏合并 // 019

2.5 日期和时间的调整 // 020

2.5.1 手动设置系统日期和时间 // 020
2.5.2 时间显示到秒 // 021

2.6 系统字体的管理 // 021

2.6.1 添加与使用字体 // 021
2.6.2 查找与卸载字体 // 022

第3章 文件与文件夹的管理 // 023

3.1 认识文件与文件夹 // 023

3.1.1 文件与文件夹 // 023
3.1.2 文件名与扩展名 // 024

3.2 查看文件与文件夹 // 025

3.2.1 浏览文件与文件夹 // 025
3.2.2 更改文件或文件夹的查看方式 // 025

3.3 设置程序快捷方式 // 026

3.3.1 创建文件快捷方式 // 026
3.3.2 更换快捷方式的样式 // 027

3.4 操作文件与文件夹 // 027

3.4.1 选择文件或文件夹 // 027

3.4.2 复制粘贴文件或文件夹 // 028
3.4.3 移动文件或文件夹 // 029
3.4.4 删除文件或文件夹 // 029
3.4.5 恢复文件或文件夹 // 030
3.4.6 新建文件或文件夹 // 030
3.4.7 重命名文件或文件夹 // 030

3.5 隐藏/显示文件或文件夹 // 031

3.5.1 隐藏文件或文件夹 // 031
3.5.2 显示隐藏文件或文件夹 // 032

第4章 互联网的连接与使用 // 033

4.1 Internet简介 // 033

4.1.1 什么是Internet // 033
4.1.2 如何接入Internet // 033
4.1.3 家庭局域网常用网络设备 // 034

4.2 网络连接 // 036

4.2.1 电脑拨号上网 // 036
4.2.2 无线路由器联网设置 // 037

4.3 局域网的组成 // 039

4.3.1 局域网简述 // 039
4.3.2 局域网共享设置 // 039

4.4 浏览器的使用 // 043

4.4.1 认识浏览器 // 043
4.4.2 设置默认主页 // 043
4.4.3 使用收藏夹 // 044
4.4.4 历史记录的使用 // 044
4.4.5 快速翻译页面 // 044

第5章 选择适合自己的输入法 //046

5.1 熟练使用键盘 // 046

5.1.1 键盘分区 // 046
5.1.2 手指分工 // 048
5.1.3 指法练习 // 048

5.2 了解汉字输入法 // 049

5.2.1 汉字输入法简介 // 049
5.2.2 常用输入法及其切换 // 050

5.3 汉语拼音输入法 // 050

5.3.1 多种输入方式 // 050
5.3.2 输入日期和时间 // 051
5.3.3 输入生僻字 // 051

5.4 五笔字型输入法 // 052

5.4.1 汉字的编码规则 // 052
5.4.2 汉字的拆分原则 // 054
5.4.3 单字的编码方式 // 055
5.4.4 简码的编码方式 // 057
5.4.5 词组的编码方式 // 058
5.4.6 万能键的使用 // 059

第6章 常见办公文档的制作 // 061

6.1 文档基本操作 // 061

6.1.1 文档的创建与设置 // 061
6.1.2 文档的保存与另存 // 062
6.1.3 文档的打印与输出 // 063

6.2 编辑文本 // 064

6.2.1 文本的选择 // 065
6.2.2 文本的移动与复制 // 065
6.2.3 文本的查找与替换 // 066

6.3 设置文档格式 // 066

6.3.1 文本格式的设置 // 067
6.3.2 段落格式的设置 // 067
6.3.3 项目符号的添加 // 067
6.3.4 自动编号的添加 // 067
6.3.5 文档样式的设置 // 068
6.3.6 分栏排版 // 069

6.4 美化文档 // 070

6.4.1 插入图片 // 070

6.4.2 编辑图片 // 070
6.4.3 插入文本框 // 071
6.4.4 插入艺术字 // 071
6.4.5 设置文档背景 // 072
6.4.6 插入页眉页脚 // 072
6.4.7 应用稿纸样式 // 073

6.5 使用表格 // 074

6.5.1 插入与删除表格 // 074
6.5.2 插入与删除行/列 // 075
6.5.3 合并与拆分单元格 // 075
6.5.4 表格与文本的转换 // 076
6.5.5 表格美化 // 077

6.6 AI自动生成并处理文档 // 078

6.6.1 如何唤起AI功能 // 079
6.6.2 AI智能写文章 // 079
6.6.3 自动起草种草文案 // 080
6.6.4 智能续写 // 082
6.6.5 自动总结文档 // 082
6.6.6 文档自动排版 // 084

6.7 制作通知类文档 // 086

6.7.1 创建培训通知文档 // 086
6.7.2 输入并编排培训通知 // 086
6.7.3 输出并打印培训通知 // 090

第7章 对报表数据进行处理 // 091

7.1 工作簿的基本操作 // 091

7.1.1 新建工作簿 // 091
7.1.2 保存工作簿 // 091
7.1.3 打印与输出 // 092

7.2 工作表的基本操作 // 093

7.2.1 插入与删除工作表 // 093
7.2.2 移动与复制工作表 // 094
7.2.3 隐藏/显示工作表 // 095
7.2.4 重命名工作表 // 095

7.3 录入数据信息 // 096

7.3.1 输入日期型数据 // 096
7.3.2 输入文本型数据 // 097
7.3.3 自动填充数据序列 // 098
7.3.4 输入自定义序列 // 099

7.4 简单处理数据信息 // 099

7.4.1 对数据进行排序 // 100
7.4.2 对数据进行筛选 // 102
7.4.3 数据的分类汇总 // 104
7.4.4 数据的合并计算 // 107

7.5 公式与函数 // 108

7.5.1 单元格的引用 // 108
7.5.2 快速输入公式和函数 // 109
7.5.3 常用函数介绍 // 110

7.6 根据数据创建图表 // 111

7.6.1 创建图表 // 111
7.6.2 编辑图表 // 112
7.6.3 美化图表 // 112

7.7 AI数据智能处理 // 114

7.7.1 AI写公式 // 114
7.7.2 一句话搞定数据分析 // 115
7.7.3 设置条件格式 // 116
7.7.4 数据智能洞察分析 // 116

7.8 制作旅游清单 // 117

7.8.1 创建清单内容 // 118
7.8.2 美化清单表格 // 118
7.8.3 打印旅游清单 // 120

第8章 演示文稿的设计与制作 // 122

8.1 创建和编辑演示文稿 // 122

8.1.1 创建演示文稿 // 122
8.1.2 WPS AI一键生成PPT // 123
8.1.3 幻灯片的基本操作 // 125

8.1.4 在幻灯片中添加文字 // 127
8.1.5 在幻灯片中插入图片 // 131
8.1.6 在幻灯片中插入音视频 // 134

8.2 添加动画效果 // 136

8.2.1 基本动画的添加 // 136
8.2.2 切换动画的添加 // 139
8.2.3 超链接的设置 // 140

8.3 放映和输出 // 142

8.3.1 幻灯片的放映 // 142
8.3.2 幻灯片的输出 // 143

8.4 制作垃圾分类宣讲方案 // 144

8.4.1 制作标题页幻灯片 // 144
8.4.2 制作目录页和内容页幻灯片 // 147
8.4.3 制作结尾页幻灯片 // 148
8.4.4 为幻灯片添加动画效果 // 149
8.4.5 将宣讲方案进行打包 // 150

第9章 Photoshop2024新手必会 //152

9.1 初识Photoshop // 152

9.1.1 调整图像尺寸 // 154
9.1.2 调整画布大小 // 155
9.1.3 图像的还原或重做 // 156

9.2 基础工具的应用 // 157

9.2.1 选框工具组 // 157
9.2.2 套索工具组 // 158
9.2.3 魔棒工具组 // 160
9.2.4 画笔工具组 // 161
9.2.5 橡皮擦工具组 // 163
9.2.6 渐变工具组 // 165
9.2.7 图章工具组 // 167
9.2.8 污点修复工具组 // 169

9.3 文字的处理与应用 // 170

9.3.1 创建文本 // 170
9.3.2 字符/段落面板 // 172
9.3.3 将文字转换为工作路径 // 172
9.3.4 变形文字 // 173

9.4 图层的应用 // 174

9.4.1 认识图层 // 174
9.4.2 管理图层 // 175
9.4.3 图层样式 // 177

9.5 路径的创建 // 181

9.5.1 路径和路径面板 // 181
9.5.2 钢笔工具组 // 181
9.5.3 路径形状的调整 // 183

9.6 通道和蒙版 // 183

9.6.1 通道的创建 // 183
9.6.2 蒙版的分类 // 184

9.7 图像色彩的调整 // 186

9.7.1 色阶 // 187
9.7.2 曲线 // 188
9.7.3 色彩平衡 // 189
9.7.4 色相/饱和度 // 189
9.7.5 替换颜色 // 190
9.7.6 去色 // 191

第10章 AIGC技术基础应用指南 //192

10.1 AIGC概述 // 192

10.1.1 初识AIGC技术 // 192
10.1.2 AIGC技术应用领域 // 193
10.1.3 AIGC工具及特点 // 194
10.1.4 AIGC的使用方法 // 195

10.2 会提问才能得到好答案 // 196

10.2.1 提问的基本原则 // 196
10.2.2 提问的分类 // 197
10.2.3 优化提问技巧 // 198

10.3 AIGC提升文档制作效率 // 201

10.3.1 文档撰写与编辑 // 201

10.3.2 数据分析与报告生成 // 204
10.3.3 会议记录与要点总结 // 205
10.4 AIGC提供设计灵感 // 206
10.4.1 文生图的基本概念 // 206
10.4.2 提升文生图效果的技巧 // 207

附录 拓展学习内容 // 210

第1章 熟悉系统自带的附件 // 210
1.1 计算器 // 210
1.2 截图工具 // 210
1.3 写字板 // 210
1.4 画图程序 // 210

第2章 系统的安全与管理 // 210
2.1 电脑受到的威胁 // 210
2.2 使用Windows更新功能 // 210
2.3 Windows 11常见的安全管理设置 // 210
2.4 使用第三方工具进行安全管理 // 210
2.5 使用系统自带管理与优化工具 // 210
2.6 使用第三方工具进行管理与优化 // 210

第3章 装机必备的应用程序 // 211
3.1 软件的安装与卸载 // 211
3.2 压缩/解压缩工具 // 211
3.3 驱动工具 // 211
3.4 视频工具 // 211
3.5 聊天工具 // 211
3.6 输入法 // 211
3.7 办公软件 // 211

第4章 上网可以做的那些事 // 211
4.1 收发电子邮件 // 211
4.2 网上购物 // 211
4.3 在线休闲娱乐 // 211
4.4 观看直播及在线直播 // 211
4.5 网络课程的观看 // 211
4.6 AI工具的使用 // 211

第5章 PDF阅读器的使用 // 212
5.1 了解PDF阅读器 // 212
5.2 利用PDF阅读器查看文档 // 212
5.3 使用手机查看PDF文档 // 212

扫码看视频

第1章 全面认识电脑

1.1 认识电脑

1946年，第一台电子计算机出现，如图1-1所示。至今，已经半个多世纪过去了。从早期的专门用于科学计算的电子管数字机，发展到现在互联网时代云计算使用的大型机（图1-2），电脑的性能也在不断地提升。

图1-1

图1-2

1.1.1 电脑的主要作用

早期电脑的功能类似于现在计算器的功能，可见科学进步的速度。那么从科学的角度来看，现在的电脑主要有如下作用。

（1）科学计算

不论电脑如何发展，核心计算都是必需的，小到智能终端，大到国家级别的大型计算机，都是以计算为基础的。至于应用方面，电脑的所有操作，说到底都是一种计算。而大型计算机负责大型模型和复杂参数的计算，如航空航天级别的运算、天气预报（图1-3）。现在比较流行的云计算也主要使用云端的高速数据处理能力。

（2）过程控制

过程控制主要指一些自动化设备，在预编制了处理过程的程序后，电脑自动按照指令控制设备进行操作的过程，如图 1-4 所示。

图1-3

图1-4

（3）数据控制

数据控制即信息管理，是以数据库为基础，对数据进行科学的归类和整理，支持即时调用和计算，为决策者提供数据支持，比如金融系统、数据中心系统等。

（4）辅助设计

辅助设计包括计算机辅助设计（CAD）、计算机辅助制造（CAM）和计算机辅助教学（CAI）等。

（5）网络终端

随着网络的高速发展，电脑的核心应用已经从单纯的单机办公、游戏，扩展到了整个网络范畴。包括网络购物、网络通信、网络办公、网络游戏，以及最新的人工智能、网络直播、云电脑客户端等，如图 1-5、图 1-6 所示。电脑已经成为网络的一种终端设备，离开了网络的支持，电脑的用途将大打折扣。

图1-5

图1-6

1.1.2 电脑的主要分类

电脑按照不同的标准，有不同的分类。

- 按照规模大小，可以分为微型机、小型机、中型机、大型机和巨型机。
- 按照组装方式和用途，可以分为常见的组装机、笔记本、品牌机、一体机。其他还有专业级的苹果电脑（图 1-7）以及工作站或服务器（图 1-8）。

图1-7

图1-8

1.2 电脑的硬件系统

电脑系统一般由硬件系统及软件系统组成，硬件是电脑的基础，决定了电脑的档次和最高的性能指标。硬件系统包括内部组件和外部设备。

1.2.1 电脑的主要内部组件

电脑的内部组件也就是装机时罗列的项目，主要包括以下几项。

- CPU：中央处理器，主要负责电脑中的所有科学和逻辑计算，并协调其他设备共同工作。其体积很小，但科技含量非常高，如图 1-9 所示。
- 主板：一般是一块大规模集成电路板，提供了大量接口，用于固定及连接内外部组件，并在组件之间传输数据，如图 1-10 所示。

图1-9

图1-10

- 内存：电脑主要的高速缓存设备，负责临时存储数据，为 CPU 及其他设备（主要是硬盘）间提供高速数据存放与交换，如图 1-11 所示。断电后数据消失。
- 硬盘：电脑主要的数据存储设备，发展到现在，已经从传统机械硬盘（图 1-12）

向固态硬盘进行转变。断电后数据不会消失。

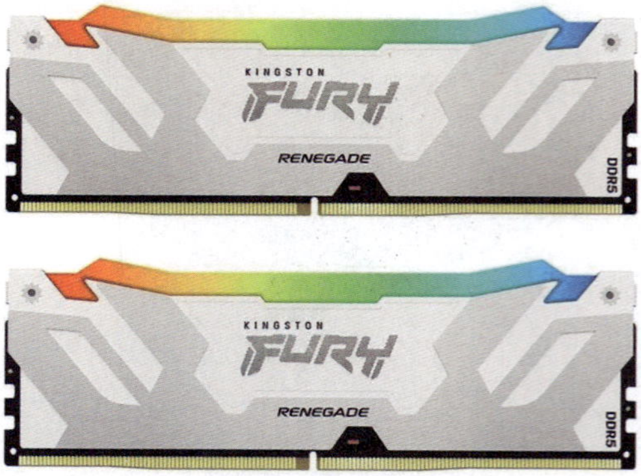

图1-11

图1-12

新手误区

普通的 3.5 寸固态硬盘，一般使用的是 SATA 通道，这样最大传输速度为 6GB/s（实际最高约 600MB/s）。而 M.2 接口固态可以使用 PCI-E 通道，在使用 PCI-E4.0，且支持 Nvme 协议的情况下，读取速度最高可达到 7000MB/s。

- **显卡**：用于电脑显示数据的计算以及输出，分为独立显卡（如图 1-13 所示）和 CPU 提供的核显。在进入人工智能时代后，借助于显卡的强悍算力，用户可以在本地进行各种 AI 模型的计算。
- **电源**：这里指的是电脑电源，如图 1-14 所示，电脑中的各部件不能直接使用 220V 的交流电，必须经过电脑电源的转化，变成不同电压的直流电以供给各组件使用。所以电源无法直接提升电脑性能，但关系到电脑运行稳定性。

图1-13

图1-14

1.2.2 电脑的主要外设构成

电脑外设是电脑与用户进行交互的接口，也是用户最常接触的一些设备。

- 显示器：负责处理电脑输出的视频信号，并显示给用户。
- 键盘 / 鼠标：电脑的主要输入设备，是用户控制电脑的工具。
- 音箱：将电脑声卡的音频信号播放出来，在以前也是电脑的标配。
- 耳麦：是耳机和麦克风的混合，非常适合直播和游戏使用。
- 摄像头：主要用于采集视频信号并输入到电脑中进行保存或传输，如直播、录制教程、视频会议、网课时经常会用到。还有一类用于安全监控。
- 打印机：也是电脑的主要输出设备，主要提供文档、照片等数据的纸质输出。企业经常使用的是多功能一体机，家庭使用的比较多的是小型喷墨打印机。

操作技巧

其实，网络设备从一定层面上也属于外部组件。家庭常用的网络设备包括无线路由器、小型交换机、NAS 存储设备等。企业级的网络设备更加专业和复杂，有兴趣的读者可以去了解一下。

1.3 电脑的软件系统

电脑只有硬件是无法工作的，还需要软件系统的指挥才可以发挥电脑性能。电脑的软件系统包括操作系统、应用软件以及 BIOS 系统。

1.3.1 操作系统

打开电脑后进入到桌面环境，就是操作系统，也是用户最常使用的。

（1）操作系统概述

操作系统从逻辑层次上来划分，是位于用户使用的各种软件和硬件设备之间。向上为用户的各种应用程序提供接口及运行平台，向下控制计算机硬件，控制硬件完成各种指令、运算，以及在硬件与软件之间传输数据。没有操作系统，电脑就无法工作。购买品牌电脑一般会自带正版的操作系统。如果操作系统故障，只能通过重装或重置来解决。

（2）主流操作系统

电脑上经常使用的最新操作系统是 Windows 11（图 1-15），还有即将停止支持的 Windows 10（图 1-16）。

除了常见的 Windows 系统外，还有一类系统是以 Linux 为核心的各种 Linux 发行版系统，如 Ubuntu 系统（图 1-17），以及专门服务于苹果的 MAC OS 系统，如最新的 MAC OS Sonoma（图 1-18）。

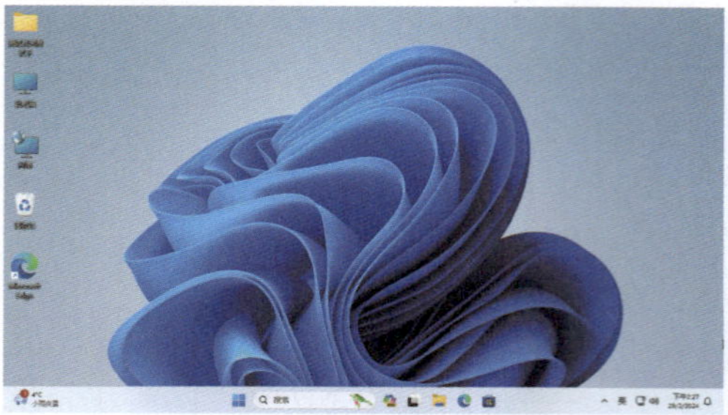

图1-15

图1-16

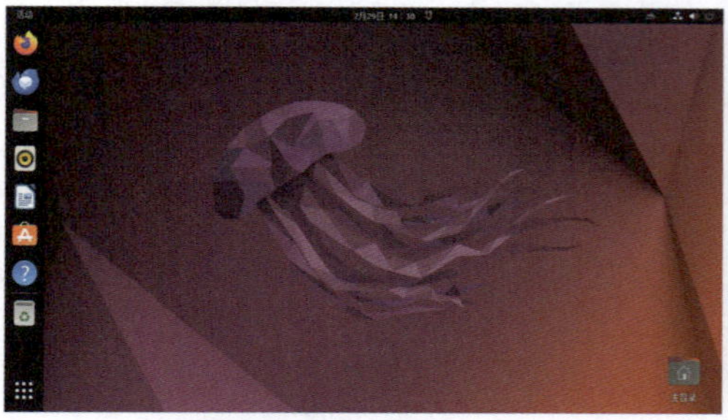

图1-17

图1-18

操作技巧

上面介绍的都是桌面级别的系统，也就是普通用户使用的系统。除了这些外，还有一类特殊的系统，是专门用于服务器的系统，比如 Windows 的 Server 系列系统，如 Windows Server 2022，如图 1-19 所示；以及 Linux 的服务器系统，如 RHEL，如图 1-20 所示。有兴趣的读者可以安装服务器系统，来搭建一些网络服务，如 Web 服务器、DHCP 服务器、文件服务器、域环境等。

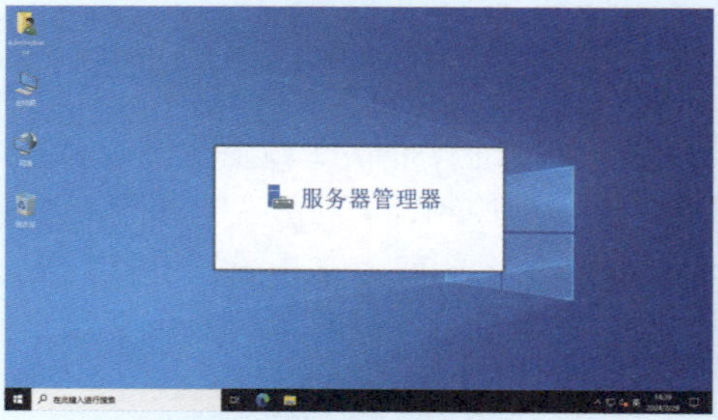

图1-19

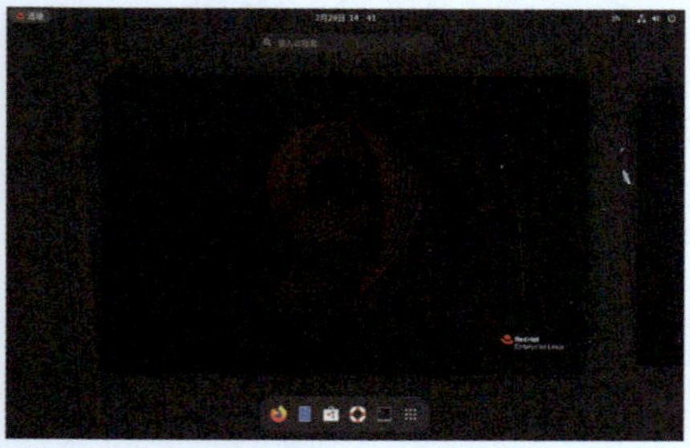

图1-20

1.3.2 应用软件

应用软件是运行在操作系统上，由用户自主安装的，专门用于特定应用的一类软件，比如办公使用的 Office 系列软件，如图 1-21 所示；还有用于听歌的软件。其他常见的还有 Photoshop、QQ、微信、迅雷、压缩解压软件（图 1-22）、CAD 制图软件等。

图1-21

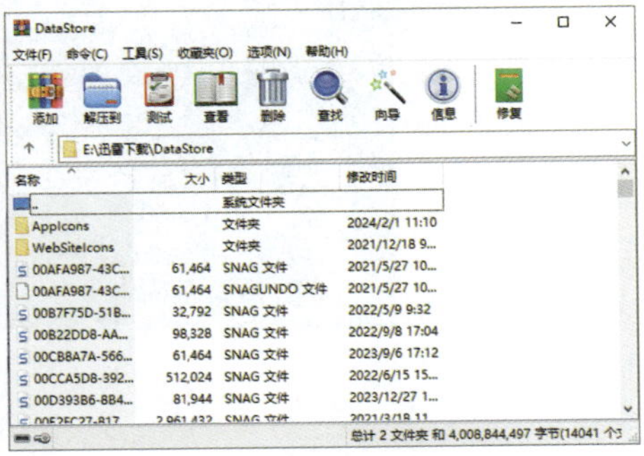

图1-22

操作技巧

操作系统和硬件之间，还有一类特殊的系统，叫做 BIOS（基本输入输出系统）。BIOS 随主板自带，提供最直接的硬件设置和控制，可以对硬件自检、设置硬件参数、设置启动顺序等。现在比较常见的是 UEFI BIOS，可以使用鼠标操作。BIOS 中还提供超频选项，使用起来非常方便。读者可以开机按 DEL 键进入 BIOS 看一下。

1.4 电脑软硬件信息查看

想了解电脑的详细状态及配置信息，可以通过多个途径进行查看。

1.4.1 使用BIOS查看

BIOS 是专门管理硬件的地方，启动时 BIOS 会自检，自动加载主板上各硬件信息。所以用户可以通过 BIOS 快速查看电脑硬件信息，如图 1-23 所示。BIOS 适配的是主板，由不同的主板厂家自行设计。同一厂家的 BIOS 比较类似，而不同厂家的 BIOS 往往界面不同，但项目名称、含义、操作方法基本相同。

1.4.2 使用Windows系统软件查看

Windows 中的“系统信息”界面中，可以查看到当前的系统版本、处理器及内存信息，如图 1-24 所示。也可以到设备管理器中，查看当前电脑上的硬件设备信息，如图 1-25 所示。

在“任务管理器”的“性能”卡片中，也可以查看处理器的频率、缓存、插槽、内存使用情况、硬盘使用情况、速度、网络速度等信息。

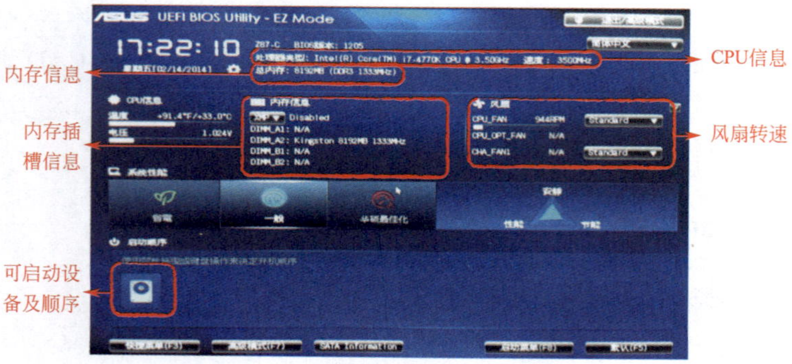

图1-23

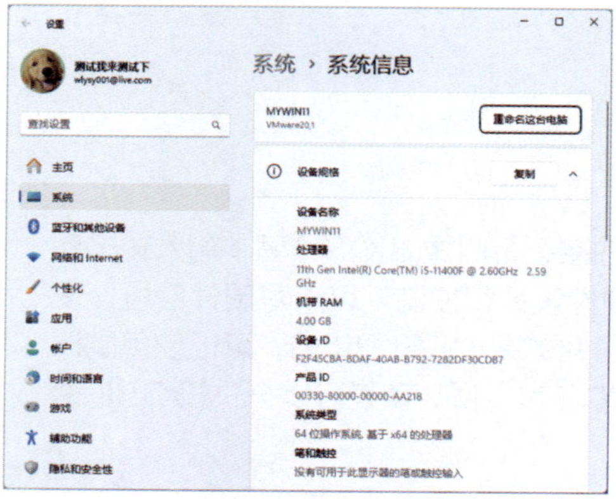

图1-24

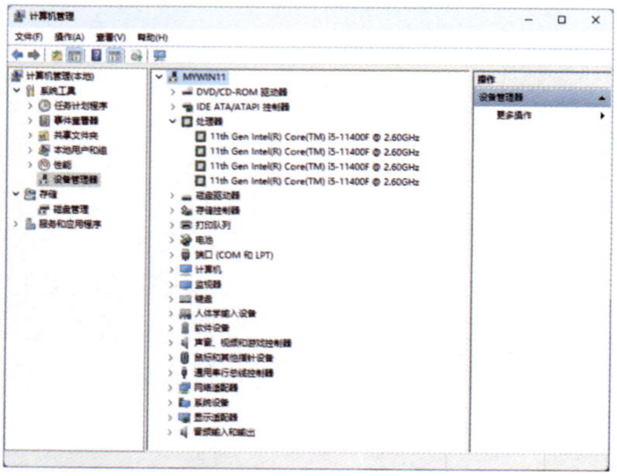

图1-25

1.4.3 使用第三方工具查看配置

无论是 BIOS 还是 Windows 自带的工具，在查看硬件信息时，总不那么全面。用户可以使用第三方专业工具，如 CPU-Z、GPU-Z 等，查看 CPU 或显卡等的参数，如图 1-26 所示。当然，用户也可以使用系统总览软件查看所有的系统信息，如使用 AIDA64 查看，如图 1-27 所示。

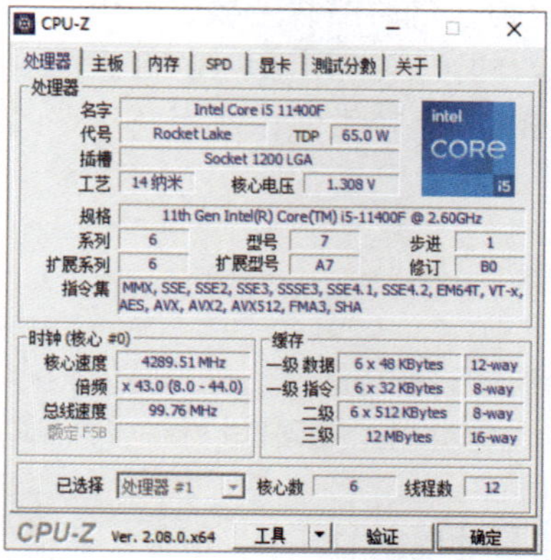

图1-26

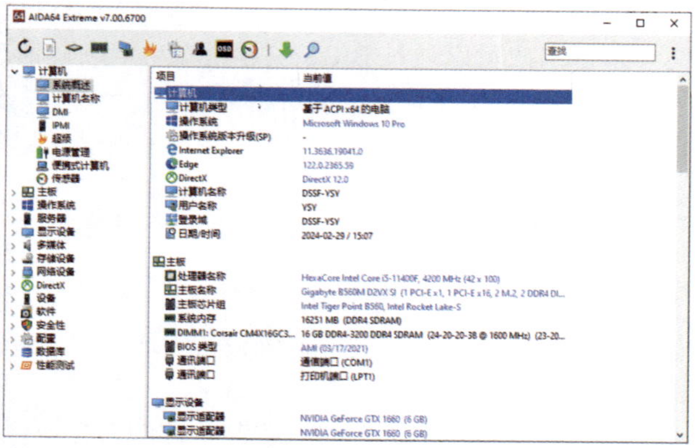

图1-27

操作技巧

如果要查看电脑中安装的软件，可以到 Windows 设置中的“安装的应用”中查看并管理软件，如图 1–28 所示；或者到第三方软件的软件管理中查看软件信息，如图 1–29 所示。

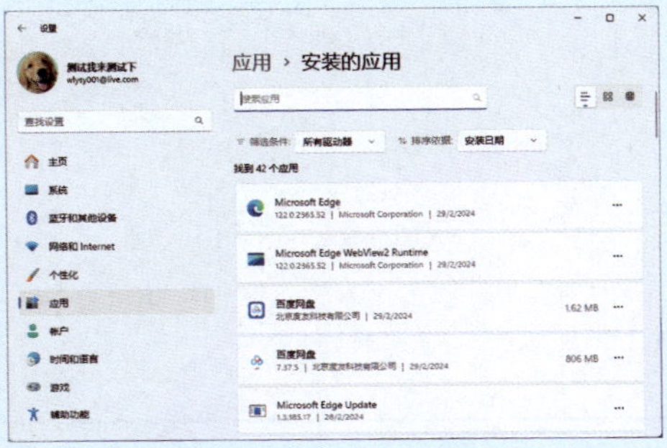

图1–28

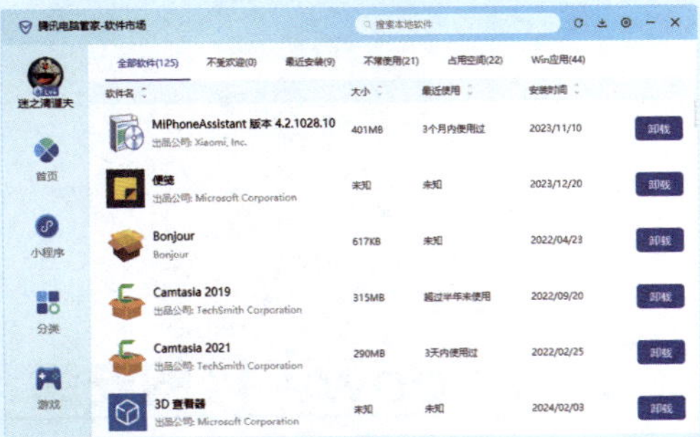

图1–29

扫码看视频

第2章 Windows 11入门

2.1 Windows 11的安装

Windows 11 有硬件要求，以下介绍的操作都是建立在硬件满足要求的情况下，否则无法直接安装（可使用部署的方法进行安装）。

2.1.1 制作官方系统安装U盘

使用微软官方的工具制作 Windows 11 的安装 U 盘，可以直接启动电脑，进入到系统安装的配置界面。这种方法的优点是简单方便，缺点是仅能安装当前这一版的操作系统，安装其他版本需要重新制作，且 U 盘中的文件比较杂乱。下面详细介绍系统安装 U 盘的制作步骤。

在微软官网的系统下载界面中，从“创建 Windows 11 安装”中，单击“立即下载”按钮，如图 2-1 所示，下载启动 U 盘制作工具“MediaCreationTool_Win11_23H2”（不同的系统版本有不同的后缀）。插入 U 盘，双击启动制作软件，如图 2-2 所示。

启动后进入到向导中，保持默认设置配置即可，在选择介质时，选择 U 盘，如图 2-3 所示，接下来软件会自动下载 Windows 11 的镜像并制作启动U盘，如图 2-4 所示。

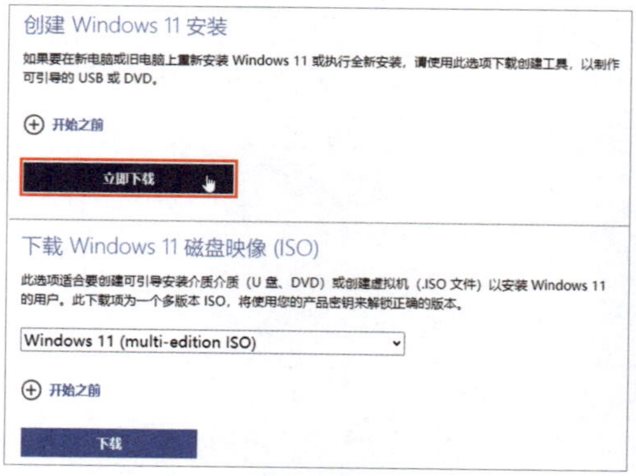

图2-1

图2-2

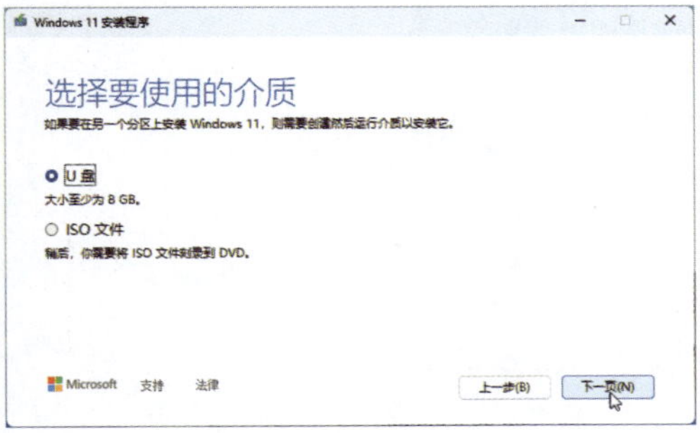

图2-3

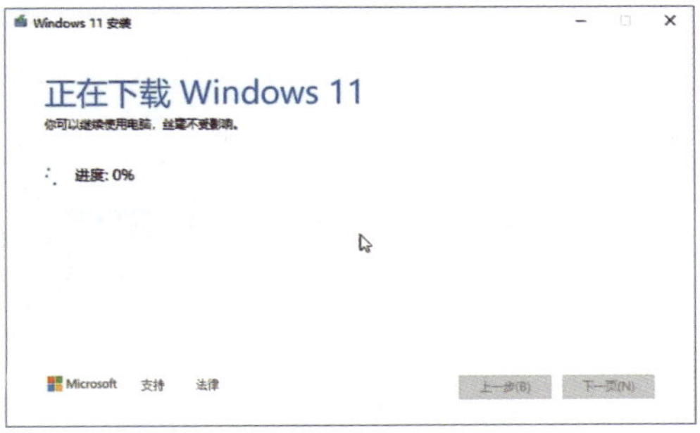

图2-4

2.1.2 使用系统安装U盘安装

系统安装 U 盘制作完毕后，就可以使用该 U 盘安装系统了。在安装前，先备份好重要的文件，尤其是系统分区的文件。接下来关闭电脑，将 U 盘插入电脑 USB 接口中，启动电脑时，根据不同的主板，快速按下快捷键，进入到启动设备选择界面，选择 U 盘，按回车键进行启动，如图 2-5 所示。当出现按任意键启动英文提示时，如图 2-6 所示，按键盘任意键，启动系统安装向导。

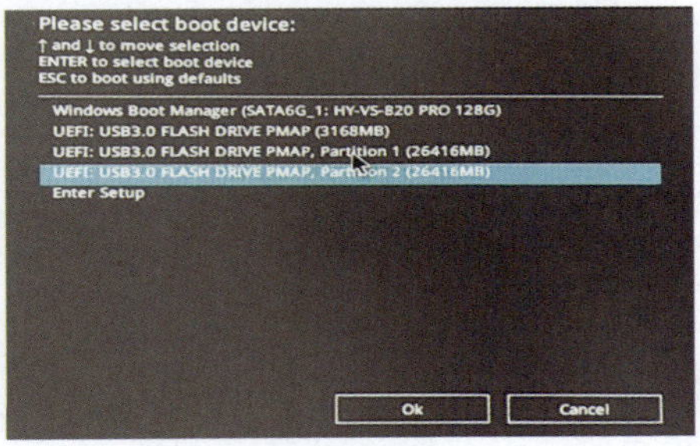

图2-5

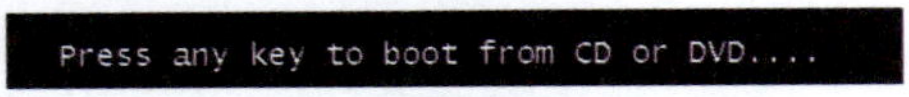

图2-6

在向导中，保持默认选项进入下一步，在“选择需要安装的操作系统”界面中，选择需要安装的 Windows 版本，建议选择专业版及以上的操作系统。这里选择“Windows 11 专业版”，单击“下一页”按钮，如图 2-7 所示。因为是全新安装，在选择安装类型时，选择“自定义：仅安装 Windows（高级）”选项，如图 2-8 所示。

选择需要安装的磁盘，这里的磁盘并未分区，选中该硬盘后单击“新建”按钮，设置系统盘分区的大小，这里设置为 80000MB，单击“应用”按钮，如图 2-9 所示。

安装程序同时会自动创建启动分区和 MSR 分区。按同样的步骤完成其他分区的创建，选中刚才建立的需安装操作系统的分区，单击“下一页”按钮，如图 2-10 所示。

操作技巧

EFI 分区是负责启动的分区，是必需的。MSR 分区与动态磁盘的转换有关。

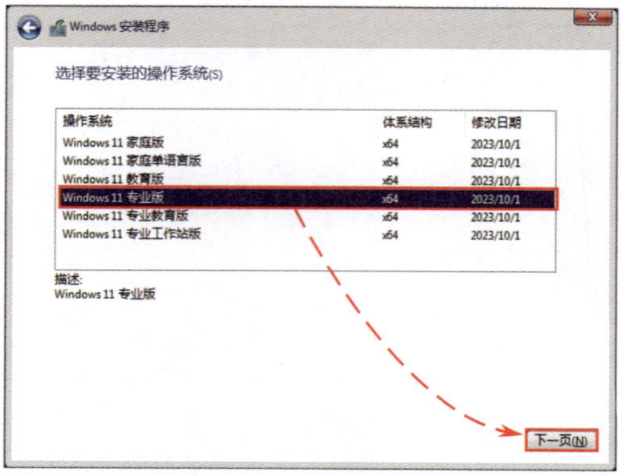

图2-7

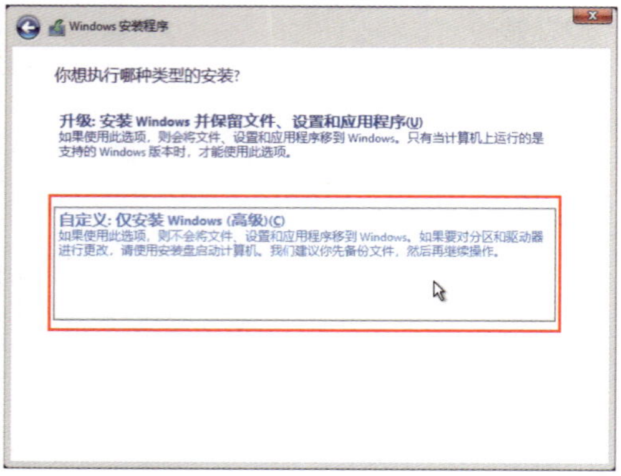

图2-8

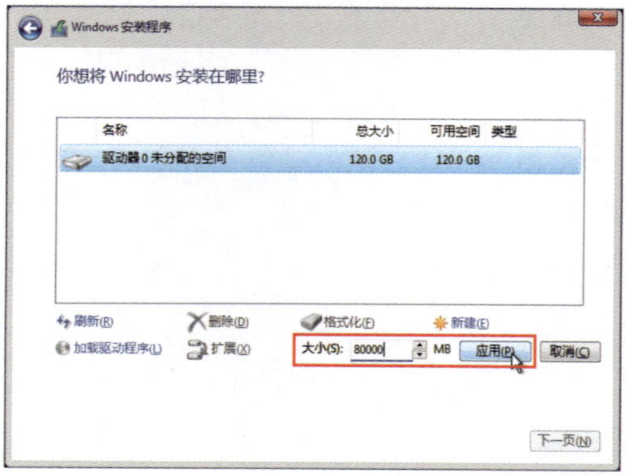

图2-9

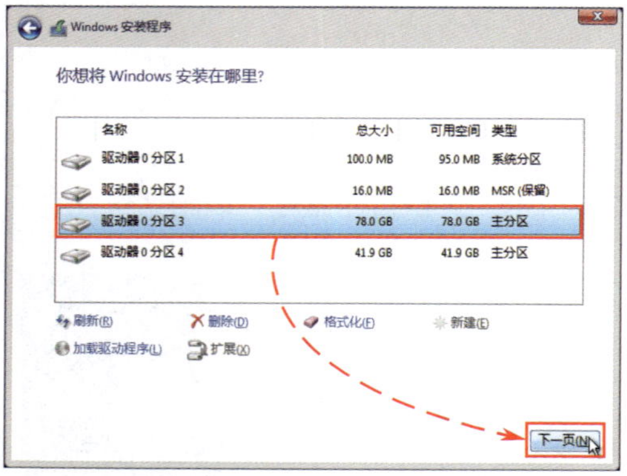

图2-10

系统进行文件复制、安装功能等，重启后安装设备、文件、驱动等。继续重启后，会弹出设置向导，连接网络，继续设置。设置内容保持默认即可，在命名界面，设置计算机名，如图 2-11 所示。接下来需要登录微软账户，如图 2-12 所示。

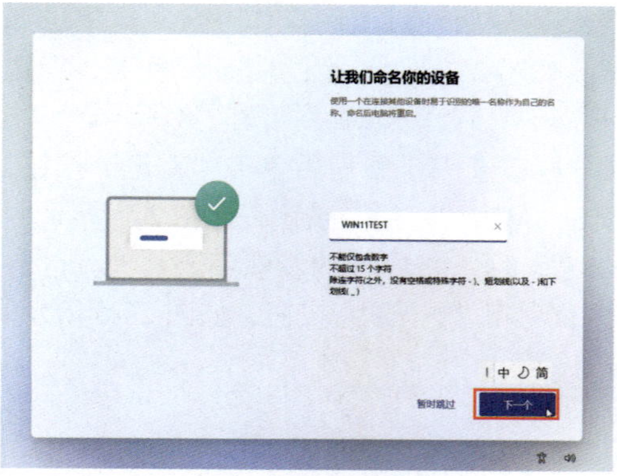

图2-11

图2-12

注：图中“帐户”的正确写法应为“账户”，下同。

设置本地验证的PIN码，以后需要使用PIN码登录，如图2-13所示。完成安装后，输入PIN码，就可以进入到Windows 11的桌面环境了，如图2-14所示。到此系统安装完毕。

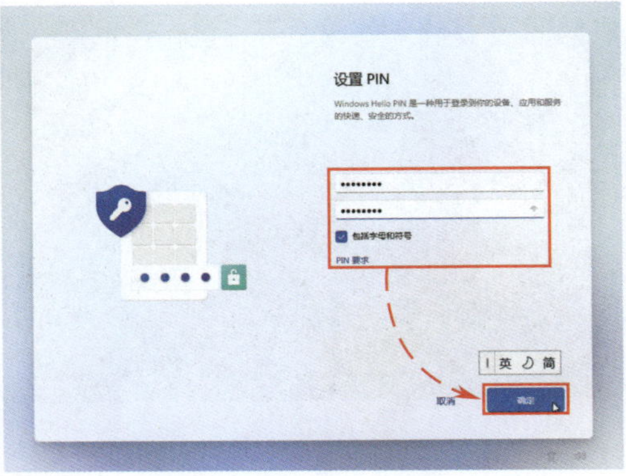

图2-13

图2-14

操作技巧

上面介绍的是正常的系统安装方法。读者也可以制作PE，在PE中，双击安装映像安装操作系统，或者使用各种部署工具进行操作系统的部署安装。建议用户使用原版的安装映像（也可以在可信的第三方平台下载），不要使用任何修改版。另外在设置计算机名称时，不要使用中文或特殊字符，以免影响软件的使用。

2.2 Windows 11的基本操作

下面将介绍Windows 11的启动、登录微软账号以及退出的操作。

2.2.1 启动Windows 11

电脑在关机状态下，在机箱上找到并按下电源键可启动电脑。主板BIOS启动自检，确定硬件没有问题后，将控制权交给EFI，选择启动的设备，将权限交给启动管理器，然后会读取Winloader，加载系统内核，开始启动操作系统，如图2-15所示。如

图2-15

果设置了密码，会进入到锁屏界面中，如图 2-16 所示。

按任意键，会弹出密码输入界面，在此输入密码，如图 2-17 所示，回车后登录到桌面环境。若没有设密码，则可直接登录到桌面环境。

图2-16

图2-17

2.2.2 微软账户和本地账户的切换

默认情况，用户在系统安装时，需要登录微软账户，也可以在系统中进行微软账户和本地账户之间的切换操作。

如果要将微软账户改为本地账户登录，使用“Win+I”组合键进入到“设置”界面中，从账户选项卡中选择“你的信息”卡片，进入到“账户信息”页面，单击“改用本地账户登录”链接，如图 2-18 所示。输入当前的 PIN 码进行验证，如图 2-19 所示。

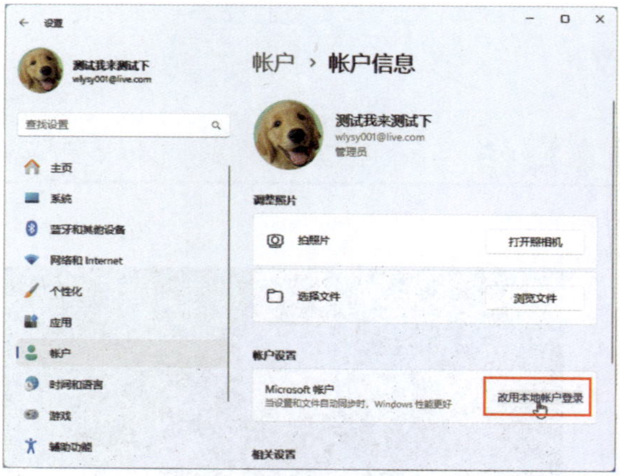

图2-18

图2-19

设置本地登录的用户名及登录密码，如图 2-20 所示，完成后会自动注销，使用本地账户名及密码就可以登录了。登录后，进入到设置中的账户界面，可以看到此时是本地账户，如图 2-21 所示。

用户也可以在此处单击“改用 Microsoft 账户登录”链接，输入微软账户密码验证，

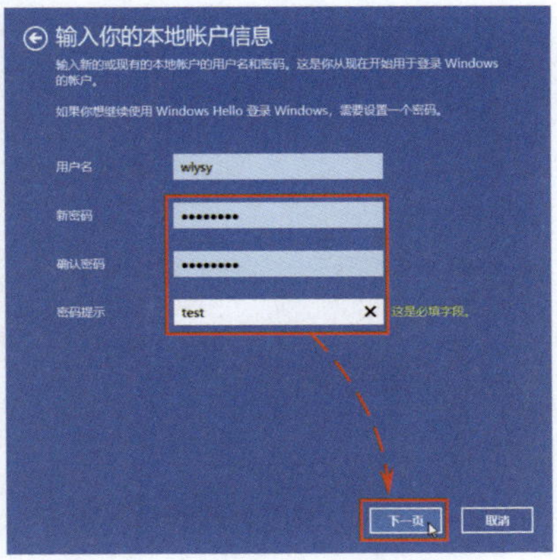

图2-20

图2-21

如图 2-22 所示，接着输入当前本地账户的密码验证，如图 2-23 所示。设置好 PIN 码后，切换完成。

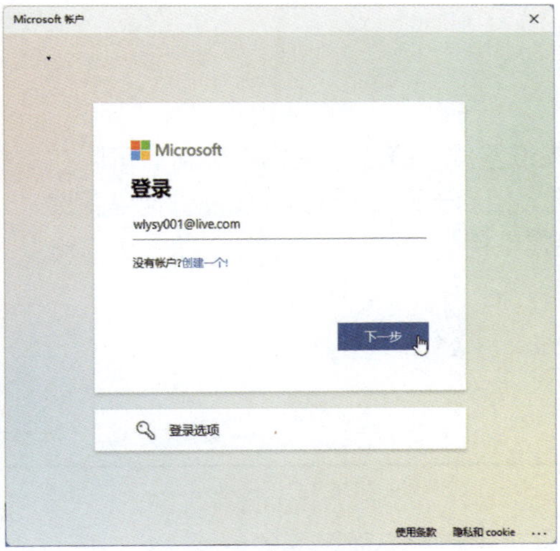

图2-22

图2-23

2.2.3 退出Windows 11

常见的退出操作包含关机、重启、睡眠、注销、锁定以及切换用户这 6 种类型。用户在桌面上单击“Win”键，从“⏻”中可以进行关机、重启和睡眠，如图 2-24 所示。在这里单击用户头像，可以执行注销、锁定用户账户的操作，如图 2-25 所示。使用“Alt+F4”组合键，可以调出“关闭 Windows”对话框，从中可以选择并执行关机、重启、睡眠以及切换用户等操作，如图 2-26 所示。

关机操作是指电脑正常的保存当前的系统文件、注销用户，最后切断电源的步骤。重启是在关机后再次启动。睡眠指将当前系统运行的状态保存到内存中，关闭其

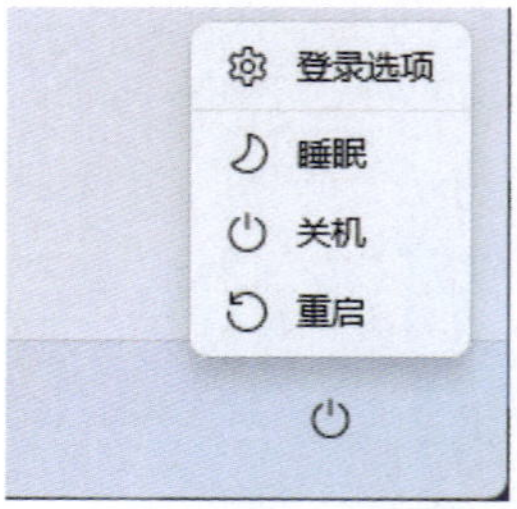

图2-24

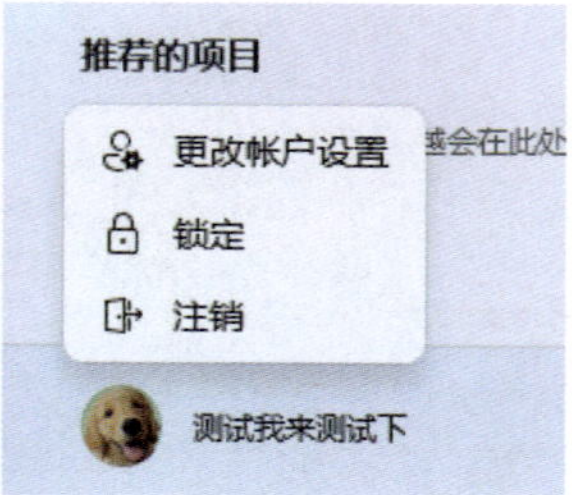

图2-25

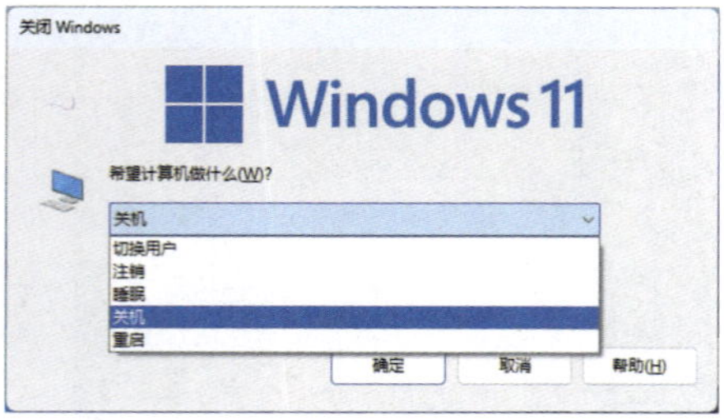

图2-26

他的硬件电源，只为内存供电，整机进入低功耗状态，一旦收到唤醒的操作和指令，可以快速进入到正常状态（与此相对的是休眠，将所有状态保存到硬盘中，断电。开机后可快速进入到休眠前的状态）。注销是指保存当前用户和系统文件，但不关机，只是退出用户的环境到登录界面，可以登录其他用户。锁定并不会退出用户环境，直接进入到登录界面，可以快速重新回到该用户执行锁定前的状态。切换用户直接执行，和锁定一样。如果电脑中有其他用户，可以通过图 2-24，直接选择其他用户来登录，也不会注销当前用户。

操作技巧

机箱的电源按钮可以通过电源管理来设置成执行正常关机。重启键可以在电脑死机时执行重启操作（不会执行关机，相当于直接断电）。按住机箱电源键几秒后，可以强制关机，在维修电脑时经常使用。

2.3 Windows 11 桌面

下面介绍 Windows 11 的桌面环境设置，其中包括桌面图标的设置、窗口颜色及外观的设置以及屏幕保护程序的设置操作。在设置前需要先激活 Windows。

2.3.1 显示默认桌面图标

默认情况下，系统安装后，桌面中仅显示回收站和浏览器的图标，用户可以使用“Win+I”组合键，进入到“设置”界面中，从“个性化”选项卡中，找到“主题”卡片并进入，选择“桌面图标设置”卡片并勾选需要显示的图标，确定后就可以在桌面上显示了，如图 2-27 所示。

2.3.2 设置系统主题

系统主题包括桌面背景、Windows 和应用中的颜色、鼠标指针、声音等内容。

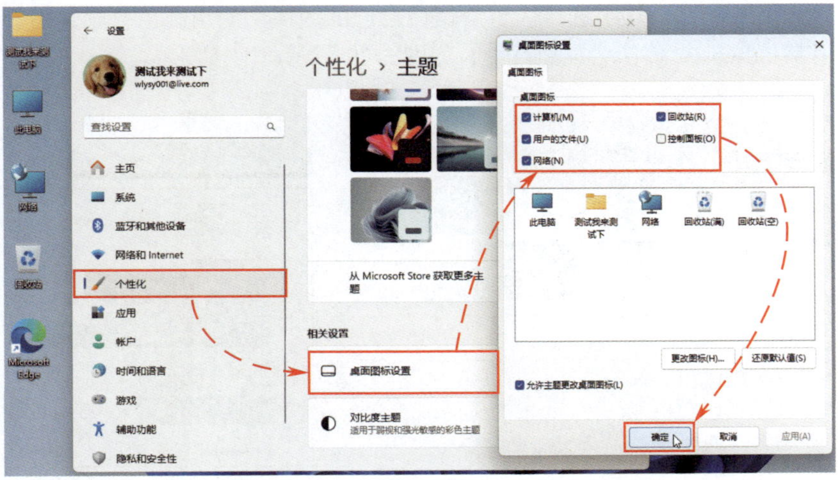

图2-27

Windows 内置了多种主题，可以通过“Win+I”组合键打开“设置”界面，从“个性化”选项卡中选择满意的主题，选中后即可更换，如图 2-28 所示。

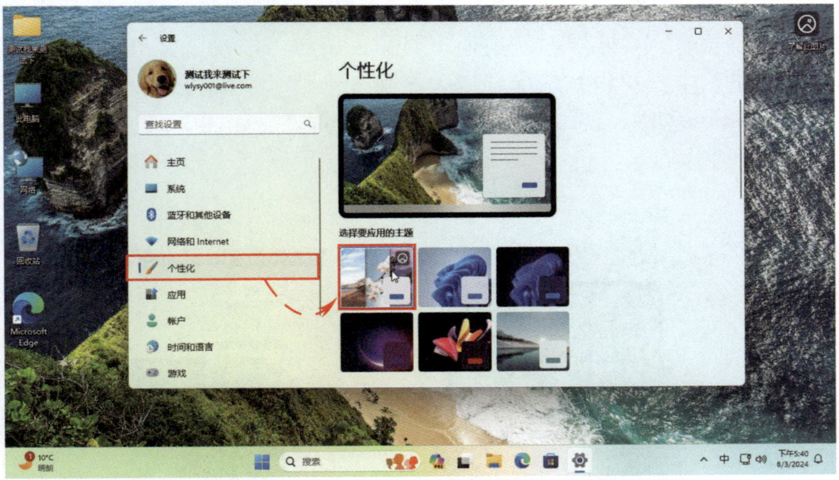

图2-28

操作技巧

如果想自定义主题，可以在“设置”界面的“个性化”选项卡中找到并选择“主题”卡片，进入后手动设置所有主题相关的内容。

2.3.3 设置桌面背景

Windows 11 默认桌面背景也可以手动设置。从“设置”界面的“个性化”选项卡中选择“背景”卡片，从中选择内置户用户自己的图像、使用纯色背景、幻灯片放映或者使用 Windwos 聚焦作为桌面背景，如图 2-29 所示。

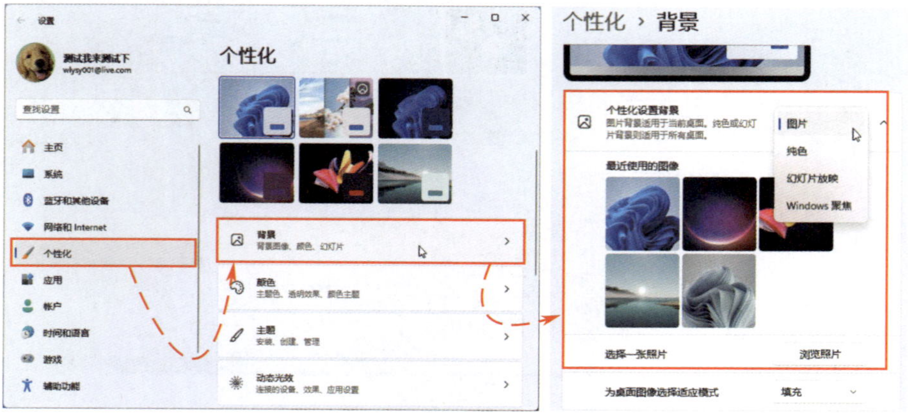

图2-29

2.3.4 设置锁屏界面

Windows 登录前的欢迎界面就是锁屏界面，用户可以设置锁屏界面显示的内容，可以从“个性化”中，找到并选择“锁屏界面”卡片，从中可以设置锁屏界面背景，默认为“Windows 聚焦”，可以设置为图片或者幻灯片，如图 2-30 所示，并且可以在其上显示一些个性化内容。

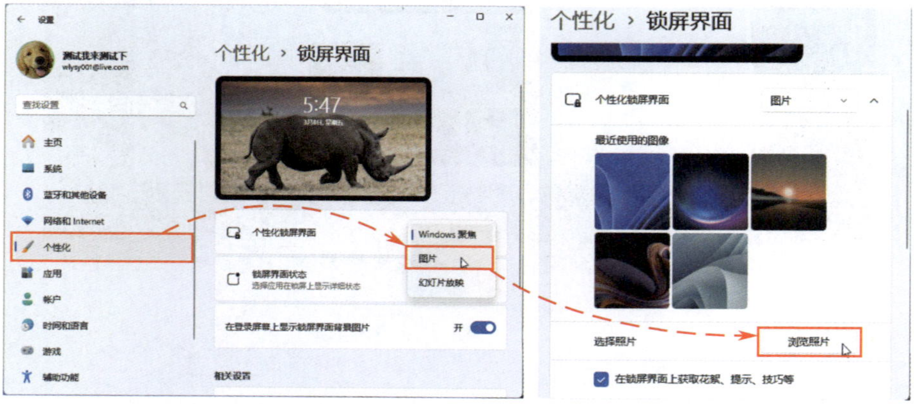

图2-30

2.4 Windows 11任务栏自定义

任务栏是放置用户所需要的程序或者显示当前打开的程序或窗口快捷方式的地方，也可以进行自定义。

2.4.1 改变任务栏对齐方式

Windows 11 默认的图标处于任务栏的中心位置，如果想要和 Windows 10 及以前版本一样，将图标放置在任务栏左侧，可以在任务栏上单击鼠标右键，从弹出的列表中，选择“任务栏设置”选项，从弹出的“任务栏”界面中，展开“任务栏行为”下拉列表，从“任务栏对齐”中，选择“靠左”选项，即可左对齐，如图 2-31 所示。

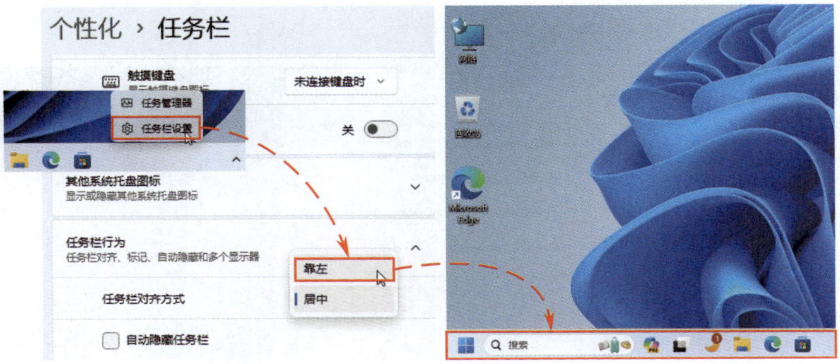

图2-31

2.4.2 隐藏任务栏图标

通过任务栏图标可以快速启动对应的程序，可以根据需要隐藏不需要的任务栏图标。默认的图标分为两类，一种是普通的图标，如微软商店、浏览器、文件资源管理器，可以在图标上单击鼠标右键，选择“从任务栏取消固定”即可隐藏。而另一类系统默认固定的，可以进入到“任务栏”界面中，在“任务栏项”板块，根据需要隐藏或开启默认的图标及搜索框，如图 2-32 所示。

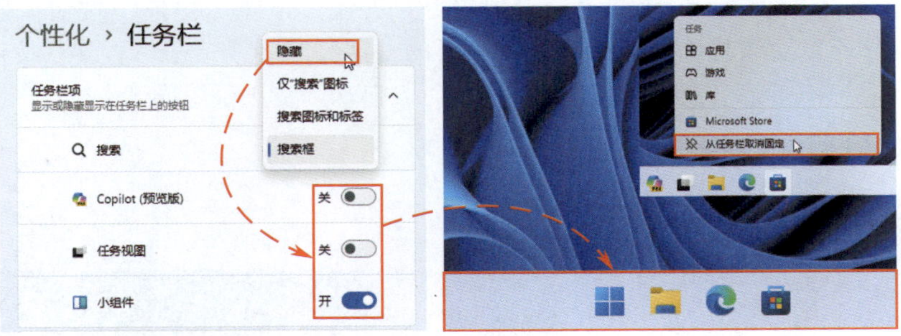

图2-32

2.4.3 取消任务栏合并

默认情况下，在打开了多个相同的程序时，任务栏会将多个程序的图标合并在一起，通过鼠标悬停的方法选择。如果还想恢复到以前的非合并状态，可以在“任务栏”界面中，展开“任务栏行为”选项卡，从中找到并展开“合并任务栏按钮并隐藏标签”，选择“从不”选项，如图 2-33 所示。

操作技巧

“任务栏”的管理界面，还可以管理“系统托盘图标”的显示和隐藏、自动隐藏任务栏、任务栏应用显示徽章、右下角“显示桌面”功能的显示与隐藏等。

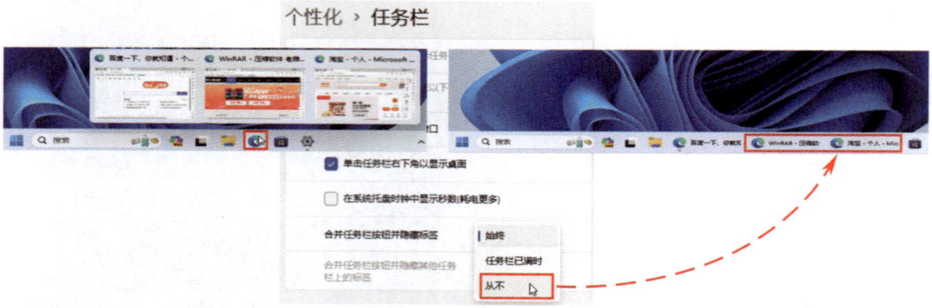

图2-33

2.5 日期和时间的调整

系统默认的日期和时间是与时间服务器同步的，用户可以根据需要，手动调整当前的时间等。

2.5.1 手动设置系统日期和时间

用户开在右下角的“日期和时间”上单击鼠标右键，选择“调整日期和时间”选项，从弹出的界面中，关闭“自动设置时间”开关，单击“更改”按钮，如图 2-34 所示。在弹出的更改界面中，手动设置需要的日期和时间，单击“更改”按钮，如图 2-35 所示。再次开启“自动设置时间”，就可以自动同步正确时间了。

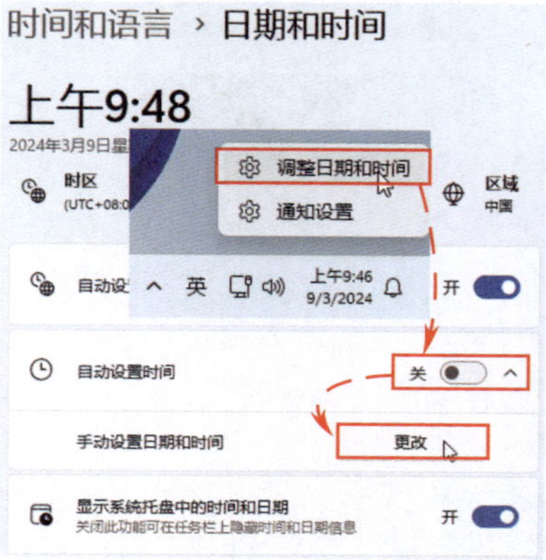

图2-34

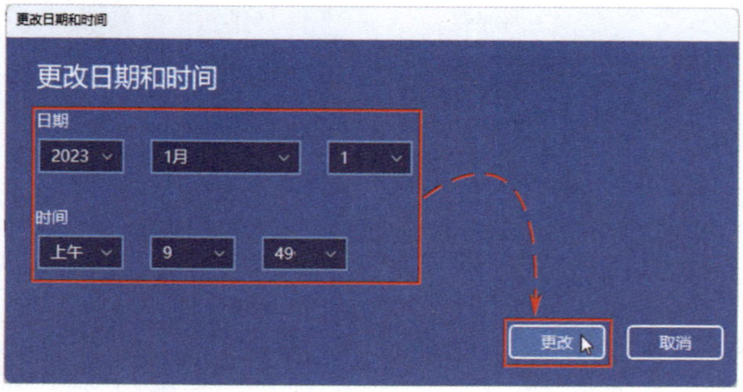

图2-35

2.5.2 时间显示到秒

默认情况下右下角的时间只显示到分钟，如果需要显示精确到秒，可以再次进入到“任务栏”设置界面，从“任务栏行为”列表中，找到并勾选“在系统托盘时钟中显示秒数（耗电更多）”复选框，即可显示到秒，如图 2-36 所示。

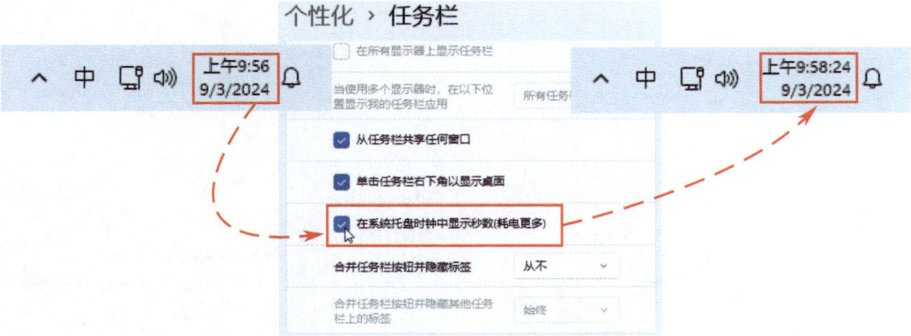

图2-36

2.6 系统字体的管理

在使用文字编辑工具时，可以选择字体并输入文字，除了系统自带的字体以外，用户还可以根据需要来下载并安装字体，来美化文档。下面介绍系统字体的管理操作。

2.6.1 添加与使用字体

用户可以在网上下载字体，将其保存到电脑中，通过搜索“字体设置”启动“字体”界面。将下载的字体拖入到安装框中，即可安装，如图 2-37 所示。在文字编辑软件中，选择该字体即可输入文本了，如图 2-38 所示。

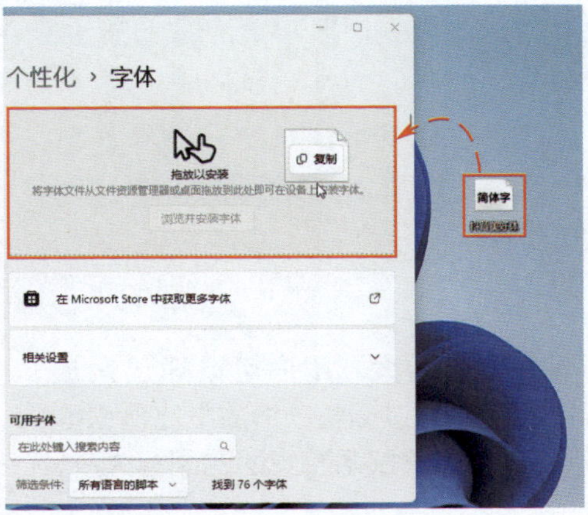

图2-37

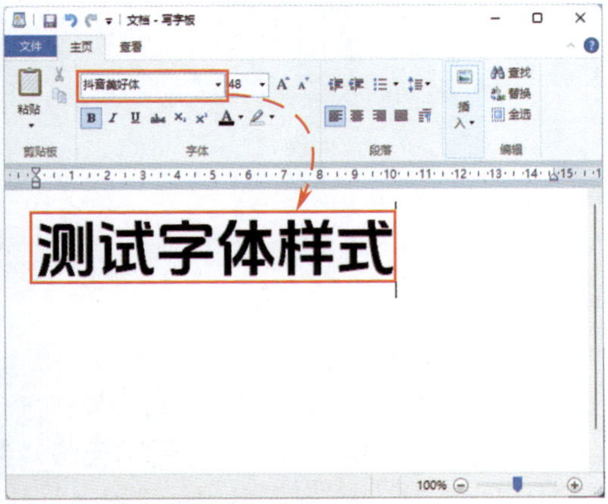

图2-38

2.6.2 查找与卸载字体

如果用户安装的字体过多，可以在“字体”界面中通过关键字查找字体，如图 2-39 所示。对于不需要的字体，可以在字体右上角单击“…”按钮，从弹出的菜单中，选择“卸载”，在弹出的确认界面中，单击“卸载”按钮，即可删除该字体，如图 2-40 所示。

图2-39

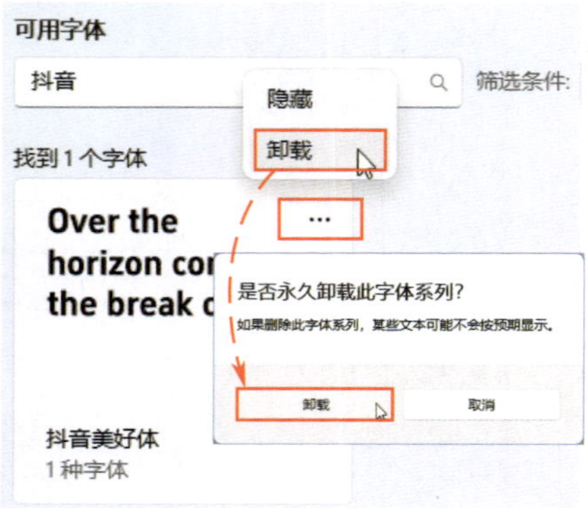

图2-40

操作技巧

系统界面默认的字体是无法更换的，但可以设置界面字体大小，可以单击“Win”键，直接输入搜索内容“文本大小”启动设置界面，拖动文本大小的滑块以增加文本显示比例，完成后单击“应用”按钮，即可查看到 Windows 11 的所有界面的文字都增大了，如图 2-41 所示。

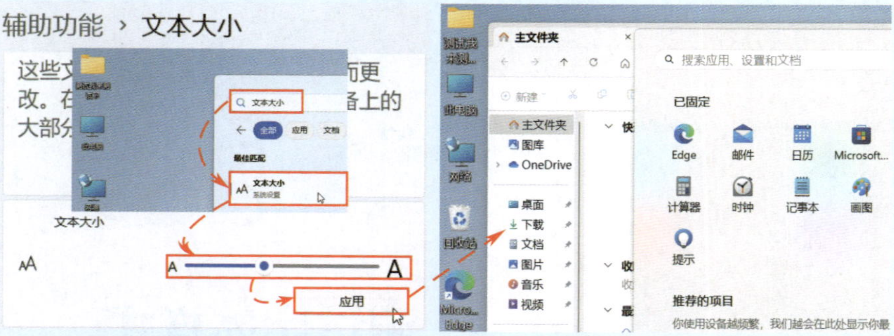

图2-41

这只是增大了字体的比例，而图标等并没有增大。用户可以通过设置 Windows 11 的分辨率，来增大显示效果，也可以通过调整“缩放”比例来提高增大效果（但不能过高，否则无法调整回来）。而仅仅调整桌面的图标大小，可以使用“Ctrl”键配合鼠标滚轮来手动调整。

扫码看视频

第 3 章 文件与文件夹的管理

3.1 认识文件与文件夹

文件与文件夹是 Windows 系统的数据管理的两种方式，文件通常存储在文件夹中，但文件夹不能存储在文件中。

3.1.1 文件与文件夹

用户在使用计算机时，会接触到各种数据信息，这些可以被读取和存储的信息是以文件的形式存储在计算机硬盘中，而文件夹起到对文件的分类保存功能。下面就对文件和文件夹的概念进行简单介绍。

（1）文件

文件是存储在计算机上的数据集合，包含文本、图像、视频、音频或任何其他类型的数据。文件通常按类型组织，例如文本文件、图像文件、视频文件等，如图 3-1 所示。

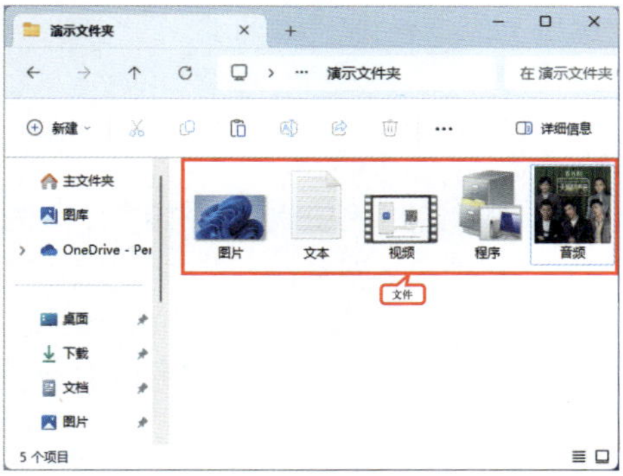

图3-1

（2）文件夹

文件夹是一种用于组织和管理电脑文件的工具，包含文件和子文件夹。数目庞大的文件会使查找和操作变得复杂，文件夹的作用就是对文件进行分类归档处理，文件夹在计算机中以目录树的形式展现，如图 3-2 所示。

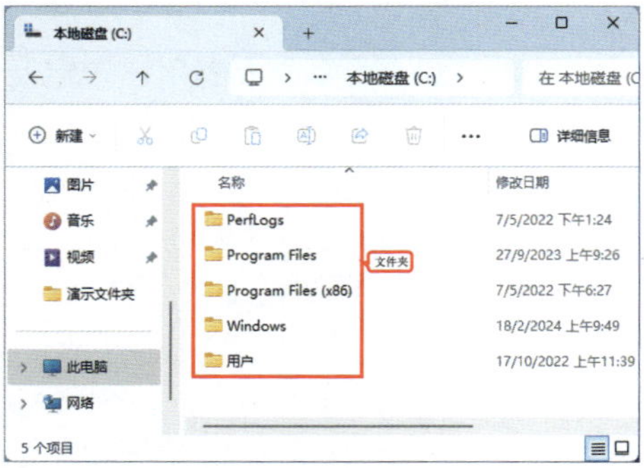

图3-2

3.1.2 文件名与扩展名

为了标识并区分出不同的文件，系统会使用文件名与扩展名的组合方式来实现。默认情况下，系统会隐藏扩展名，而以文件名的方式展现，如图 3-3 所示。

如果想要显示文件扩展名，则可以在菜单栏中单击“···”按钮，从“查看”的“显示”级联菜单中选择“文件扩展名”选项见图 3-3，就会将文件的扩展名显示出来，如图 3-4 所示。

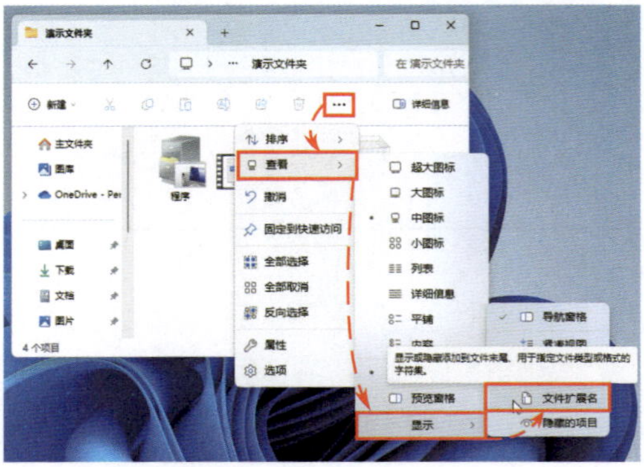

图3-3

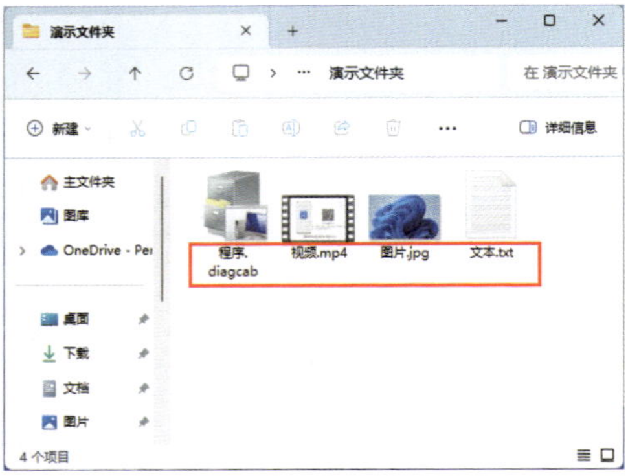

图3-4

操作技巧

常见的文件扩展名，如 *.sys 为系统文件，*.exe 为可执行程序，*.rar 为 WinRAR 压缩文件，*.jpg 为图像文件，*.txt 为文本文件，*.docx 为 Word 文档文件，*.xlsx 为 Excel 电子表格文件，*.pptx 为演示文稿文件，*.mp3 为音频文件，*.html 为网页文档文件，*.diagcab 为系统的自动故障排除包等。

（1）文件名

文件名是自动生成或者用户自定义的用于标识当前文件的名称。下面是 Windows 文件命名的几项规则，用户在创建文件时必须注意。

- 文件名最多可使用 255 个字符。
- 文件名中除开头外都可以有空格。
- 在文件名中不能包含以下西文符号（部分中文符号可以）：\、/、:、*、“、？、<、>、|。
- 文件名不区分大小写，如 SPEAK 同 SpEaK 被认为是同一个文件。
- 在同一文件夹中不能有相同的文件名。
- 由系统保留的设备名字不能用作文件名，如 AUX、COM1、LPT2 等。

（2）文件扩展名

文件扩展名是 Windows 用来识别文件的方式。扩展名用来辨别文件属于哪种格式，通过什么程序进行操作。

需要注意的是，如果扩展名修改不当，系统有可能无法识别该文件，或者无法实现打开操作。所以出于安全考虑系统默认隐藏了扩展名。在修改扩展名时，系统也会给出警告处理，如图 3-5 所示。

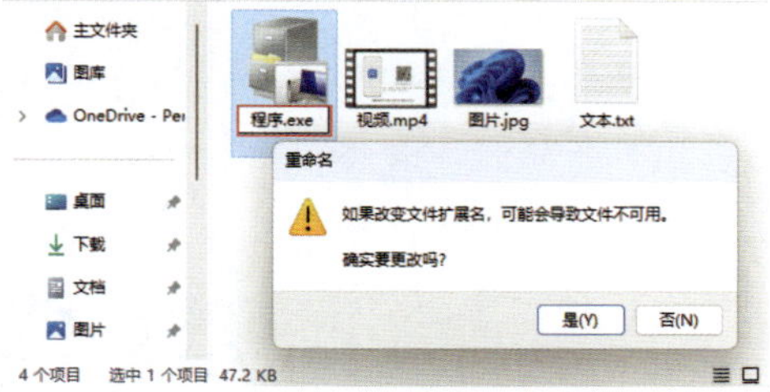

图3-5

3.2 查看文件与文件夹

Windows 中一般使用“文件资源管理器”（如“此电脑”）来查看和管理文件，该程序提供了多种浏览文件与文件夹的方式，以方便用户查看。

3.2.1 浏览文件与文件夹

通过文件资源管理器以及其左侧的导航窗格可以快速访问硬盘上的文件和文件夹。

在桌面上双击“此电脑”图标，在“此电脑”中，通过双击盘符和文件夹来进入目标文件夹中查看文件。在左侧导航窗格中，可以看到大部分系统默认目录，单击即可进入，如图 3-6 所示。在“此电脑”的地址栏中，单击任意目录右侧的黑色下拉箭头，可以直接跳转到同级别对应的文件夹，如图 3-7 所示。

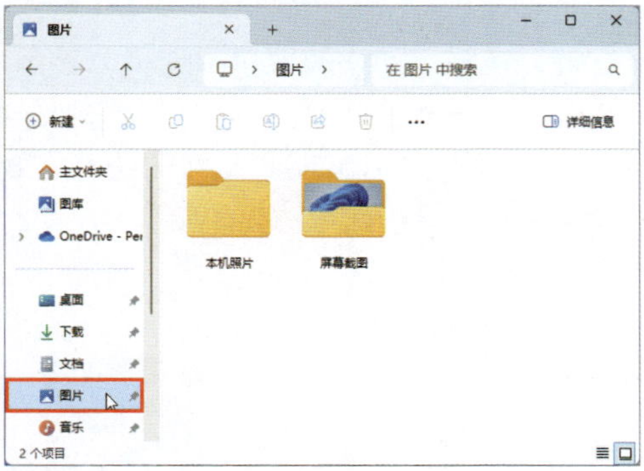

图3-6

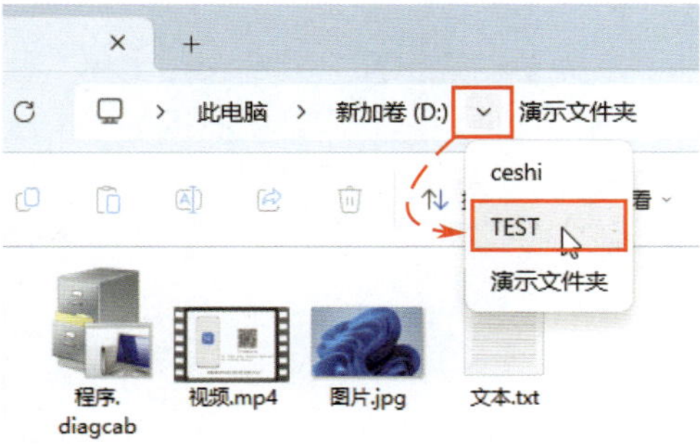

图3-7

3.2.2 更改文件或文件夹的查看方式

Windows 系统提供了多种查看文件或文件夹的方式，除了更改图标显示大小外，还可使用“列表”“详细信息”“平铺”“内容”等方式进行查看。

(1)右键查看法

在文件夹的空白位置单击鼠标右键，从“查看”级联菜单中选择需要的查看方式，如图 3-8 所示。

(2)功能区查看法

在菜单栏单击“查看”下拉按钮，从中选择需要的查看方式，如图 3-9 所示。

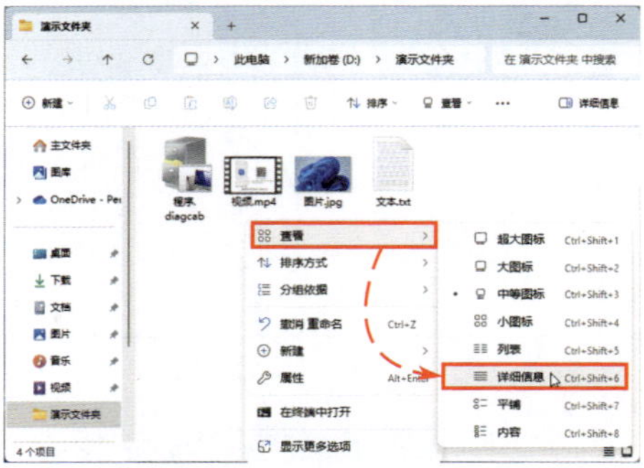

图3-8

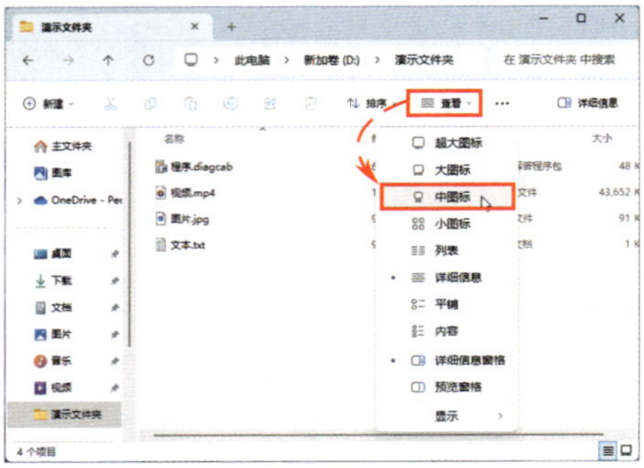

图3-9

3.3 设置程序快捷方式

程序安装完后，会在桌面上生成快捷方式图标，双击就可以运行程序，十分方便。同样，文件和文件夹也可以采用这种方法在桌面上生成快捷方式。该方法对于手动创建程序的快捷方式同样适用。

3.3.1 创建文件快捷方式

在需要创建快捷方式的文件上单击鼠标右键，在弹出的快捷菜单中选择“显示更多选项”选项，以调出传统右键菜单（按住 Shift 键右击鼠标也可），从“发送到”级联菜单中，选择“桌面快捷方式”选项，此时，在桌面上将出现此文件的快捷方式，双击该文件即可进行浏览操作，如图 3-10 所示。

图3-10

3.3.2 更换快捷方式的样式

对于桌面上的快捷方式，如果想要更换其图标，可右击该图标，从弹出快捷菜单中选择“属性”选项，在弹出的“属性”对话框中单击“更改图标”按钮，在“更改图标”对话框中选择需要更换的新图标，选中后单击“确定”按钮即可。此时，桌面上将会显示新图标，如图 3-11 所示。

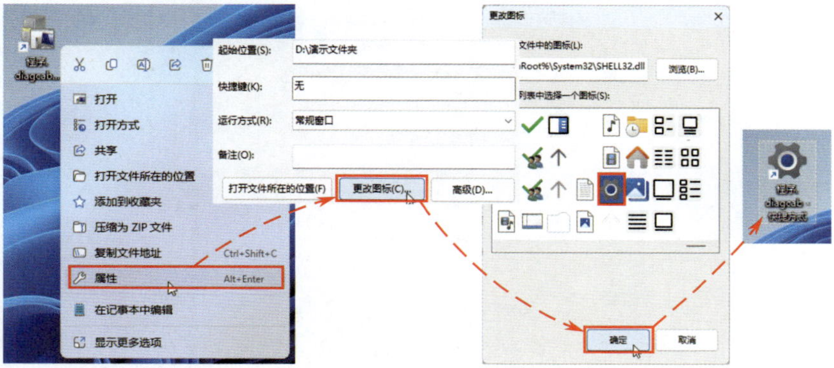

图3-11

3.4 操作文件与文件夹

文件与文件夹的操作是 Windows 最基本的操作，包括选择、新建、删除、重命名等。

3.4.1 选择文件或文件夹

在对文件或文件夹进行复制、移动、删除等操作前，需要先选中文件或者文件夹。下面介绍文件与文件夹的选取，两者的选取过程是相同的。

（1）选择单独的文件或文件夹

打开需要选取的位置后，单击需要选择的文件或文件夹即可选中，如图 3-12 所示。选中文件或文件夹后，图标背景变为淡蓝色，代表已经选中。

（2）选择连续的文件或文件夹

先用鼠标选择首个文件，再按住【Shift】键，单击最后一个文件即可，如图 3-13 所示。

（3）选择不相邻的文件或文件夹

按住【Ctrl】键不放，单击需要的文件或文件夹即可，如图 3-14 所示。

（4）全选文件或文件夹

按住鼠标左键不放，拖拽光标，将所有文件或文件夹都框选在内，松开鼠标左键即可全部选中。除此之外，使用【Ctrl+A】组合键能快速进行全选操作，如图 3-15 所

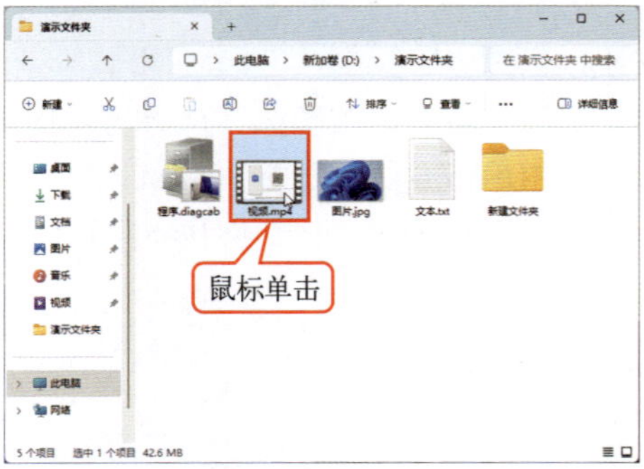

图3-12

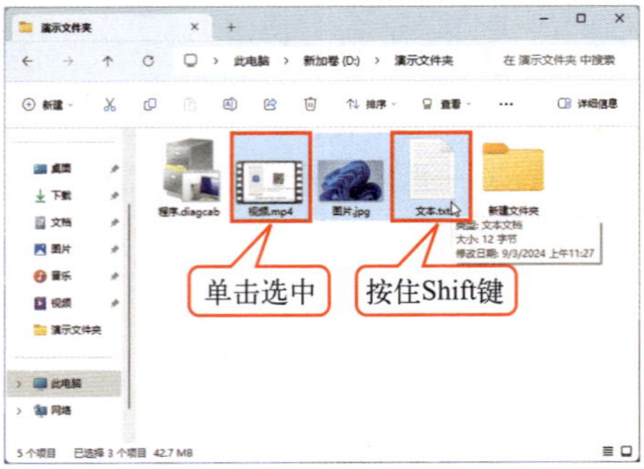

图3-13

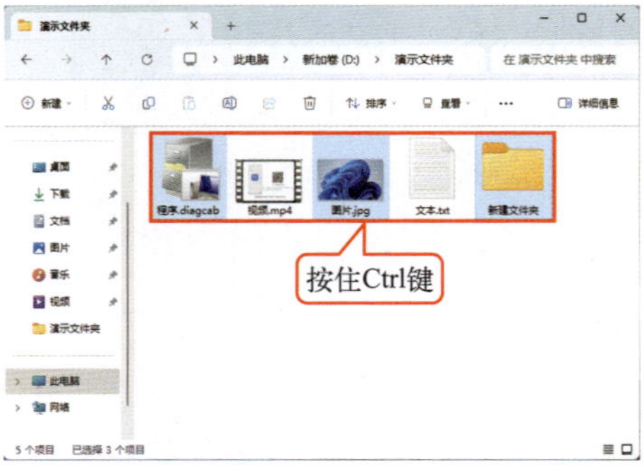

图3-14

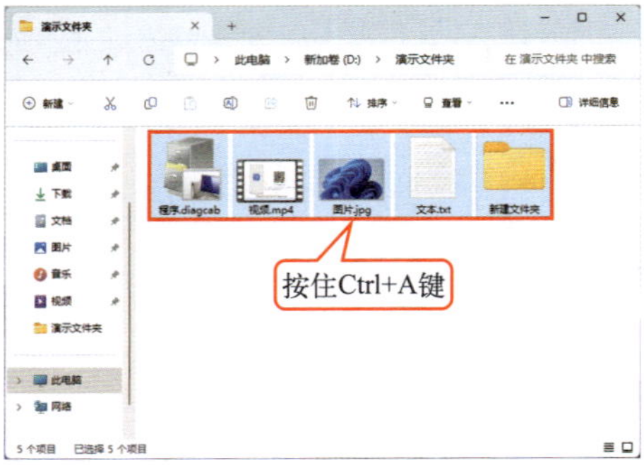

图3-15

示。另外，在菜单栏的“主页”选项卡中，也包含“全部选择”按钮。

3.4.2 复制粘贴文件或文件夹

复制文件或文件夹可以获得原文件或文件夹的副本，然后粘贴到指定位置，该过程相当于备份。选中需要复制的文件或文件夹，在其上单击右键，单击“复制”按钮（或者使用快捷键【Ctrl+C】），如图 3-16 所示。在目标文件夹中右击鼠标，在弹出的快捷菜单中，单击“粘贴”按钮（或者使用快捷键【Ctrl+V】），如图 3-17 所示。

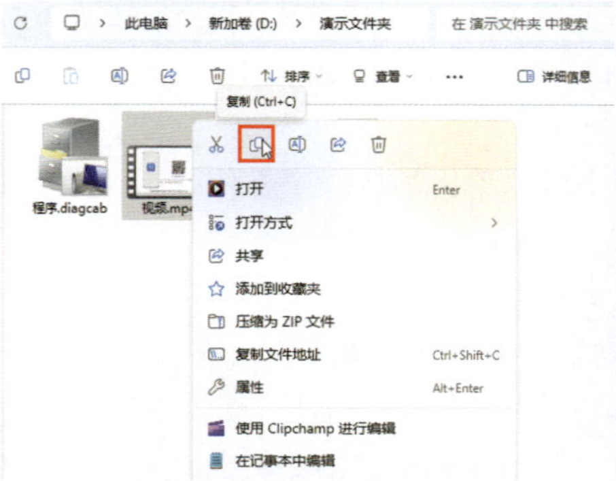

图3-16

图3-17

3.4.3 移动文件或文件夹

将原文件或文件夹移动到新位置的操作叫做移动。移动最主要的特点是唯一性，即文件移动过后，原文件或文件夹不复存在了。选择需要移动的文件或文件夹，按住鼠标左键进行拖动，到达新位置后松开鼠标即可，如图 3-18 所示。双击打开“图片”文件夹，可以看到移动的图片在此显示，如图 3-19 所示。

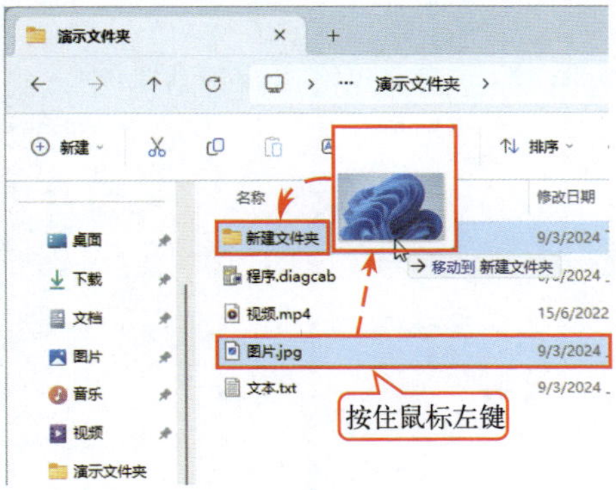

图3-18

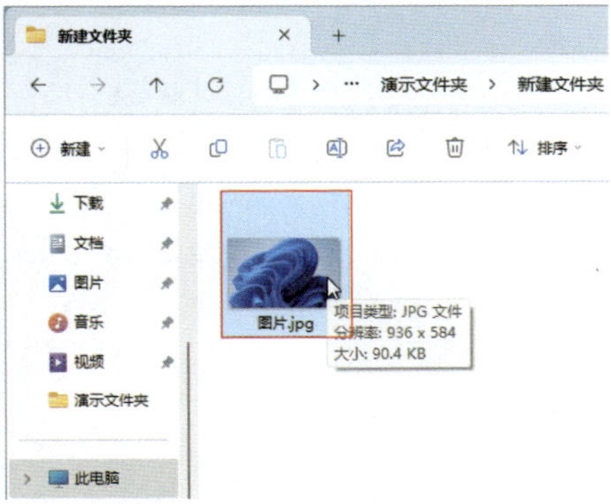

图3-19

新手误区

使用鼠标拖拽移动这种方法适合在同一路径下移动，如果需要将文件或文件夹移动到不同路径或不同分区中，则可以使用【Ctrl+X】(剪切，鼠标右键菜单也有该选项）和【Ctrl+V】(粘贴）组合键。

3.4.4 删除文件或文件夹

整理文件或文件夹时，如果发现有多余的文件或文件夹，可对其进行删除操作。文件和文件夹的删除方法相同。在需要进行删除的文件或文件夹上单击鼠标右键，选择“删除”选项，如图 3-20 所示；或者选中文件后，单击功能按钮区的“删除”按钮。

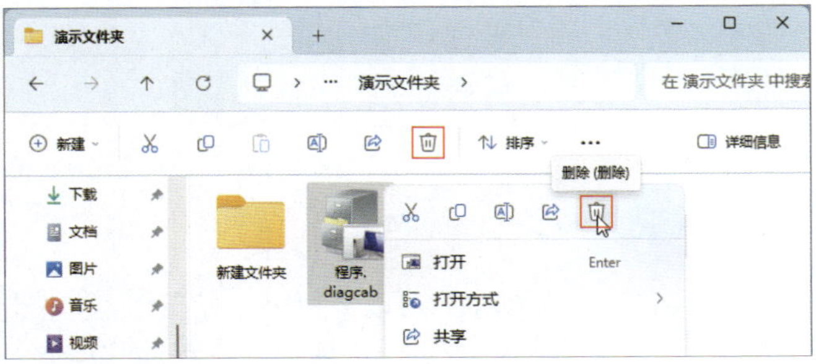

图3-20

操作技巧

直接选中文件并拖动到“回收站”图标上也可删除文件，还可以使用功能键区的【Delete】键执行删除操作。

3.4.5 恢复文件或文件夹

如果发现误删除操作，可以使用恢复功能。在桌面上双击“回收站”图标，打开“回收站”窗口，右击需要恢复的文件或文件夹，在快捷列表中选择“还原”选项，如图 3-21 所示，即可恢复该文件。

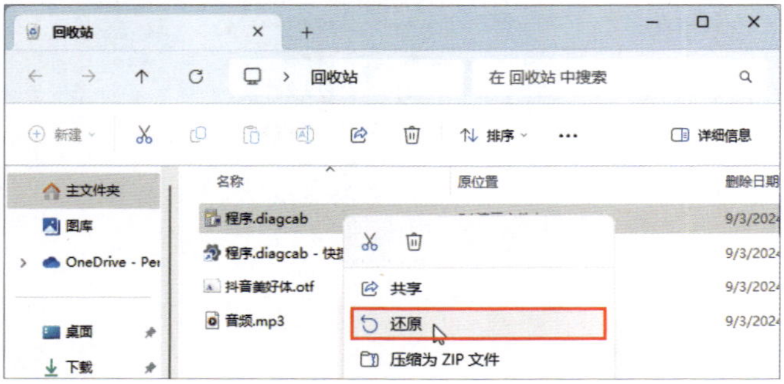

图3-21

操作技巧

如果文件确实没用，可以清空回收站，此时文件就彻底无法找回了。用户也可以选中文件，使用“Shift+Delete”组合键来彻底删除文件，此操作不可逆，请谨慎操作。

3.4.6 新建文件或文件夹

除了系统自带或自动创建的文件或文件夹外，用户可以手动创建文件或文件夹。在桌面或任意目录下，单击鼠标右键选择“新建”选项，在级联菜单中选择“文本文档”选项，即可新建一个“新建文本文档 .txt”文件，如图 3-22 所示。此时文件名为编辑状态，输入文件名即可。文件夹的创建与此类似。

3.4.7 重命名文件或文件夹

如果对文件名或者文件夹名不满意，可以进行重命名操作。文件和文件夹的重命名方法相同。右击需修改文件名的文件，在快捷菜单中选择“重命名”选项，如图 3-23 所示。此时，文件名变为编辑状态，输入文件名即可。

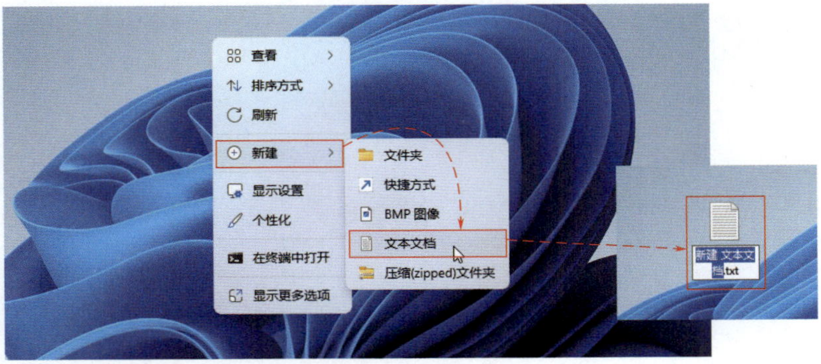

图3-22

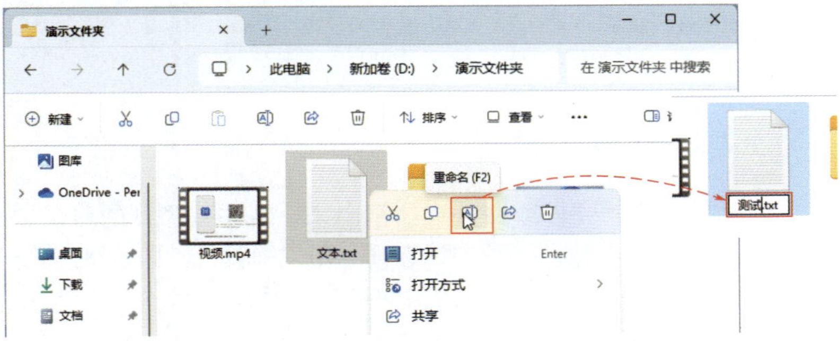

图3-23

此外，用户也可以单击菜单栏中的“主页”选项卡，在列表中单击“重命名”按钮，重新输入文件名即可。

操作技巧

选中文件或文件夹后，按键盘“F2”键，此时文件及文件夹名称变为可选状态，可以快速输入文字修改其名称了。

3.5 隐藏/显示文件或文件夹

为了保护个人隐私或重要文件，用户可以将文件或文件夹进行隐藏，当需要查看时再将其显示出来。

3.5.1 隐藏文件或文件夹

隐藏文件和文件夹的操作方法相同。右击所需的文件夹，在弹出的快捷方式中选择“属性”选项，如图 3-24 所示。在弹出的“属性”对话框中，勾选“隐藏”复选框，单击“确定”按钮，如图 3-25 所示，完成后单击“确定”按钮即可。

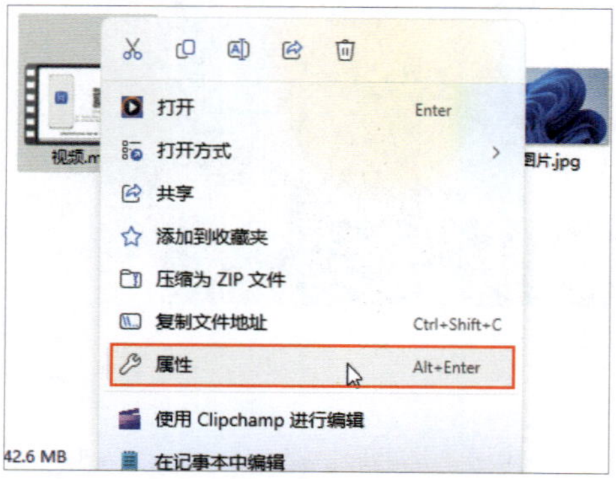

图3-24

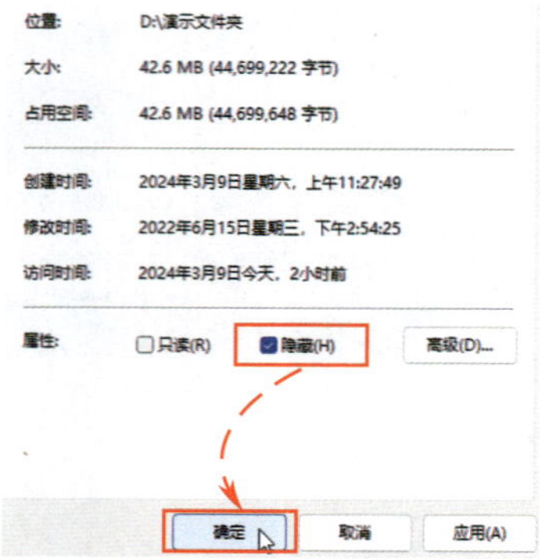

图3-25

3.5.2 显示隐藏文件或文件夹

如果用户需要将隐藏的文件或文件夹显示出来，则在被隐藏的目录中从菜单栏“查看”下拉列表的“显示”级联菜单中，选择“隐藏的项目”即可显示隐藏文件夹，如图 3-26 所示。此时隐藏的文件会以半透明的方式显示。

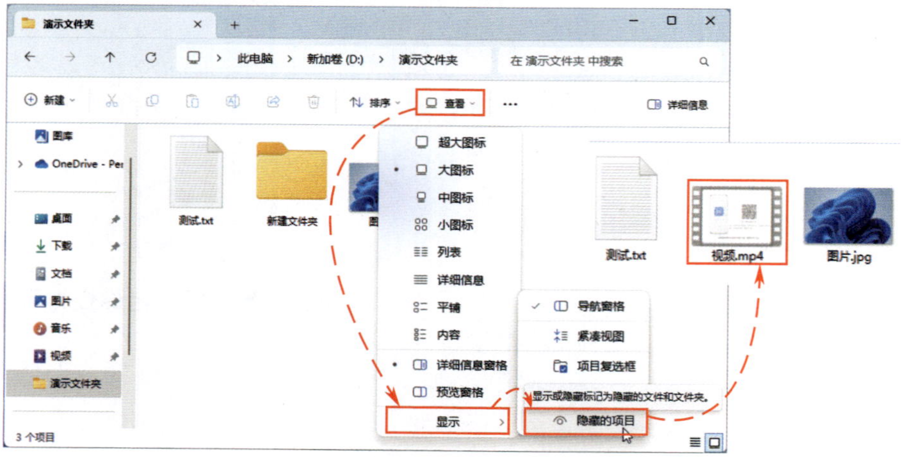

图3-26

操作技巧

取消选择“隐藏的项目”后，就不会显示隐藏的文件或文件夹了。

扫码看视频

第 4 章 互联网的连接与使用

4.1 Internet简介

日常生活中我们经常听说上网，这里的网指的就是最大的广域网——因特网（Internet），本书介绍 Internet 的相关知识？

新手误区

在日常使用时，常看到“internet”与“Internet”，其实这两个词的含义是不同的。“internet”指的是互联网，是一个通用名词，泛指多个计算机网络互联而成的网络。“Internet”指的是因特网，是一个专用名词，指当前世界上最大的、开放的、由众多网络相互连接而成的特定计算机网络。

4.1.1 什么是Internet

Internet 也就是人们常说的互联网，是将不同城市甚至是不同国家的网络串连整合的庞大网络，这些网络以一组通用的协议相连，形成逻辑上的单一巨大国际网络，从而实现资源的共享。其实就是很多电脑、服务器、终端组成的局域网，通过各种网络设备和运营商，将全球的网络连接起来，组成最大的网络，就叫做 Internet。

4.1.2 如何接入Internet

每个国家都有网络运营商，专门用于处理网络的接入、互联、转发、故障排除、运行维护、设备升级等。所以要接入 Internet，需要自己购买上网设备，然后与运营商联系，将网线、光纤等接入家中，通过拨号获得运营商认证后，就可以连接到 Internet 了。

关于用户需要准备的设备将在下节介绍。下面介绍几种常见接入方式。

（1）ADSL 接入方式

ADSL 即非对称数字用户线路，因具有下行速率高、频带宽、性能优等特点而深受广大用户的喜爱，成为继 Modem、ISDN 之后的一种更快捷、更高效的接入方式。

该接入方式可以利用 ADSL Modem，通过现有固定电话网的电缆资源，可以在不影响正常电话通信的情况下，通过一条电话线，同时实现电话通信、数据业务互不干扰。但由于带宽较低，已经基本淘汰。

（2）PAN 接入方式

PAN 即小区宽带，使用的是局域网 LAN 方式，利用以太网技术，采用光纤到小区或单元，双绞线入户的方式对社区进行综合布线，不使用 Modem，只需要一根网线就可连接。但由于接入成本相对较高且安全性较差，也已基本淘汰。现在都改成了光纤入户的模式。如果用户所在的小区已经安装了小区专线，就可以使用这种上网方式。

（3）PON（光纤）接入方式

与 ADSL 相比，光纤宽带拥有更高的上行和下行速度，可实现高速上网体验。光纤是宽带网络中多种传输媒介中最理想的一种，它的特点是传输容量大、传输质量好、损耗小、中继距离长、成本低等。光纤入户是现在最主流的接入方式，用户使用光纤 Modem 进行接入拨号即可联网。

（4）DDN 专线接入方式

DDN 数字数据网是利用光纤、微波、卫星等数字传输通道和数字交叉复用节点组成的数据传输网，具有传输质量好、速率高、网络时延小等特点，适合于计算机主机之间、局域网之间、计算机主机与远程终端之间的大容量、多媒体、中高速通信的需要。该接入方式安全性和保密较高，便于企业在互联网上建立网站、树立企业形象、服务广大客户。

（5）无线接入方式

无线接入技术是有线接入技术的一种延伸，使用无线收发技术来传输数据，既可达到建设计算机网络系统的目的，又可让设备自由安排和移动。比如常见的 4G、5G 网络就属于无线蜂窝技术，经典的红外、蓝牙技术，以及无线局域网中经常使用的 Wi-Fi 技术。

4.1.3 家庭局域网常用网络设备

家庭局域网属于小型局域网，也是用户日常接触最多的网络。家庭局域网主要使用电脑、手机等终端上网，使用无线路由器、网线等来组成网络。

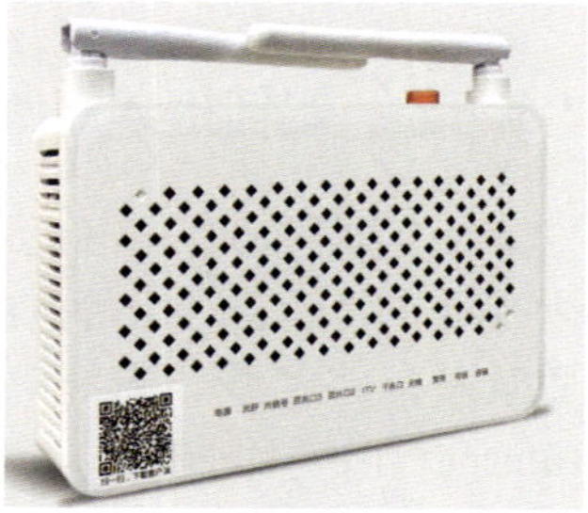

图4-1

（1）光猫

准确地说，光猫是运营商的设备，如图 4-1 所示，由运营商向网络设备厂商定制。它的主要作用是将数字信号转换为光信号发送出去，或者将接收到的光信号转换成数字信号。而现在的光猫，也分为只具有转换功能的光猫，以及带有无线功能、路由器功能的无线光纤猫。一些运营商还将端口分类，有些接口只能给IPTV使用等。大部分光纤猫仅作为普通光猫使用，将无线功能和其他功能都屏蔽了。

图4-2

（2）交换机

如果家庭中的有线终端或接口比较多，可以选用小型的交换机，如图4-2所示。用来连接各种有线设备。如果终端支持PoE供电，也可以选择PoE交换机。

（3）无线路由器

家庭网络中的核心设备就是路由器，随着网络技术的发展、无线终端的增多，现在家庭中使用的都是无线路由器，如图4-3所示。建议选择支持Wi-Fi 6的无线路由器（IEEE802.11ax标准）。

（4）网线

网线也叫双绞线，是连接网络设备的，用于在网络设备之间传输数据使用的介质。现在大多数已布置的线路为超五类，建议家庭新布线使用六类及以上标准的网线（满足千兆带宽要求）以及6类网线跳线，如图4-4所示。

图4-3

图4-4

（5）网络终端

网络终端包括使用网络的各种终端设备，如有线连接的电脑、摄像头等，无线连接的手机、笔记本电脑、无线音箱、智能电视、智能终端等。

新手误区

既然无线已经普及，为什么还要使用有线？这要根据网络应用来说。普通的视频、聊天等网络应用可以使用有线也可以使用无线，但一些对网络要求较高，如要求低掉包率、低延时的应用，如游戏等，使用有线网络则更加稳定。

4.2 网络连接

用户在运营商办理了上网业务后，运营商会给用户提供用于上网验证的宽带账号和密码，当运营商工作人员将光纤接入用户家中后，会帮助用户安装好光猫。

4.2.1 电脑拨号上网

现在的拨号设备主要是路由器，在一些特殊情况或进行网络测试中，还是会使用电脑拨号。此时用网线将光猫与自己的电脑相连，就可以通过设置并使用 PPPoE 验证。网线连接光猫的 LAN 口和电脑的网口，启动电脑后，使用“Win+I”打开“设置”界面，“网络和 Internet”选项组中，找到并选择“拨号”卡片，如图 4-5 所示。从弹出的界面中，单击“设置新连接”链接。

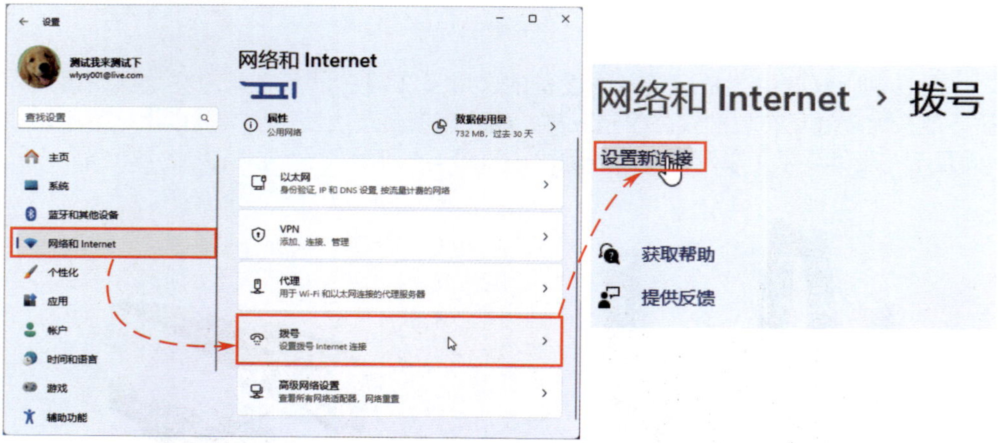

图4-5

操作技巧

PPPoE，以太网上的点对点协议，是将点对点协议（PPP）封装在以太网（Ethernet）框架中的一种网络隧道协议。由于协议中集成 PPP 协议，所以能实现传统以太网不能提供的身份验证、加密以及压缩等功能。

选择“连接到 Internet”选项，单击“下一步”按钮，在打开的提示界面中，单击“宽带（PPPoE）”按钮，接下来输入运营商提供的用户名和密码，勾选“记住此密码”复选框，以及“允许其他人使用此连接”复选框，单击“连接”按钮，如图 4-6 所示。如果网络没有问题，用户密码正确的话，就可以上网了。

下次如果需要再使用该功能连接，可进入到“拨号”卡片中，单击已经设置好的宽带连接卡片的“连接”按钮，就可以快速拨号了，如图 4-7 所示。

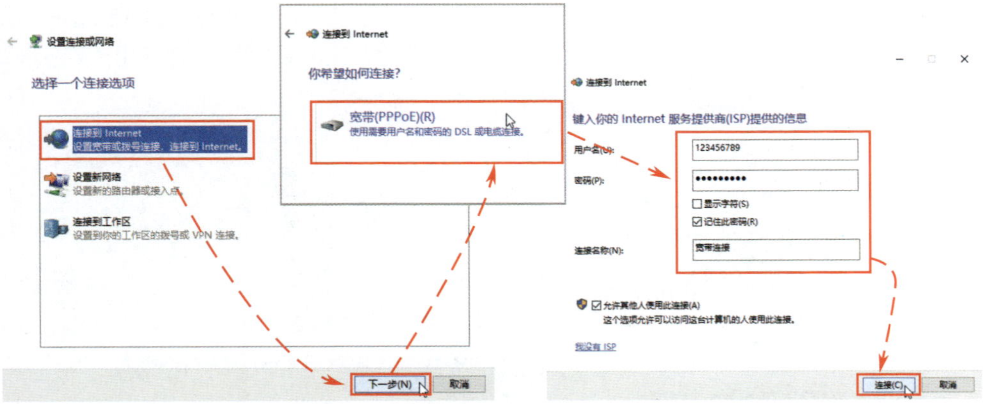

图4-6

图4-7

4.2.2 无线路由器联网设置

如果刚拿到路由器，那么就必须先对路由器进行设置。常见的设置包括路由器管理密码、PPPoE 拨号上网设置、无线连接的密码设置等。虽然不同品牌的路由器的设置界面不同，手机和电脑的设置界面也不同，但设置的内容基本一致。首先在使用路由器前，先阅读路由器的使用说明，将路由器的电源接好，并使用单独的跳线连接光猫的网线 LAN 口和路由器的 WAN 口，然后启动路由器。

稍等一会，启动电脑，打开电脑的浏览器，根据路由器或者说明书的提示，在地址栏输入路由器默认的 IP 地址或者域名，回车后转入到配置界面，按路由器上的提示，输入管理员的密码，如图 4-8 所示。

接下来在上网方式中，选择“宽带拨号上网”（也就是 PPPoE），输入用户的宽带账户和密码，执行下一步，如图 4-9 所示。

图4-8

图4-9

接下来进行无线设置，首先设置无线名称，加密方式选择 WPA/WPA2 即可，设置无线密码后，单击“下一步”按钮，如图 4-10 所示。完成设置后，会弹出成功提示，如图 4-11 所示。

图4-10

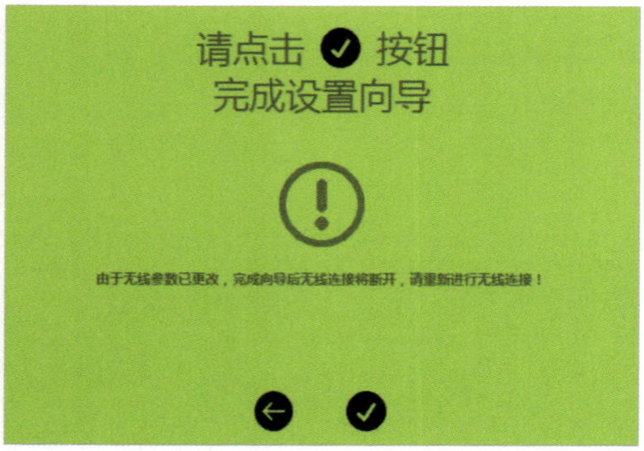

图4-11

操作技巧

用户需要区分拨号设备，如果拨号设备是用户的路由器，那么这里就选择“快带拨号上网”，如果路由器上还有路由器（或光纤路由猫），则使用“自动获取 IP 地址”选项，让路由器从上级的 DHCP 服务器处自动获取 IP 地址，也可以选择“固定 IP 地址”选项，手动设置固定的网络地址参数。

完成所有配置后，有线和无线设备都可以通过路由器上网了。如果是笔记本电脑或者是台式电脑加入了无线网卡，可以在网络中找到无线名称，如图 4-12 所示。连接后，会提示用户输入密码，如图 4-13 所示。密码输入后，路由器会进行验证并同意连接。

图4-12

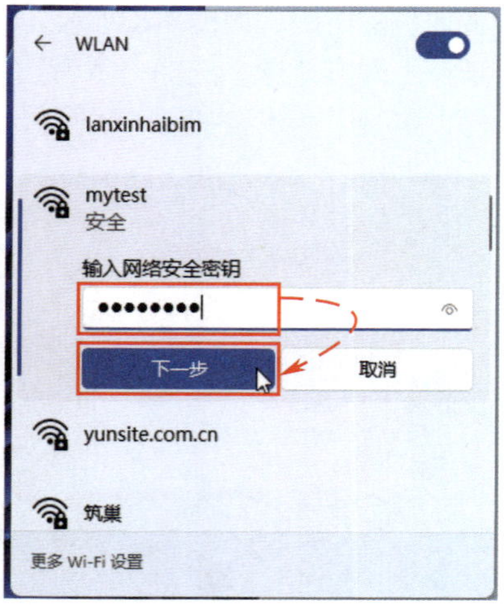

图4-13

4.3 局域网的组成

网络的分类按照不同的标准有不同的分类方法，最常见的是按照网络的分布距离、覆盖范围，将网络划分为局域网、城域网和广域网三种。其中最常见的就是局域网。在同一个路由器下，同一个网段的这些终端设备和网络设备，共同组成了小型局域网。再大的网络，也是由类似这种简单节点的逻辑结构所组成。下面介绍局域网的相关知识。

4.3.1 局域网简述

局域网（Local Area Network，LAN），覆盖范围一般在 1 千米以内，最大不超过 10 千米，可以是一个或多个房间、一个或多个楼层、一栋或一组建筑等。将各种计算机终端及网络终端设备通过有线或者无线的传输方式组合起来。实现文件或资源共享、共享上网、共享打印、统一控制等功能。特点是分布距离近、建设成本低、组网方便灵活、用户数量相对较少、时延低、传输速度快。

目前大部分为 100Mb/s，并且在向 1000Mb/s 及更高的速度过渡。局域网使用的是以太网技术标准，应用较多的就是家庭或小型企业局域网。家庭局域网常见的逻辑拓扑图如图 4-14 所示。

图 4-14

4.3.2 局域网共享设置

网络最主要的作用就是共享。家庭局域网中可以共享照片、文件、影视视频跨设备播放等。接下来介绍在 Windows 11 中如何创建共享。

（1）共享环境的创建

很多用户在共享时，总会遇到各种问题，主要就是由于共享环境没有搭建成功。如果电脑之间要创建共享，首先要确认主机均加入了相同的工作组（默认工作组为 WORKGROUP）。另外共享的电脑要接入相同的局域网网络（相同网段）。

单击“Win”键，从“开始”菜单中搜索“管理高级共享设置”，并单击“打开”按钮，如图 4-15 所示。

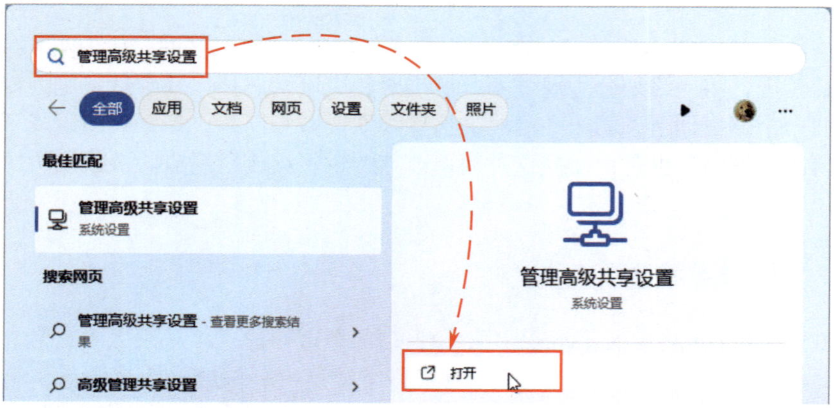

图4-15

在“公用”网络，启动“网络发现”和“文件和打印机共享”，如图 4-16 所示。

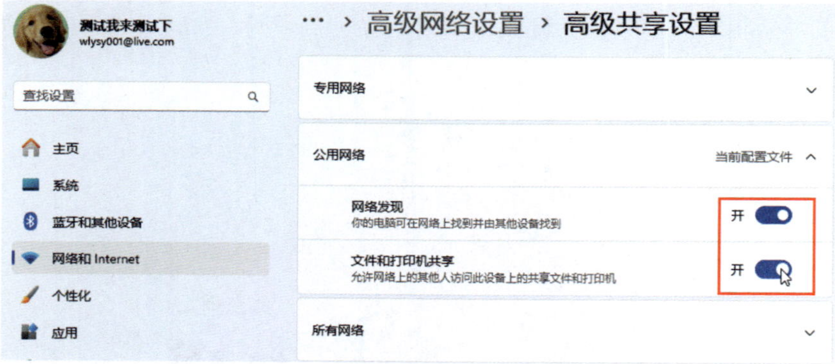

图4-16

展开“专用网络”，启用“网络发现”和“文件和打印机共享”，如图 4-17 所示。

展开“所有网络”，启用“公用文件夹共享”，并关闭“密码保护的共享”功能，如图 4-18 所示。

操作技巧

关闭密码保护后用户访问该共享文件夹时，就无需输入密码。用户也可以启动该功能，并创建专用于访问共享的用户，并设置好该用户对于该共享目录的权限。用户在访问时就需要填写该用户的用户名及密码才能访问。考虑到现在局域网的安全性还是比较高，重要的还是访问的速度和便捷性，可以考虑关闭密码保护，在访问结束后及时关闭共享即可。

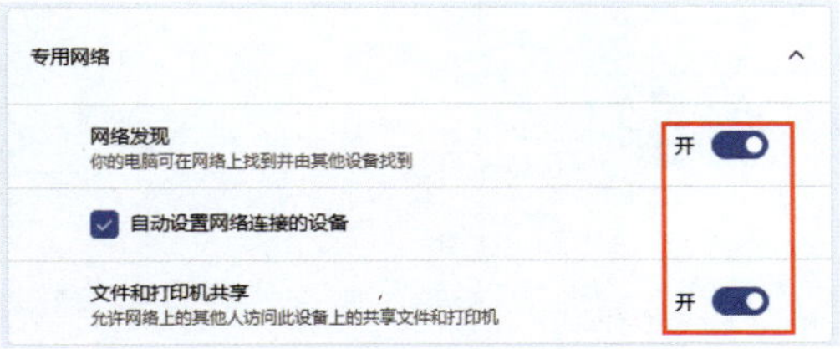

图4-17

图4-18

（2）创建共享文件夹

环境设置完毕后，就可以创建共享文件夹了，建议文件夹放置到非系统分区中。找到需共享的文件夹，在其上单击鼠标右键，选择“属性”选项，如图 4-19 所示。切换到“共享”选项卡，单击“共享”按钮，如图 4-20 所示。

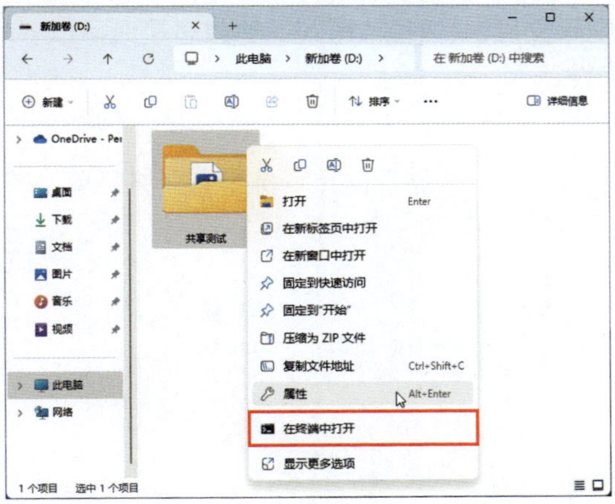

图4-19

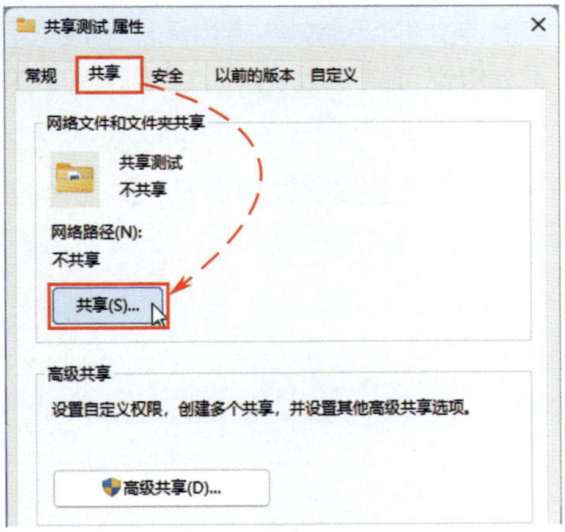

图4-20

默认只有所有者有访问权，这里输入“everyone”，单击“添加”按钮，如图 4-21 所示。

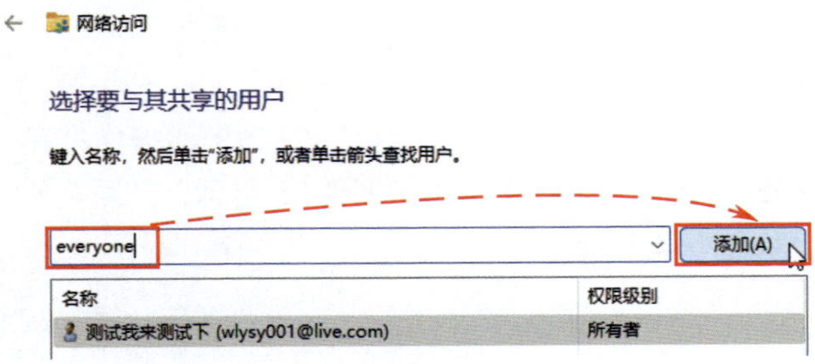

图4-21

添加该用户组后，单击其权限的“读取”下拉按钮，设置权限，完成后，单击“共享”按钮，如图 4-22 所示。

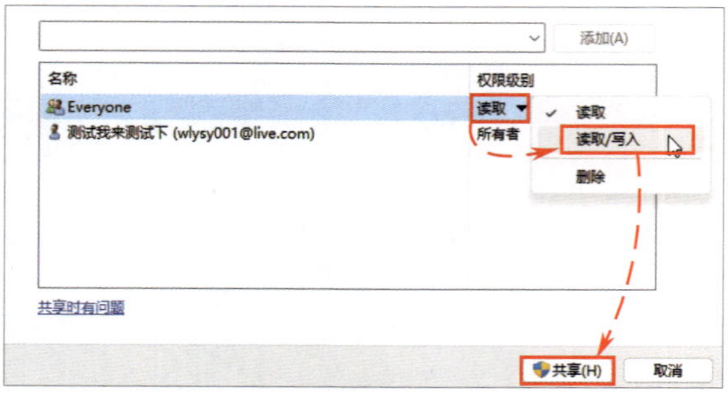

图4-22

操作技巧

“读取”的意思是可以访问该共享，可以下载其中的文件或者打开，但无法上传文件到该文件夹也无法修改或者删除文件。“读取 / 写入”的意思是既可以上传也可以下载，还能够修改其中的文件。

完成后会弹出成功提示，如图 4-23 所示。单击“显示该计算机所有网络共享”链接，从弹出的文件夹中可以查看所有的共享目录，如图 4-24 所示。

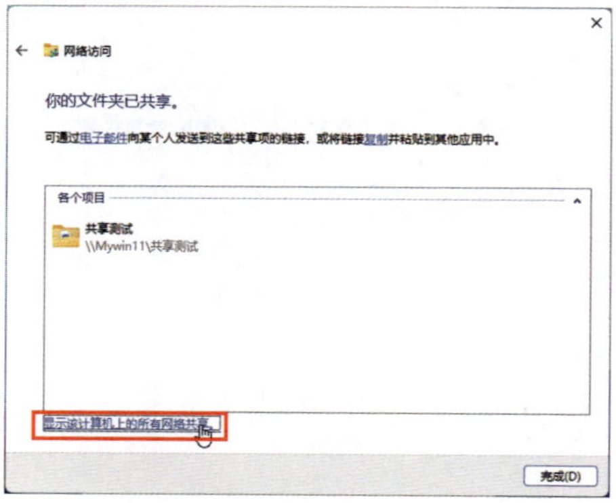

图4-23

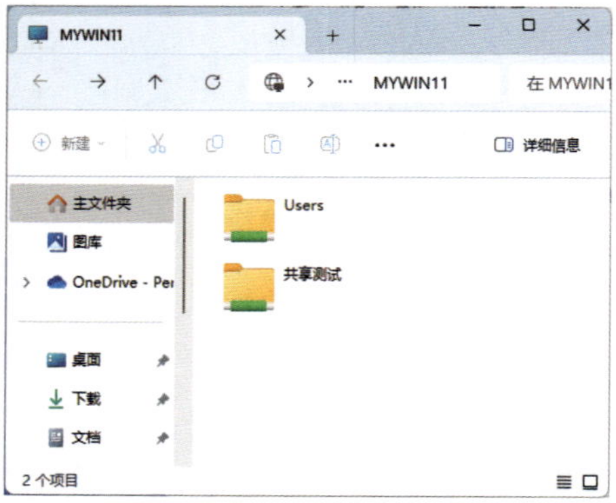

图4-24

（3）访问共享文件夹

访问的方法有很多种，最常见的就是使用“Win+R”组合键打开“运行”对话框，输入“\\ 共享设备 IP 地址（主机名）\”，如图 4-25 所示，即可启动文件资源管理器查看共享内容了，如图 4-26 所示。

操作技巧

除了上面的方法外，还可以在文件资源管理器的地址栏直接输入该命令，或者在本地创建网络映射，将共享文件夹映射为本地驱动器，即可快速访问了。

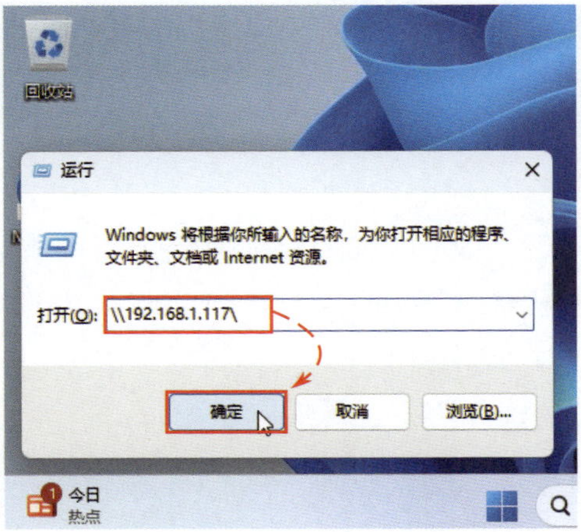

图4-25

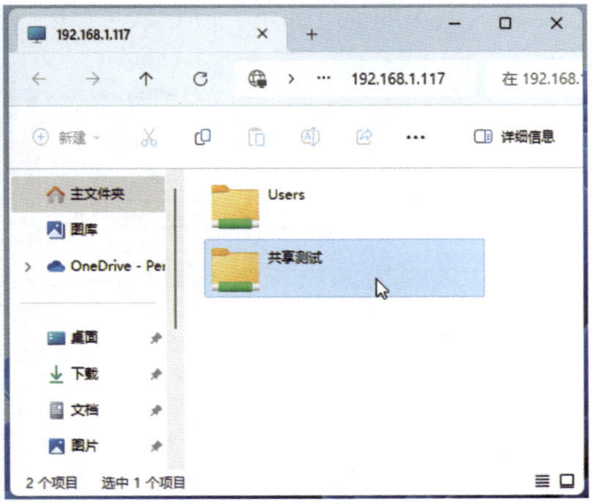

图4-26

4.4 浏览器的使用

Windows 11 默认使用的是 Edge 浏览器，在登录微软账户的情况下，可以同步收藏夹和插件，非常方便。

4.4.1 认识浏览器

浏览器是浏览网页（万维网服务）时使用的工具，使用浏览器，输入 Web 服务器的域名，就可以加载网页内容，为用户提供各种信息。Edge 是 Windows 11 自带的浏览器，传统的 IE 浏览器已经退出市场，取而代之的就是更新、更快、更安全的 Edge 浏览器。

Microsoft Edge（简称 ME 浏览器）是由微软开发的基于 Chromium 开源项目及其他开源软件的网页浏览器，与谷歌旗下的 Chrome 浏览器基础技术相同，能够实现更多的功能。

4.4.2 设置默认主页

打开浏览器后，首先显示的页面叫做主页，为了方便，可以将主页设置为经常使用的网页或者导航网页。启动 Edge 浏览器，单击右上角的“…”按钮，选择“设置”选项，如图 4-27 所示。在“开始、主页和新建标签页”组中，单击“打开以下页面”单选按钮，单击“添加新页面”按钮，如图 4-28 所示。在弹出的界

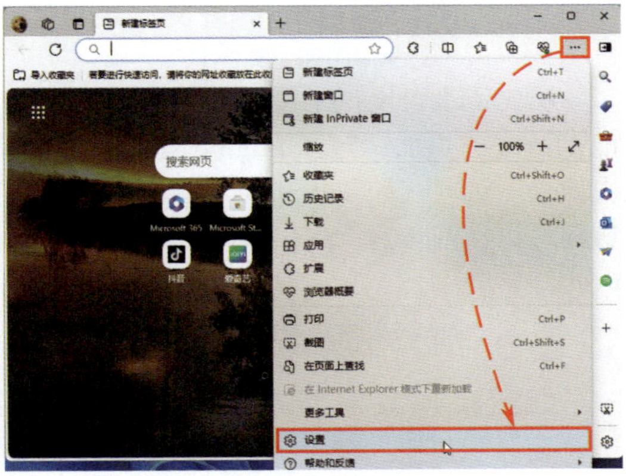

图4-27

面中输入主页的地址即可完成默认主页的设置。

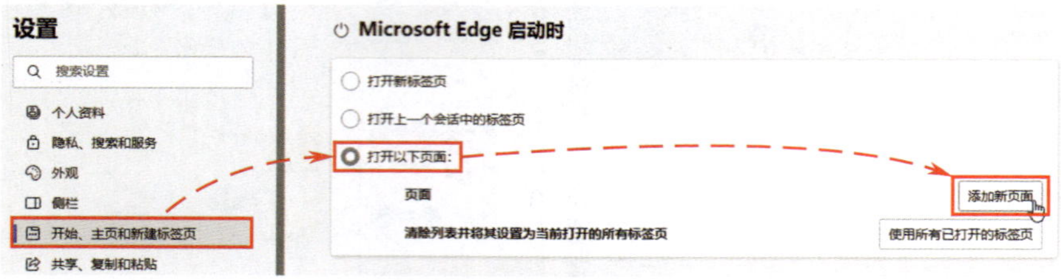

图4-28

4.4.3 使用收藏夹

收藏夹可将常用网址放入其中，下次再访问该网页就不用输入域名了，直接单击对应的网页链接，浏览器会自动跳转到对应的网页。

打开需要收藏的网页，在地址栏右侧单击“收藏”按钮，在打开的对话框中可以修改收藏的名称、收藏的位置，单击“完成”按钮，如图 4-29 所示。下次在 Edge 浏览器的页面上方，就可以单击收藏来快速打开对应的页面了。

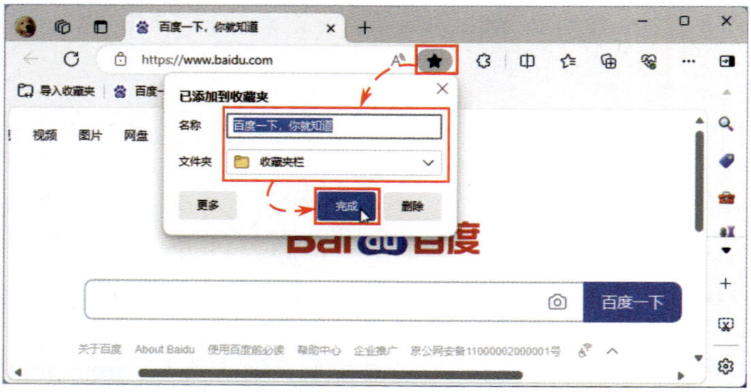

图4-29

4.4.4 历史记录的使用

历史记录可以记录用户的访问历史，用户可以通过历史记录来查看并再次访问以前打开过的页面。打开 Edge 浏览器，单击右上角的“…”按钮，从列表中选择“历史记录”选项，如图 4-30 所示。从列表中可以查看所有的历史记录，选择后可以访问该网站，如图 4-31 所示。单击垃圾桶图标可以删除历史记录。

4.4.5 快速翻译页面

Edge 原生模式支持英文页面的翻译。用户在打开英文网页后，可以在地址栏中单击“翻译”按钮。在弹出的对话框中单击“翻译”按钮，如图 4-32 所示。稍等 Edge 浏览器就会将页面翻译为简体中文，如图 4-33 所示。

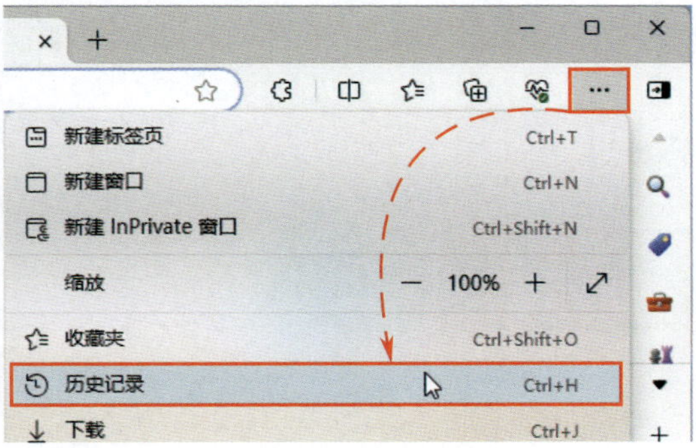

图4-30

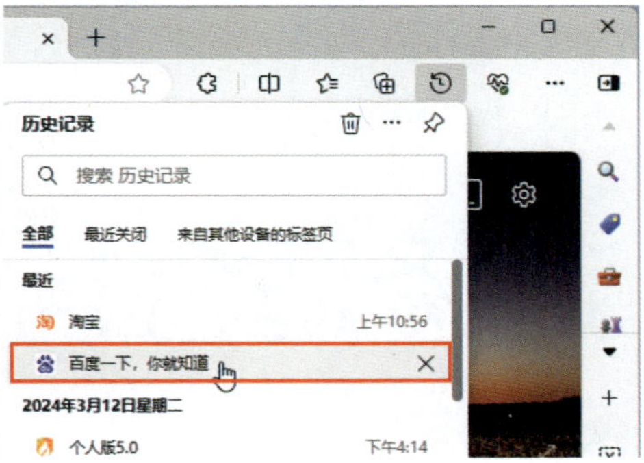

图4-31

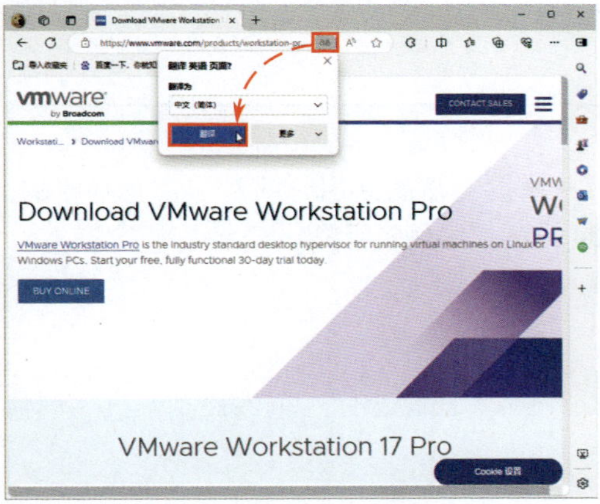

图4-32

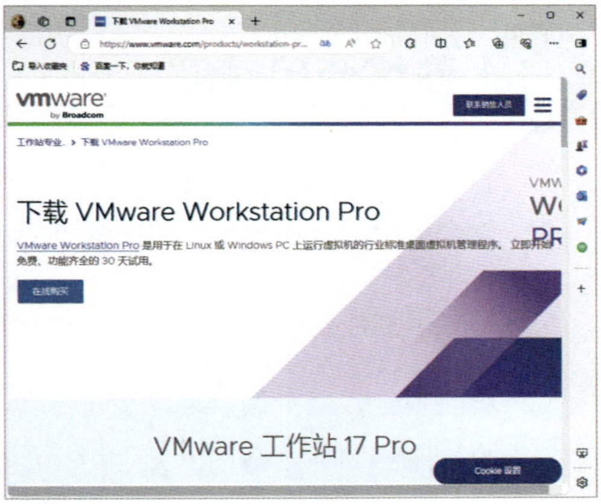

图4-33

操作技巧

如果想恢复为英文界面，可以再次启动翻译功能，并单击“显示原文”按钮即可。

第 5 章
选择适合自己的输入法

5.1 熟练使用键盘

键盘是电脑不可或缺的输入设备，了解并掌握键盘的使用方法是非常有必要的。目前，键盘的种类有很多，在此以常见的 104 键键盘为例进行介绍。

5.1.1 键盘分区

按功能划分，整个键盘总体上可分为功能键区、主键盘区、编辑控制键区、键盘状态指示灯区、小键盘区，如图 5-1 所示。

图5-1

(1) 功能键区

通常，功能键区位于键盘的最上方，由 13 个键组成，分别是 Esc 键和 F1 ～ F12 键，如图 5-2 所示。

其中，Esc 键为退出键，用于退出正在运行的程序，但在不同软件环境下其功能略有不同。F1 ～ F12 键为功能键，各键的具体功能跟随软件系统的变化而改变。功能键是为了简化操作而设置的按键，在不同软件环境下，其功能有所不同；在同一软件环境下，其功能固定不变。

(2) 主键盘区

主键盘区也称为打字键区，由 61 个键组成，主要包括数字键、字母键、符号键及控制键，如图 5-3 所示。主键盘区主要用于字母、符号以及数字的输入。

图5-2

图5-3

其中，数字键为 0 ～ 9 共 10 个数字键，数字键的下挡为数字，上挡为符号。

字母键为 A ～ Z 共 26 个英文字母键，字母键有大写和小写字母之分，可以通过 Caps Lock 键切换大小写输入状态。

符号键不仅包括,、。、：、！、(、) 等 18 个标点符号键，还包括 +、−、×、/ 和 ∧ 共 5 个运算符键，以及@、#、%、&、$ 和 \ 共 6 个特殊符号键。

控制键为 Tab 键（制表定位键）、Caps Lock 键（大小写字母转换键）、Shift 键（换挡键）、Ctrl 键（控制键）、Alt 键（转换键）、Space 键（空格键）、Enter 键（回车键）、Backspace 键（退格键）共 8 个按键。

（3）编辑控制键区

编辑控制键区包括↑、↓、←、→、Page Up、Page Down、Print Screen、Pause/Break、Scroll Lock、Insert、Delete、Home 和 End，如表 5-1 所示。在使用计算机编辑软件时，可以利用这些键实现光标的移动等。

表5-1

按键	意义
↑ ↓ ← →	方向键，可以使光标向上、向下、向左、向右移动
Page Up	上翻页键，可以将上一页的内容显示在屏幕上
Page Down	下翻页键，可以将下一页的内容显示在屏幕上
Print Screen	屏幕复制键，在 Windows 系统下按该键可以将当前屏幕内容以图片形式复制到剪贴板上
Pause/Break	暂停键，直接按该键，可以暂停正在进行的操作，若与 Ctrl 键一起组合使用，则可以终止程序的运行
Scroll Lock	滚动锁定键，可以使屏幕暂停（锁定）/继续显示信息
Insert	插入键，可以实现插入字符功能和替换字符功能之间的转换
Delete	删除键，可以将光标后的一个字符删除
Home	光标归首键，可以将光标移至所在行的行首
End	光标归尾键，可以将光标移至所在行的行尾

（4）键盘状态指示灯区

键盘状态指示灯区位于键盘的右上角，共有 Num Lock、Caps Lock 和 Scroll Lock 3 个指示灯。其中，Num Lock 和 Caps Lock 分别表示数字键盘的锁定和大写锁定。

(5)小键盘区

小键盘区又称数字键区，由数字 0 ～ 9 和运算符等 17 个按键组成，如图 5-4 所示。小键盘区主要用于数字的快速录入。其中包含 10 个双字键，上挡键为数字键，下挡键为编辑控制键。上下挡的切换由 NumLock 键控制，指示灯亮时，只能使用数字键，否则只能使用下挡键。

大部分笔记本电脑并没有独立的数字键区，数字键分布到固定的字母键位上。

图5-4

5.1.2 手指分工

要想提高文字的录入速度，就必须掌握正确的键盘指法。在打字时，双手十个手指均有明确的分工，任何一个手指都不得去按不属于自己分工区域中的按键。因此，初学者从一开始就应严格按照正确的键盘指法进行练习，如图 5-5 所示。

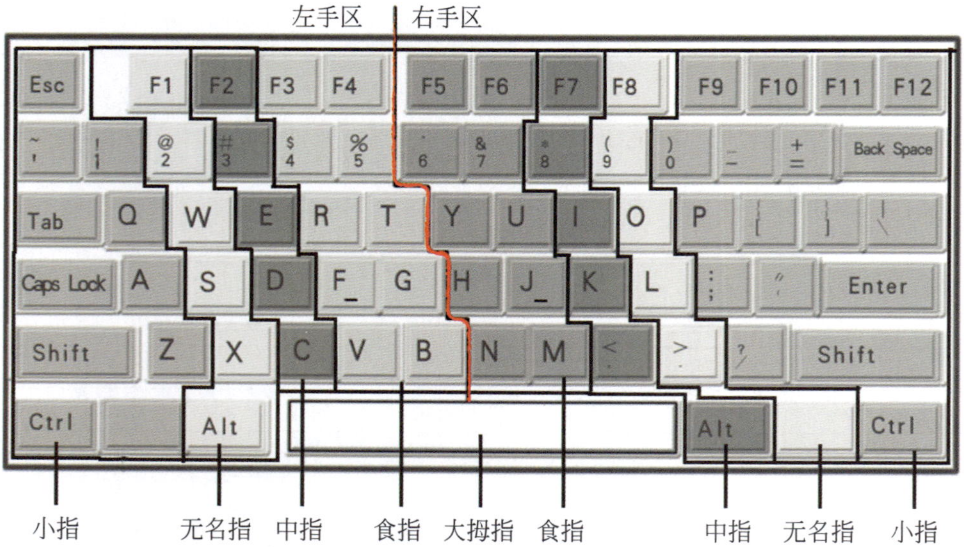

图5-5

按照指法分区原则，左手食指负责 4、5、R、T、F、G、V、B 共 8 个按键，中指负责 3、E、D、C 共 4 个按键，无名指负责 2、W、S、X 共 4 个按键，小指负责 1、Q、A、Z 及其左边的所有键位。

右手食指负责 6、7、Y、U、H、J、N、M 共 8 个按键，中指负责 8、I、K、，共 4 个按键，无名指负责 9、O、L、. 共 4 个键，小指负责 0、P、;、/ 及其主键区右边的所有键位。

5.1.3 指法练习

熟悉手指分工后，就可以进行指法练习了。在起步阶段，应将指法操作的正确性放在首位。开始打字时，要先找到基准键位，同时要有正确的坐姿。

（1）基准键位

基准键位在主键盘区的第3行，共有8个按键，即A、S、D、F、J、K、L和；。两手的食指分别放在F、J键，其他手指自然放好，大拇指放在空格键上，如图5-6所示。F键与J键为定位键，通常该按键上有凸状横线，以方便用户识别。

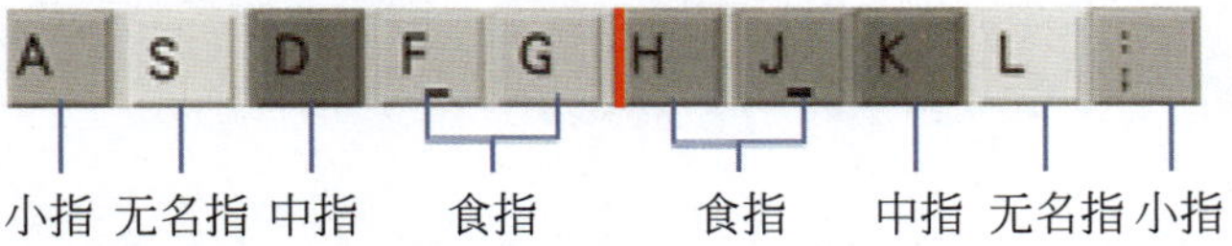

图5-6

需要提醒的是，G键和H键也是食指的掌控范围，在按G键时，应由左手的食指向右伸一个键位；同理，在按H键时，应由右手的食指向左伸一个键位。

（2）正确的坐姿

在打字时，保持正确的坐姿是非常必要的，也是练好键盘指法的前提。因为只有养成良好的打字习惯，才能保证打字时身体不容易疲劳。正确的姿势包括以下几个方面。

- 调整椅子的高度，使得前臂与键盘平行，前臂与后臂成略小于90°的角；上身略前倾腰挺直，并将全身重心置于椅子上。
- 打字时，手腕悬起，各手指指肚要轻放在基准按键的正上面，两大拇指悬空放在空格键上。此时的手腕和手掌都不能触及键盘或电脑桌的任何部位。
- 按键时，手指要用“敲击”的方法去轻轻快速地击打键位，击打完毕立即回归基准键位。
- 除拇指外其他手指自然弯曲成弧形，指端的第一关节与键面垂直，两手与两前臂成直线，手不要过于向里或向外弯曲。

在练习指法时需要注意的是，避免用一个手指击键，这样都会降低击键速度。初期要慢要有节奏，随着不断地熟练再加快打字速度。在这个过程中要强迫自己进行盲打，重视落指的正确性，切忌越位击键。

5.2 了解汉字输入法

汉字输入法又称为中文输入法，是通过ASCII字符的组合，或手写、或语音将汉字输入到电脑等电子设备中的方法。

5.2.1 汉字输入法简介

通常，汉字输入法分拼音输入法和五笔输入法。拼音输入法不需要特殊记忆，只要按照拼音规则来执行即可输入汉字，符合国人的思维习惯。五笔输入法需要背诵字根，掌握字的拆解方法，学习起来较为困难。但在应用过程中，五笔输入法录入效率更高。随着技术的不断进步，汉字的输入技术出现了语音输入、手写输入等。

5.2.2 常用输入法及其切换

常用的汉字输入法有很多，例如搜狗拼音输入法、QQ 拼音输入法、王码五笔输入法、万能五笔输入法等。各输入法都拥有自己的优点，用户可以有针对性地进行选择。

当电脑上安装有多个输入法时，在输入汉字时就需要在各输入法之间进行来回切换。其中切换操作主要包括组合键切换与鼠标选择切换两种。

（1）使用键盘组合键切换

按【Ctrl+Shift】组合键，可以实现各输入法间的切换。

按【Ctrl+Space】组合键，可以切换到最近所用的输入法。

按【Alt+Shift】组合键，可以实现中英文输入的切换。

按【Shift+Space】组合键，可以实现全角与半角输入的切换。

（2）使用鼠标选择切换

在电脑状态栏右侧单击输入法按钮，在打开快捷菜单中选择所需的输入法选项，即切换成功，如图 5-7 所示。

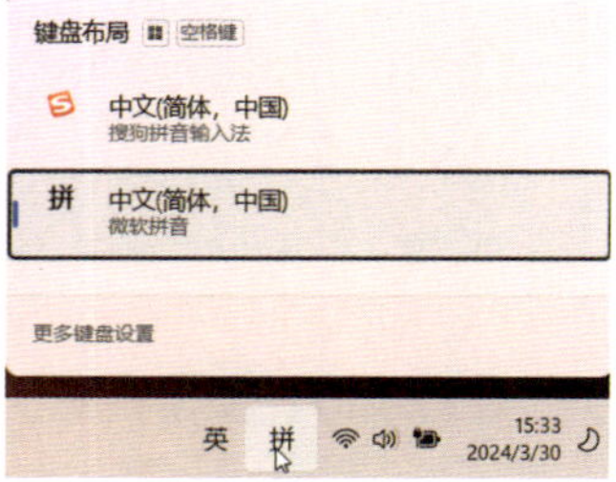

图5-7

5.3 汉语拼音输入法

常见的汉语拼音输入法种类有很多，搜狗拼音输入法就是一款较为常用的输入法，如图 5-8 所示。它有超强的互联网词库、兼容多种输入习惯、首选词准确率第一等优点，是大多数用户首选的输入法。

图5-8

5.3.1 多种输入方式

搜狗输入法支持多种输入模式，如简拼、全拼、双拼等。下面对其相关知识进行详细介绍。

简拼输入即指利用声母或声母的首字母进行输入的一种方式。利用简拼，可以在很大程度上提高输入的效率。如输入“大家好”时，只需输入“djh”即可，如图 5-9 所示。

全拼输入是拼音输入法中最基本的一种输入方式。在输入窗口输入拼音，然后依次选择所要的字或词即可。如输入“新手学电脑”字样时，就需输入“xinshouxuediannao”，如图 5-10 所示。

图5-9

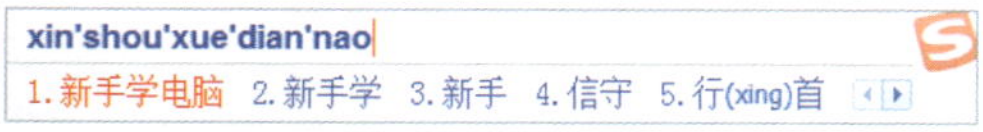

图5-10

双拼输入即指利用定义好的单字母代替较长的多字母韵母或声母进行输入的一种方式。

5.3.2 输入日期和时间

快速输入当前的日期和时间是有技巧的。相信大多数用户都会对着当前时间逐个输入。其实只需敲击 2 个按键，即可快速输入当前系统的日期或时间。

若想输入当前系统日期，则只需输入“日期”的首字母“rq”，随即在候选词中会显示出当前日期，如图 5-11 所示，单击该候选词即可。

图5-11

若想输入当前系统时间，则只需输入时间的首字母“sj”，在候选词中会显示出当前时间，如图 5-12 所示，单击即可。

图5-12

按照同样的操作，若想输入星期，则只需输入星期的首字母“xq”，即可在候选词中给出当前星期值，如图 5-13 所示。

图5-13

5.3.3 输入生僻字

在输入时如果遇到生僻字，该如何操作呢？其实方法很简单，用户可以使用 2 种方法进行操作。

（1）使用 U 模式

U 模式是专门为输入不会读的文字而所设计的。在输入【U】键后，然后依次输入一个字的笔画，即可轻松输入相对应的汉字。其中，h 表示横、s 表示竖、p 表示撇、n 表示捺、z 表示折，h、s、p、n、z 也可以用小键盘上的 1、2、3、4、5 来表示，点也可以用 d 来表示。在此，笔顺规则与普通手机上的五笔画输入是完全一样的。例如：“厷”字的笔画编码是 uhpzd，如图 5-14 所示。

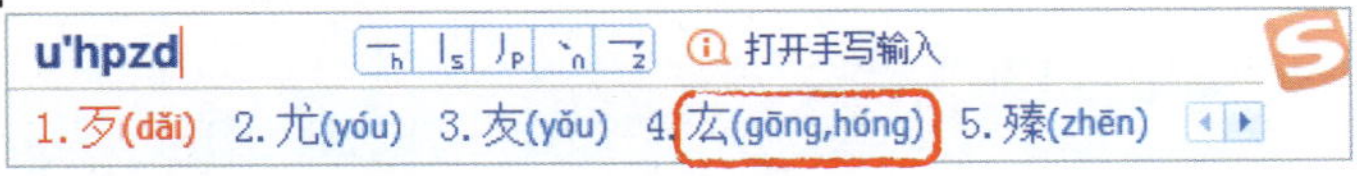

图5-14

(2)使用手写板模式

利用手写板模式输入也是不错的选择。用户需要在输入法中添加该工具。在输入法状态栏中单击“工具箱 ”按钮，在打开的工具列表中，单击“手写输入”工具，系统会自动安装并打开手写面板，如图 5-15 所示。

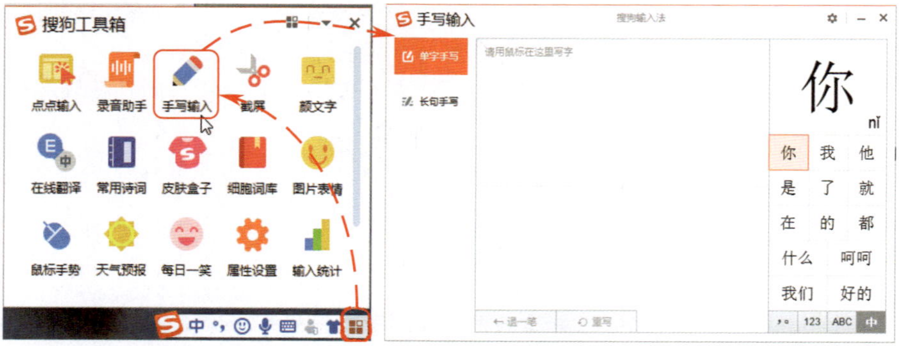

图5-15

利用鼠标在写字板中输入“厷”字，然后在右侧识别的文字列表中单击所需文字即可，如图 5-16 所示。

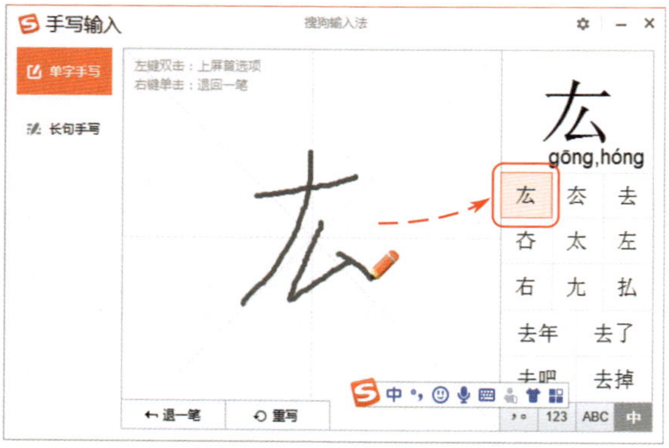

图5-16

5.4 五笔字型输入法

五笔字型输入法是王永民教授在 1983 年 8 月发明的一种汉字输入法。因为发明人姓王，所以也称为“王码五笔”。五笔相对于拼音输入法具有重码率低的特点，熟练后可快速输入汉字。

5.4.1 汉字的编码规则

掌握汉字的编码规则，熟悉每个汉字的编码，是五笔输入法的基础。掌握汉字的编码规则就需要对汉字的字型结构及笔画有所了解。

（1）汉字的 5 种笔画

笔画指组成汉字的且不间断的点或线段，是构成汉字的最小单位。从一般的书写形态上看，汉字的笔画有点、横、竖、撇、捺、提、钩和折共 8 种。在五笔字型方案中，把汉字的笔画只归结为横（一）、竖（丨）、撇（丿）、捺（丶）和折（乙）5 种基本笔画。那么点、提和钩这 3 种笔画到哪里去了呢?

其实“点”被归为“捺”类了，这样归类是因为两者运笔的方向基本一致；“提”被归为“横”类；除“竖”能代替左钩以外，其他带转折的笔画都被归结为“折”类。为了便于记忆和应用，根据它们使用频率的高低，依次用 A、B、C、D 和 E 作为代号，如表 5-2 所示。

表5-2

笔画名称	代号	笔画走向	笔画及其变形
横	A	左→右	一、㇀
竖	B	上→下	丨、亅
撇	C	右上→左下	丿
捺	D	左上→右下	、丶
折	E	带转折	乙、⺄、乚、𠃍、㔾、巛

（2）汉字的字型

五笔字型编码是把汉字拆分为字根，而字根又按一定的规律组成汉字，这种组字规律就称为汉字的字型。即使相同的字根，摆放的位置不同也可以组成不同的汉字。例如“口”和“禾”，可以组成“和”字和“香”字。

汉字字型可以分为 3 种：左右型、上下型以及杂合型，分别赋予其代号为 A、B 和 C，如表 5-3 所示。

表5-3

字型	代号	图示	字例	特征
左右型	A	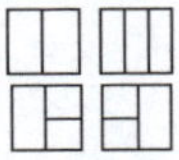	职、脚、喂、数	字由左右两部分或左中右3部分构成，字根之间可有间距，总体左右排列
上下型	B	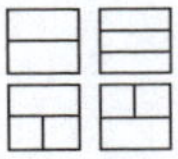	昔、莫、露、竖	字由上下两部分或上中下3部分构成，字根之间虽有间距，但总体上下排列
杂合型	C	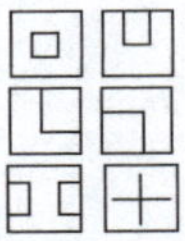	回、凶、过、团、间、本、太、东	字由单体、内外和包围等结构组成，字根之间或有间距，但不分上下左右，或者浑然一体

5.4.2 汉字的拆分原则

正确地将汉字拆分成字根是五笔字型输入法的关键。使用五笔字型拆分汉字并不是无章可依的。根据字根的相对关系可以将五笔字型的拆分原则概括为一句话："书写顺序，取大优先，兼顾直观，能散不连，能连不交"。

（1）书写顺序

中国人都有个良好的习惯，就是书写汉字时都遵循正确的书写顺序。五笔字型输入法在拆分汉字的时，一定要按照正确的书写顺序来拆分。

书写汉字的规则是"先左后右，先上后下，先横后竖，先撇后捺，先内后外，先中间后两边，先进门后关门"等。例如"间"字，正确的拆分应该是"门""日"，而不是"日""门"。

（2）取大优先

取大优先也叫"优先取大"，指的是一个汉字在多种拆分方法中，应保证按书写顺序拆出尽可能大的字根，也可以说拆出的字根数应该最少。例如"草"应该拆分成"艹""早"，不应该拆分成"艹""日""十"。

正确：草=艹+早　　编码（AJJ）
错误：草=艹+日+十　　编码（AJF）

（3）兼顾直观

该原则指的是在拆字时应尽量照顾字的直观性，一个笔画不能分割在两个字根中。有时为了使拆分的字根容易辨认，就要暂时牺牲"书写顺序"和"取大优先"的原则，从而形成了个别例外的情况。

例如"县"字，按照书写顺序原则上应该拆分成："冂""三""丶"和"厶"，但这样使得字根"月"不再直观易辨，因此应把"县"字拆成"月"、"一"和"厶"。

正确：县=月+一+厶　　编码（EGC）
错误：县=冂+三+厶　　编码（MDC）

（4）能散不连

如果一个汉字可以拆分成几个基本字根，而且字根之间保持一定的距离，那么一律视它为"散"的结构。例如"天"字能拆分成"一"和"大"散的结构，就不要拆分成"二"和"人"连的结构。

正确：天=一+大　　编码（GD）
错误：天=二+人　　编码（FW）

（5）能连不交

能连不交指的是一个汉字能按"连"的结构拆分，就不要按"交"的结构拆分。

一般来说，“连”比“交”更直观。例如：“于”字能拆分成“一”和“十”连的结构，就不要拆分成“二”和“丨”有相交笔画的结构。

正确：于=一+十　　　　编码（GF）
错误：于=二+丨　　　　编码（FH）

5.4.3 单字的编码方式

掌握了上面所讲的规则之后即可输入汉字了。下面分别介绍键名字根、成字字根、单字和词组的输入方法。

（1）键名字根的编码方式

所谓键名字根是指在键盘左上角使用频率比较高的汉字（X 键上的“纟”除外），即每个键位上第一个字根为“键名字根”。每个键名汉字对应的键位分布，如图 5-17 所示。

图5-17

键名字根的输入方法很简单，就是将键名字根对应的键连敲 4 次，如“土”字只需要按“F”。有的键名字根不需要按 4 次，如“A”键上“工”字，只需要按“A”键一次然后再按空格键即可。

（2）成字字根的编码方式

成字字根是指在键盘所有的字根中除了键名字根外，本身就是汉字的字根。比如“F”键上的“雨”和“C”键上的“马”等。这些字需要经常输入，因此很有必要掌握它们的输入方法。

成字字根的输入方法是：先按一下该成字字根所在的键（称为“报户口”），再按该成字字根的第一、第二及最末一个单笔画，若不足 4 码则补空格，即报户口 + 首笔画 + 次笔画 + 末笔画。

成字字根的编码方式=键名码+首笔代码+次笔代码+末笔代码

例如，“由”字的键名为 M，首笔是“丨”，次笔是“乙”，末笔是“一”，所以“由”字的编码是 MHNG。

首笔、次笔和末笔一定是指单笔画，而不是字根。如果把“由”字拆成“口”“十”，那就错了。

（3）单笔画的编码方式

“五笔”顾名思义是由 5 种笔画组成的，即横（一）、竖（丨）、撇（丿）、捺（丶）和折（乙）5 种基本笔画，也称单笔画。有时也需要输入这些单笔画。但对于用单笔画构成的字，第一键和第二键则是相同的，在五笔字型中特别规定了其输入的方法为：先按两次该单笔画所在的键位，再按两次 L 键。它们的编码如表 5-4 所示。

表5-4

笔画	编码	笔画	编码
一	GGLL	丶	YYLL
丨	HHLL	乙	NNLL
丿	TTLL		

（4）多于 4 码汉字的编码方式

这种汉字的输入方法是：根据书写顺序将汉字拆分成字根，取汉字的第一、二、三和最末字根，并敲击这 4 个字根所对应的键位即可。

编码＝第一字根编码＋第二字根编码＋第三字根编码＋末字根编码

例如“编”字，它可以拆成“纟”“丶”“尸”和“卄”，刚好有 4 个字根，因此其编码为 XYNA。

编＝纟＋丶＋尸＋卄　　编码（XYNA）

又如“输”字，它由 5 个字根组成，分别为“车”“人”“一”“月”和“刂”，这时就取前 3 个字根和最后一个字根，其编码为 LWGJ。

输＝车＋人＋一＋刂　　编码（LWGJ）

（5）不足 4 码汉字的编码方式

若拆分时汉字不足 4 码，这时需要用到末笔字型交叉识别码。不足 4 个字根的汉字的输入方法是：该汉字能拆成几个字根就输入几个字根，然后再加上它的末笔字型交叉识别码，若这时还不满 4 码就再补上一个空格键。例如“尿”字可以拆分为“尸”和“水”，编码为 N 和 I，末笔字型交叉识别码为 I，因此“尿”字的编码为 NII。

尿＝尸＋水＋（丶）＋空格　　编码（NII）

（6）末笔字型交叉识别码

什么是末笔字型交叉识别码呢？在介绍末笔字型交叉识别码之前先来看一个例子。如“旭”字，按照拆分原则它可以拆分为“九”和“日”，编码为 V 和 J，但是“旮”字也可拆为“九”和“日”，它的编码也是 V 和 J。

为了避免重码，在五笔字型输入法必须把它们的编码分开。当汉字的字根输入后，后边一律再加上一个码——“末笔识别码”。

末笔字型交叉识别码 = 末笔识别码 + 字型识别码，其中末笔识别码指汉字最后笔画的代码，字型识别码指汉字字型结构代码。汉字的笔画有 5 种，字型结构有 3 种，所以末笔字型交叉识别码共有 15 种，也就是每个区的前 3 个区位号可作为识别码来使用，如表 5-5 所示。

表5-5

末笔 / 字型	横	竖	撇	捺	折
左右型	G（11）	H（21）	T（31）	Y（41）	N（51）
上下型	F（12）	J（22）	R（32）	U（42）	B（52）
杂合型	D（13）	K（23）	E（33）	I（43）	V（53）

现在就可以输入“旭”字了。“旭”字的末笔是横，代码为 1，字型为杂合型，代码是 3，所以“旭”字的末笔字型交叉识别码为 13，也就是说“旭”字编码为 VJD。同理，“旮”字的末笔为横，代码为 1，字型为上下型，代码为 2，所以它的末笔字型交叉识别码为 12，即 F 键，编码为 VJF，即可输入“旮”字。

在了解末笔识别码后，下面介绍末笔识别码的使用规则。

- 末笔字根为“力、九、刀、七、匕”时一律规定末笔画为折。如“折”和“切”等字的末笔识别码为 N。
- 对于有“辶”和“廴”的字，它们的末笔规定为被包围部分的末笔。如“连”字的末笔为“丨”，“延”字的末笔是“一”。
- 所有的包围型汉字的末笔规定取被包围部分的末笔。如“回”字取其末笔为“一”。
- “我”“找”等字的末笔取撇。这些约定不符合平时的书写习惯，因此要强行记住。遇到这些字时，一定不要被书写习惯所束缚。
- 带独点的字，比如“义”“勺”等，这些字把点作为末笔，并且认为“、”与附近字根是连的关系，所以是杂合型结构，识别码为 43，也就是 I。

5.4.4 简码的编码方式

五笔字型输入法为了减少击键次数，提高录入速度，提供了一种简码输入法。五笔字型将汉字分为一级简码、二级简码、三级简码。简码的输入方式：只需要输入该汉字前一个字根、前两个字根、前三个字根，再加空格即可输出汉字。

简码的设计不仅减少了按键的次数，也省去了对部分汉字识别码的判断，从而提高了输入的速度。

（1）一级简码的编码方式

根据每个键位上的字根的形态特征，在 25 个键位上分别安排了一个最为常用的高频汉字，这类字的输入方法是按一下简码所在的键，再按一下空格键即可。例如输入“人”字时，只需输入“W”，再加一个空格就行了。将这 25 个一级简码熟记后能大大地提高录入的速度。从 11 到 55 区位，一级简码分别是“一地在要工，上是中国同，和的有人我，主产不为这，民了发以经”。

一级简码＝简码所在的键位＋空格键

（2）二级简码的编码方式

二级简码的输入方法是取汉字的第一笔和第二笔代码，然后再按空格键即可。如“际”字，如果按照非简码方式输入，它的编码为“BFI”，再按空格键。现在按简码方式输入这个字只要按下“BF”，再按空格键。

二级简码＝第一个字根的编码＋第二个字根的编码＋空格键

二级简码大约有 625 个，在进行单字输入时，二级简码出现的频率为 60%，还是相当高的。这些字并不用刻意地去记，在平时输入时多加留意，打的次数多了自然就记住了。

（3）三级简码的编码方式

三级简码取的是汉字前 3 个字根的编码，再按一下空格键即可。在汉字中三级简码一共有 4000 多个。虽然加上空格后这个字也要敲 4 下，但因为有很多字不用再判断其识别码，再加上空格键比别的键的面积都大，也就比其他键更容易击中，这样在无形中也就提高了输入的速度。

三级简码＝第一个字根编码＋第二个字根编码＋第三个字根编码＋空格键

5.4.5 词组的编码方式

使用五笔字型输入时，如果只是一个字一个字地输入，那么输入的速度还是不会有很大提高的，但是如果采用词组输入法就可以大大地提高输入的速度。

词组是由两个或两个以上的单字构成的，包括二字词、三字词、四字词以及四字以上的词组，取码方法因词组的字数而异。但有一点是相同的，即在五笔字型中的词和字一样，一词仍只需单击 4 码。下面按照词组中字的个数来分别介绍它们的取码规则。

（1）二字词组的编码方式

二字词组分别取每个字的前两个字根，构成四位编码。

二字词组的输入＝第一汉字的第一个字根＋第一汉字的第二字根＋第二汉字的第一个字根＋第二汉字的第二个字根

例如：娇贵、机智

娇贵＝女＋丿＋口＋丨　　编码（VTKH）
机智＝木＋几＋丿＋大　　编码（SMTD）

（2）三字词组的编码方式

三字词组按顺序取第一、二个汉字的第一个字根和最后一个汉字的前两个字根组成四位编码。

三字词组的输入=第一个汉字的第一个字根+第二个汉字的第一个字根+
第三个汉字的第一个字根+第三个汉字的第二个字根

例如：办公室、摄像机

办公室=力+人+宀+一　　编码（LWPG）
摄像机=扌+亻+木+几　　编码（RWSM）

（3）四字词组的编码方式

四字词组按顺序分别取每个汉字的第一个字根，组成四位编码，这与输入单字的取码方法是一样的。

四字词组的输入=第一个汉字的第一个字根+第二个汉字的第一个字根+
第三个汉字的第一个字根+第四个汉字的第一个字根

例如：五花八门、千里迢迢

五花八门=五+艹+八+门　　编码（GAWU）
千里迢迢=丿+日+刀+刀　　编码（TJVV）

（4）多字词组的编码方式

多字词组按顺序分别取第一、第二、第三和最后一个汉字的第一个字根，组成四位编码。

多字词组的输入=第一个汉字的第一个字根+第二个汉字的第一个字根+
第三个汉字的第一个字根+最后一个汉字的第一个字根

例如：高级工程师、新疆维吾尔自治区

高级工程师=古+纟+工+刂　　编码（YXAJ）
新疆维吾尔自治区=立+弓+纟+匚　　编码（UXXA）

5.4.6 万能键的使用

五笔字型的字根键盘使用了 A ～ Y 这 25 个英文字母键，Z 键尚未安排任何字根。那么“Z”键到底有什么用呢？

“Z”键是五笔字型的万能学习键。具体地说，在五笔字型的汉字编码中，字母 Z 可以替代 A ～ Y 中的任何一个字根码或末笔字型识别码。

当初学者在对某个字根的键位尚不熟悉，或对某些字根拆分有困难时，可用 Z 键代替编码中的未知代码，这时系统将自动检索出那些符合已知字根代码的汉字，同时将这些汉字及其准确代码显示在提示行中。用户通过汉字前面的编号即可选择需要的汉字，否则当前提示行中的第一个汉字将是用户的默认选择。若具有相同已知字根的汉字超过 5 个，则可按【>】或【<】键向前或往回查看，直到找到所需汉字为止。

例如：若想输入“德”字，但记不清其中字根“十”的代码，那么可输入编码

TZL。此时提示行将显示：

五笔字型：TZL　1：德 TFLN　2：盘 TELF

只要按数字键 1，即可在当前光标位置输入“德”字。

若输入编码 ZZZZ，则系统会将把国标一、二级字库中全部汉字及其相应的五笔字型编码分组显示在中文提示行。提示行显示的汉字会自动按使用频度的高低次序排列，即按高频字、二级简码字、三级简码字、无简码字的顺序排列。因此可以通过 Z 键查阅某个汉字是否存在简码。

用【Z】键也可以查询二根字或三根字的识别码。例如汉字“京”和“应”的字根编码（YI）相同。若想知道它们各自的末笔字型识别码，可键入“YIZ［空格］”。这时提示行将显示：

五笔字型：YIZ　1：京 YIU　2：应 YID　3：诮 YIEG

据此可知“京”的识别码是 U（22），“应”的识别码是 D（13）。

第 6 章 常见办公文档的制作

扫码看视频

6.1 文档基本操作

本节将向用户介绍文档的基本操作，例如，如何新建文档、设置页面布局、保存文档和打印与输出文档。

6.1.1 文档的创建与设置

制作文档的前提是创建空白文档，用户可以根据需要创建空白文档或者创建模板文档。

（1）新建空白文档

启动 WPS Office 软件，在主界面中单击+按钮，或单击“新建”按钮，打开“新建”界面，该界面中显示着各组件按钮。单击“文字”按钮打开“新建文档”页面，单击“空白文档按钮”，如图 6-1 所示。即可新建一个空白文档。

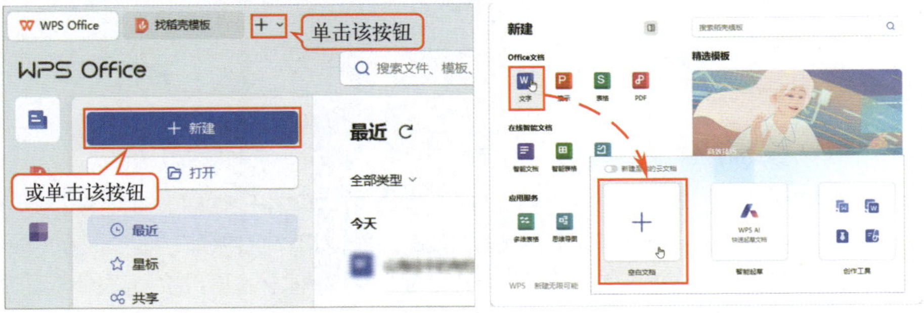

图6-1

操作技巧

创建了第一个空白文档后，若要继续创建空白文档，可不必返回主界面，直接在当前文档中按【Ctrl+N】组合键即可。

(2) 设置页面布局

新建一个文档后，用户首先需要对文档页面的布局进行设置。打开“页面”选项卡，在该选项卡中可以设置文档的“页边距”“纸张方向”“纸张大小”等，如图 6-2 所示。

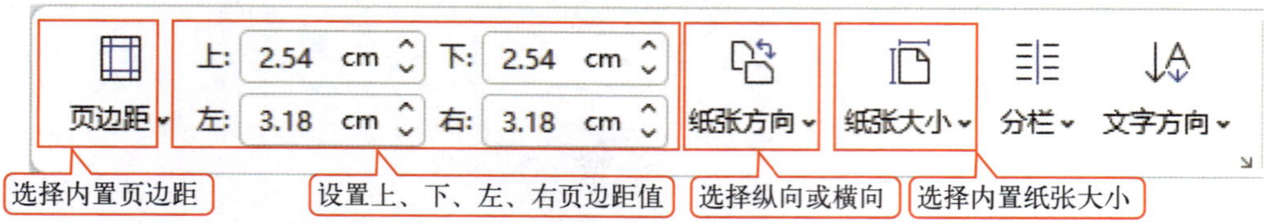

图6-2

6.1.2 文档的保存与另存

创建好文档后，需要及时对文档进行保存，以防止断电、电脑死机等情况的发生，从而造成数据的丢失。新建空白文档后，单击“保存”按钮，或单击“文件”按钮，从列表中选择“保存”选项，打开“另存为”对话框，设置文档的保存位置、文件名和文件类型，单击“保存”按钮即可，如图 6-3 所示。

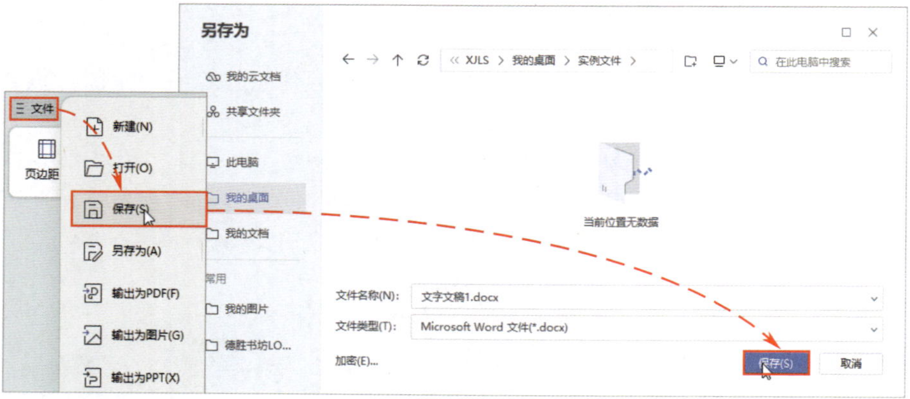

图6-3

如果对文档进行了修改，在保存文档时，若单击“保存”按钮，此时修改后的文档将会覆盖原文档。如果想要保留原文档，那就需要使用“另存为”操作。在“文件”列表中选择“另存为”选项，在打开的“另存为”对话框中，更改文档的保存位置和文件名，单击“保存”按钮即可。

操作技巧

保存过文档后，在文档中输入内容时，要边输入内容，边按【Ctrl+S】组合键，及时保存，防止数据意外丢失。

6.1.3　文档的打印与输出

制作好文档后，一般需要将其输出或打印出来，方便查看和传阅。用户可将其输出为图片格式、PDF 格式，或者设置好打印参数后将其直接打印出来。

（1）打印文档

单击“文件”按钮，将光标移动到“打印”选项，在其下级列表中选择“打印预览”选项，切换到“打印预览”模式。在该模式下界面主要分为预览区和打印设置区两部分。打印预览区用于显示文档当前的打印状态。界面右侧的“打印设置”窗格中则可以设置连接的打印机、打印份数、打印顺序、打印方式、打印范围、奇偶页面、页边距、缩放、每页版数等。设置好各项参数后，单击“打印”按钮进行打印即可。若要退出预览模式，可以单击预览区右上角的“退出预览”按钮，如图 6-4 所示。

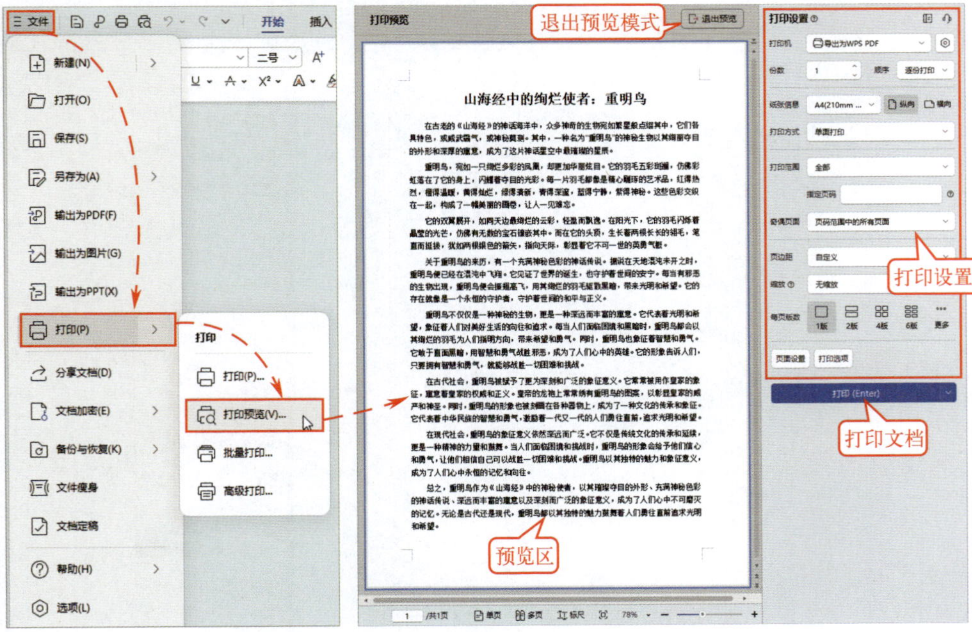

图6-4

（2）输出文档

单击“文件”按钮，在下拉列表中选择“输出为 PDF”选项，打开“输出为 PDF”对话框，在该对话框中，设置“输出范围”“输出选项”和“保存位置”，单击“开始输出”按钮，便可将文档输出为 PDF 文件。输出完成后“状态”会变为“输出成功”，单击“打开文件”按钮即可查看输出为 PDF 的文档，如图 6-5 所示。

在“文件”下拉列表中，选择“输出为图片”选项，打开“批量输出为图片”面板。

在该面板中设置图片的“输出方式”“水印设置”“输出范围”“输出格式”“输出颜色”“输出目录”等选项，如图 6-6 所示。设置好后单击“开始输出”按钮，登录账号后即可将文档输出为图片格式。

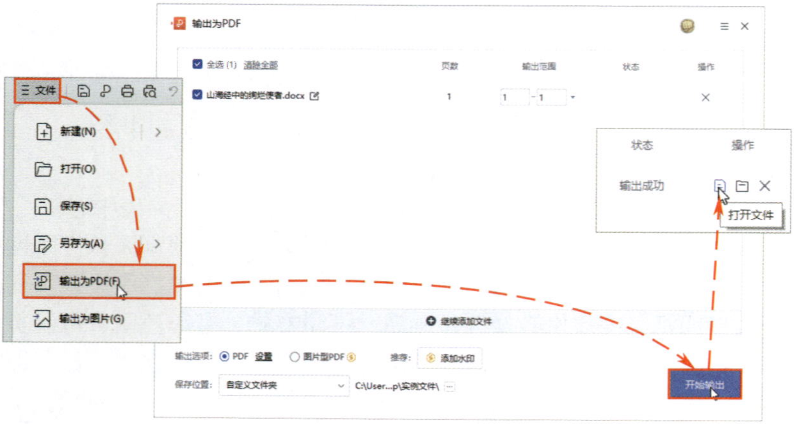

图6-5

图6-6

新手误区

将文档输出为图片后，图片上会有水印，用户只需要开通会员后在“输出为图片”面板中选择“无水印”选项就可以去掉水印。

6.2 编辑文本

本节将向用户介绍编辑文本，例如文本的选择、文本的移动与复制和文本的查找与替换。

6.2.1 文本的选择

要想对文档中的文本进行编辑，首先要选择文本，用户可以使用多种方法选择文本。

（1）选择连续文本

将光标插入需要选择文本的开始位置，按住鼠标左键不放，拖动鼠标至需要选择文本的结束位置，然后释放鼠标左键即可，如图 6-7 所示。

（2）选择多处不连续的区域

在文档中先选择一段文本，然后按住【Ctrl】键不放，依次选择其他文本，这样就可以将多个不连续的区域选中，如图 6-8 所示。

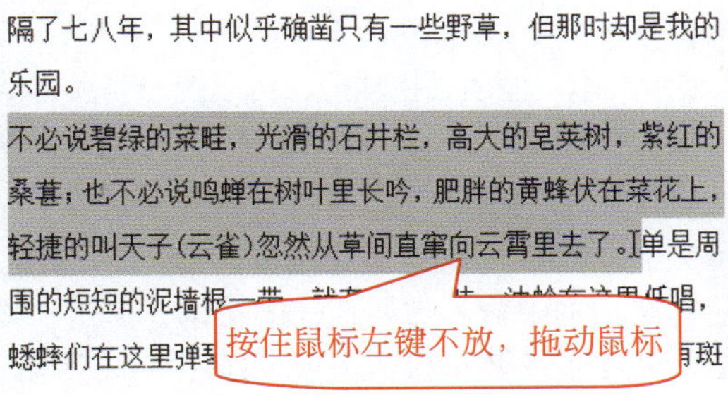

图6-7

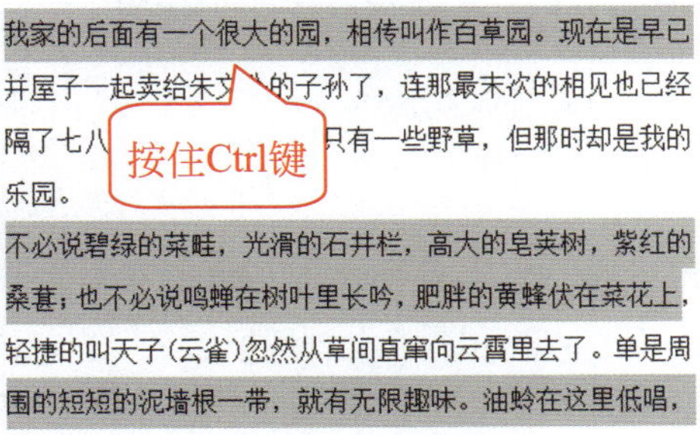

图6-8

（3）全选文档

将光标定位至文档中任意位置，然后按【Ctrl+A】组合键，即可将文本全部选中；或者用户将光标移至文本左侧空白处，当鼠标光标变为向右倾斜的箭头形状时，连续单击 3 次鼠标左键，即可将整篇文档选中。

操作技巧

如果用户想要选择某个词语，则只需将光标定位至某个词语的任意位置，然后双击鼠标，即可将该词语选中。

6.2.2 文本的移动与复制

移动文本可以通过对文本进行剪切来实现，只需要选中文本，按【Ctrl+X】组合键或单击鼠标右键，从弹出的快捷菜单中选择“剪切”命令，如图 6-9 所示。然后将光标插入需要移动到的位置，按【Ctrl+V】组合键或单击“粘贴”按钮即可。

此外，用户还可以通过拖动鼠标来移动文本，选中文本后，按住鼠标左键不放，拖动鼠标至需要移动到的位置，松开鼠标左键即可，如图 6-10 所示。

复制文本可以直接使用快捷键，即选中文本内容，按【Ctrl+C】组合键进行复制，然后将光标插入任意位置，按【Ctrl+V】组合键粘贴即可。

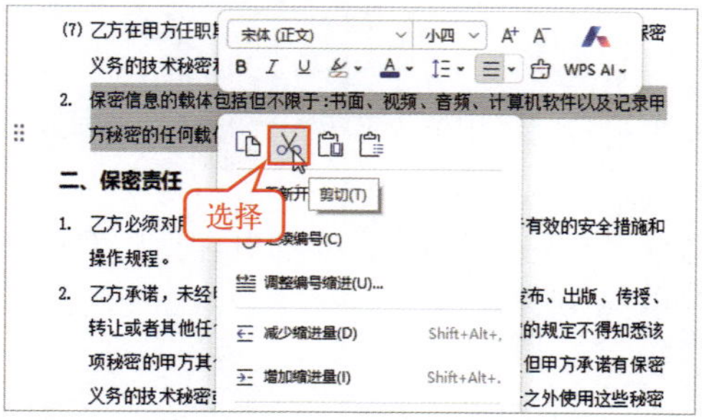

图6-9

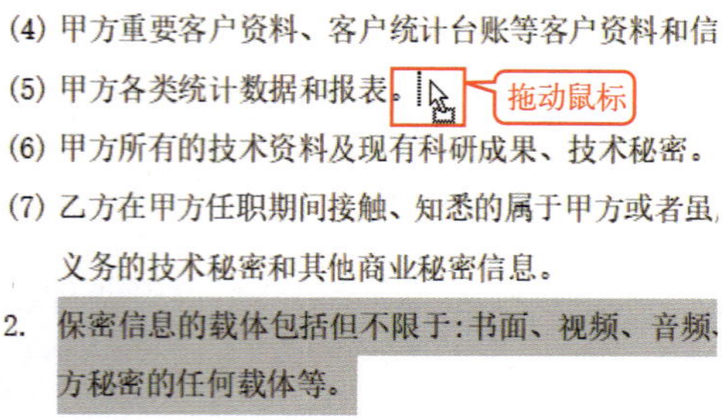

图6-10

6.2.3 文本的查找与替换

使用查找功能，快速查找出文档中某个特定文本。使用替换功能，可以统一替换文档中错误的文本。

(1) 查找文本

在“开始”选项卡中单击“查找替换”下拉按钮，从列表中选择“查找”选项，打开“查找和替换”对话框，在“查找内容”文本框中输入需要查找的文本，单击“突出显示查找内容”下拉按钮，从列表中选择“全部突出显示”选项，如图 6-11 所示，即可将查找的文本突出显示出来。

(2) 替换文本

在“开始”选项卡中单击“查找替换”下拉按钮，从列表中选择“替换”选项，打开“查找和替换”对话框。在“查找内容”文本框中输入需要查找的内容，在“替换为”文本框中输入替换的内容，单击“全部替换”按钮，如图 6-12 所示，弹出一个窗格，提示完成多少处替换，确认即可。

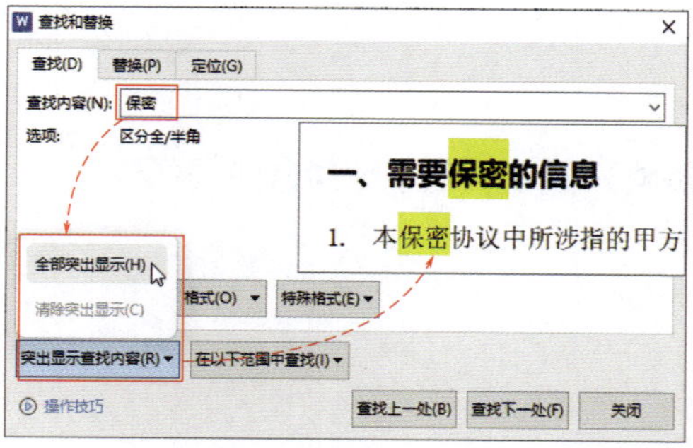

图6-11

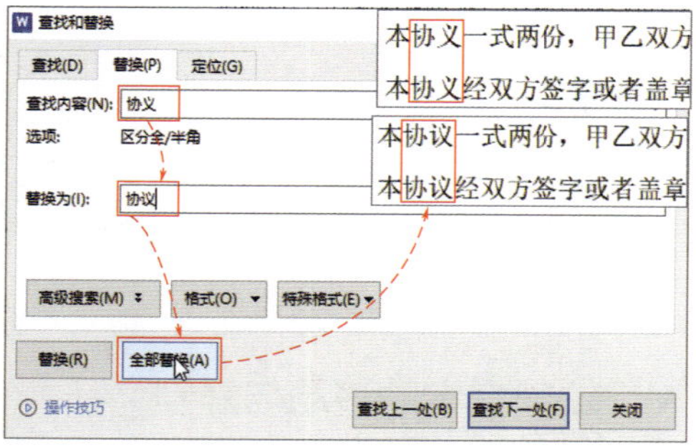

图6-12

6.3 设置文档格式

本节将向用户介绍设置文档格式，例如，文本格式的设置、段落格式的设置、为文档添加项目符号、为文档添加自动编号、设置文档样式、为文档分栏等。

6.3.1 文本格式的设置

设置文本格式就是对文本的字体、字号、字体颜色、字形等进行设置。只需要在“开始”选项卡中进行相关设置即可，如图 6-13 所示。

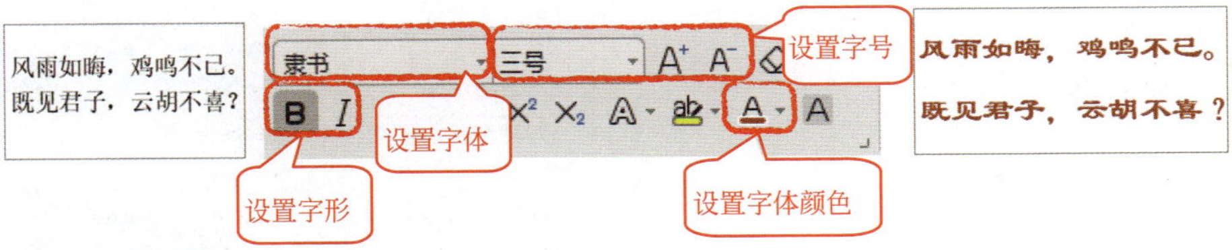

图6-13

操作技巧

按【Ctrl+]】组合键，可以快速增大字号。按【Ctrl+[】组合键，可以快速减小字号。

6.3.2 段落格式的设置

设置段落格式就是对段落的对齐方式、缩进值、行间距等进行设置。在“开始”选项卡中用户可以直接设置段落格式，如图 6-14 所示。

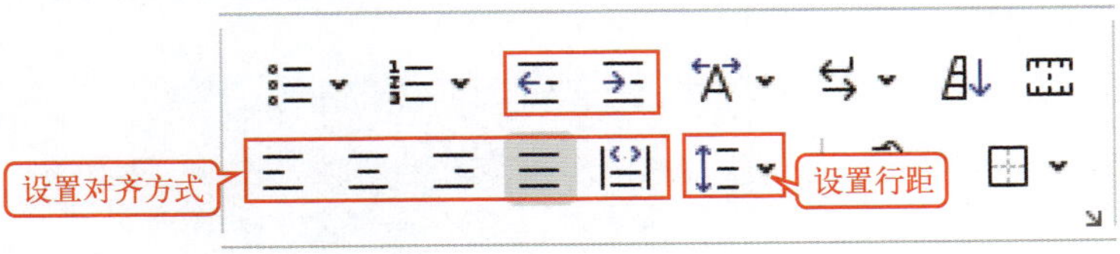

图6-14

此外，在“开始”选项卡中，单击“段落”对话框启动器按钮，在“段落”对话框中，也可以对段落格式进行相关设置，如图 6-15 所示。

6.3.3 项目符号的添加

为文档添加项目符号，可以更加直观、清晰地查看文本。选择需要添加项目符号的文本，在“开始”选项卡中单击“项目符号”下拉按钮，从列表中选择合适的项目符号样式即可，如图 6-16 所示。

6.3.4 自动编号的添加

为文档添加编号，可以使文档的层次结构更清晰、更有条理。选择需要添加编号

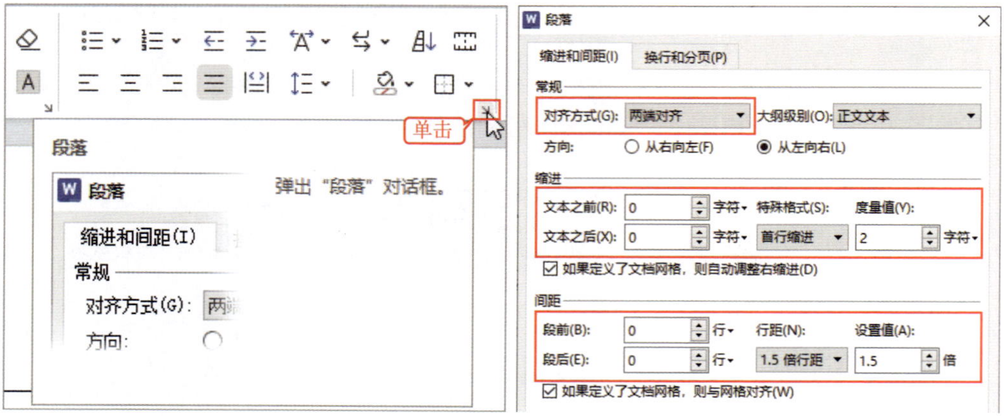

图6-15

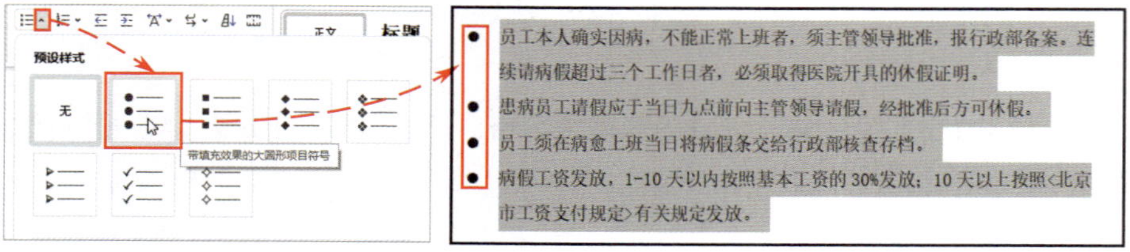

图6-16

的文本，在“开始”选项卡中单击“编号”下拉按钮，从列表中选择合适的编号样式即可，如图 6-17 所示。

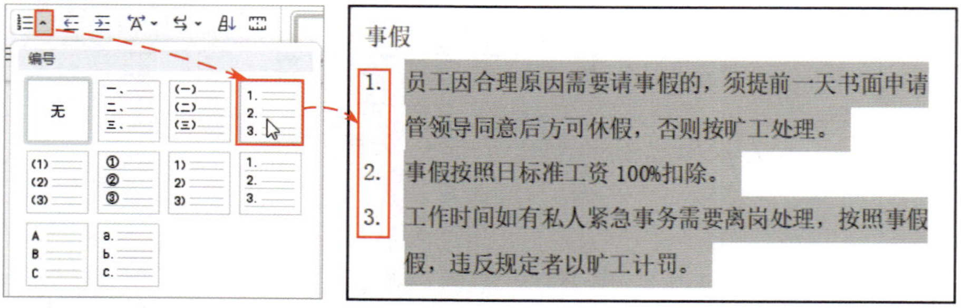

图6-17

6.3.5 文档样式的设置

样式就是文字格式和段落格式的集合。在编排重复格式时反复套用样式，可以避免对内容进行重复的格式化操作。用户可以新建一个样式，并将样式应用到文本上。

（1）新建样式

在“开始”选项卡中单击样式列表右侧的 ▾ 按钮，在下拉列表中选择“新建样式”选项，打开“新建样式”对话框，在该对话框中设置样式的名称、字体格式、段落格式等，如图 6-18 所示。

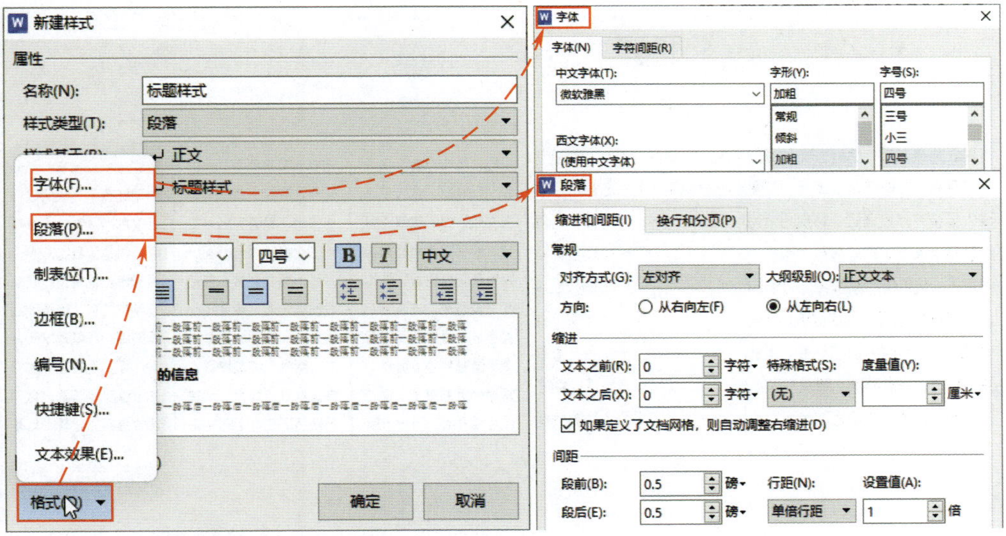

图6-18

（2）应用样式

新建好样式后，选择文本，在“开始”选项卡中单击样式列表右侧的下拉按钮，从展开的“预设样式”列表中选择新建的样式，即可将样式应用到所选文本上，如图6-19所示。

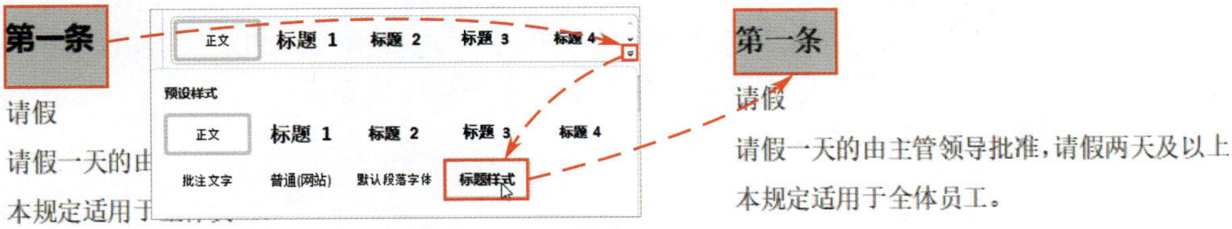

图6-19

操作技巧

如果用户想要修改或删除新建的样式，则可以在样式上单击鼠标右键，根据需要进行选择即可。

6.3.6 分栏排版

使用WPS提供的分栏功能，可以将文档分成多栏，从而提高文档的可阅读性。

在“页面”选项卡中单击“分栏”下拉按钮，从列表中选择需要的栏数，这里选择“三栏”，即可将文档分成三栏，如图6-20所示。

如果用户想要将文档分成更多栏，则需要在“分栏”列表中选择“更多分栏”选项，在“分栏”对话框中设置“栏数”“分隔线”“宽度和间距”等来实现分栏效果。

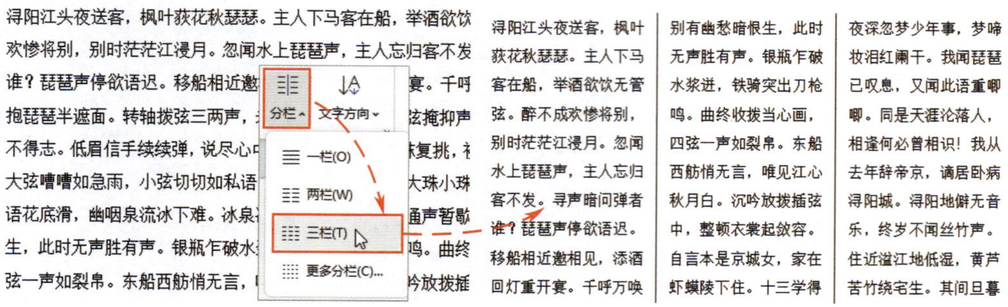

图6-20

6.4 美化文档

美化文档主要包括插入图片、美化图片、插入文本框以及插入艺术字等。

6.4.1 插入图片

在 WPS 文字文档中，用户可以插入本地图片、扫描仪中的图片和手机中的图片。在“插入”选项卡中单击“图片”下拉按钮，从列表中选择相应的选项，这里选择“本地图片”选项，打开“插入图片”对话框，从中选择需要的图片，单击“打开”按钮，如图 6-21 所示，即可将所选图片插入到文档中。

图6-21

6.4.2 编辑图片

在文档中插入的图片，有的看起来不是很美观，而且效果也很单调，这时可以选中图片后在“图片工具”选项卡中设置图片的亮度、对比度、边框、效果等，如图 6-22 所示。

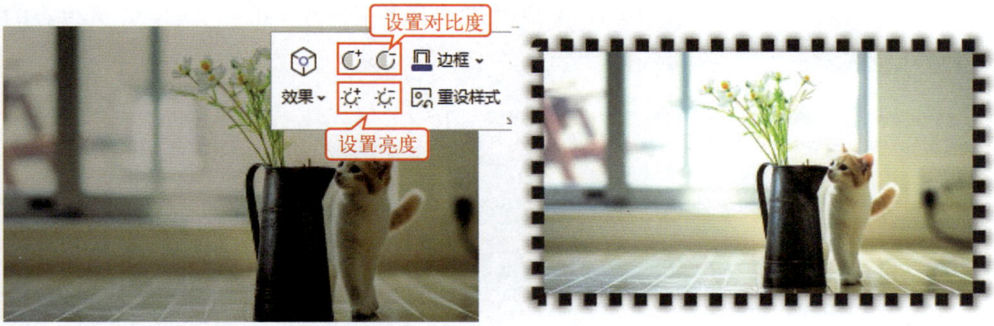

图6-22

操作技巧

用户对图片进行一系列美化后，如果想要将图片恢复到原始状态，则需要选中图片，在“图片工具”选项卡中单击“重设图片”按钮即可。

6.4.3 插入文本框

在文档中用户可以根据需要插入横向、竖向或多行文字的文本框。在“插入”选项卡中单击“文本框”下拉按钮，从展开的列表中进行选择即可，如图 6-23 所示。

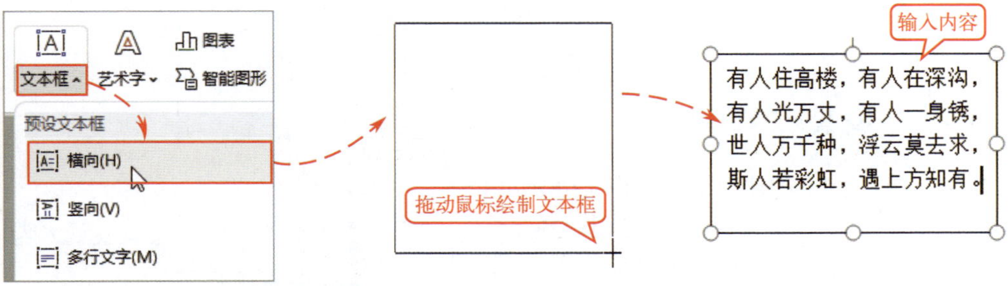

图6-23

在文档中绘制文本框后，可在“绘图工具”选项卡中设置文本框的填充颜色、轮廓、效果、环绕方式、对齐方式等，如图 6-24 所示。

图6-24

6.4.4 插入艺术字

艺术字一般用来美化标题，以达到强烈、醒目的效果。在“插入”选项卡中单击

“艺术字”下拉按钮，从列表中选择 WPS 预设的艺术字样式，也可以选择稻壳推荐的艺术字，如图 6-25 所示。

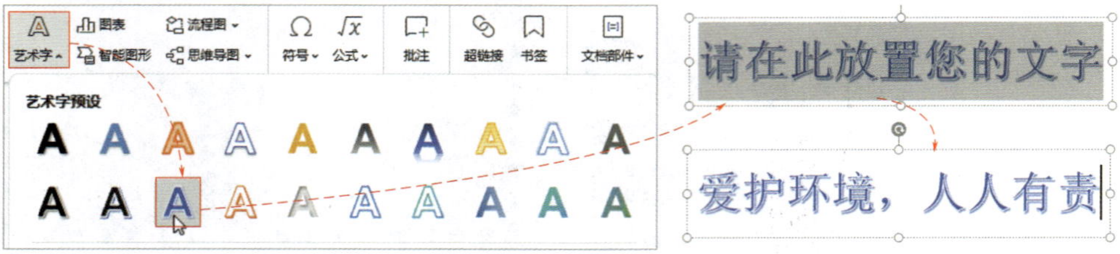

图6-25

新手误区

用户使用稻壳推荐的艺术字时，需要开通会员或登录账号才能使用，此外还需要确保计算机在联网状态下。

插入艺术字后，用户可以在“文本工具”选项卡中设置艺术字的字体、字号、文本填充颜色、文本轮廓、文本效果等，如图 6-26 所示。

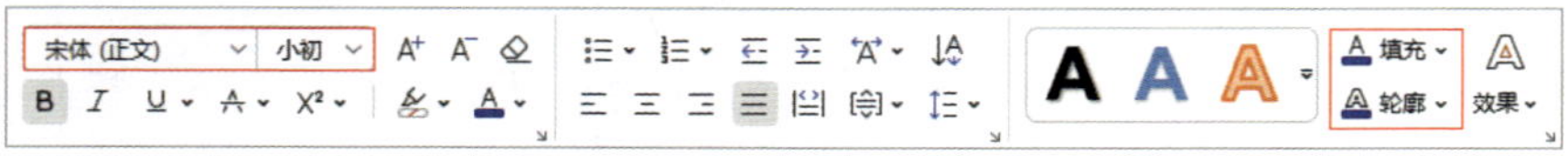

图6-26

6.4.5 设置文档背景

在不影响阅读的情况下，用户可以为文档页面设置背景。在“页面”选项卡中单击“背景”下拉按钮，从列表中选择合适的颜色，即可为文档页面设置纯色背景。在“背景”列表中选择“图片背景”选项，可以为文档页面设置图片背景，选择“其他背景”选项，在级联菜单中可以为文档页面设置纹理或图案背景，如图 6-27 所示。

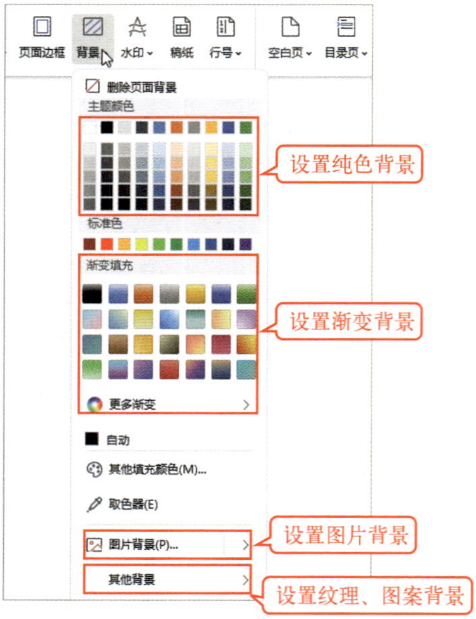

图6-27

6.4.6 插入页眉页脚

通常情况下，制作合同书、标书、论文等文档时，一般需要在文档中添加页眉和页脚。在“插入”选项卡中单击“页眉和页脚”按钮，页眉和页脚即可进入编辑状态，将光标插入到页眉或页脚中，如图 6-28 所示。输入页眉 / 页脚内容即可，最后单击“关闭”按钮，退出编辑状态。

图6-28

此外，页眉页脚处于编辑状态后，会出现“页眉和页脚”选项卡，在该选项卡中，用户可以在页眉或页脚中插入“页码”“页眉横线”“日期和时间”“图片”等，如图 6-29 所示。

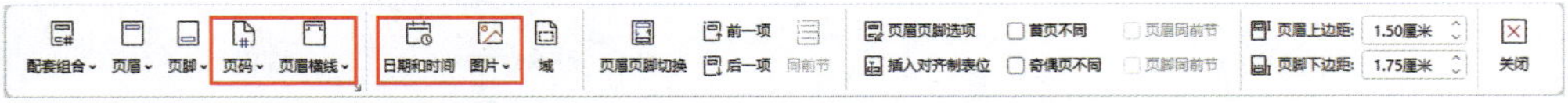

图6-29

6.4.7 应用稿纸样式

在制作像信纸、仿古信笺之类的文档时，用户可以设置稿纸样式。在“页面”选项卡中单击“稿纸设置”按钮，打开“稿纸设置”对话框，在该对话框中勾选“使用稿纸方式”复选框，接着设置“规格”“网格”“颜色”“换行”等，单击“确定”按钮，即可为文档设置稿纸样式，如图 6-30 所示。

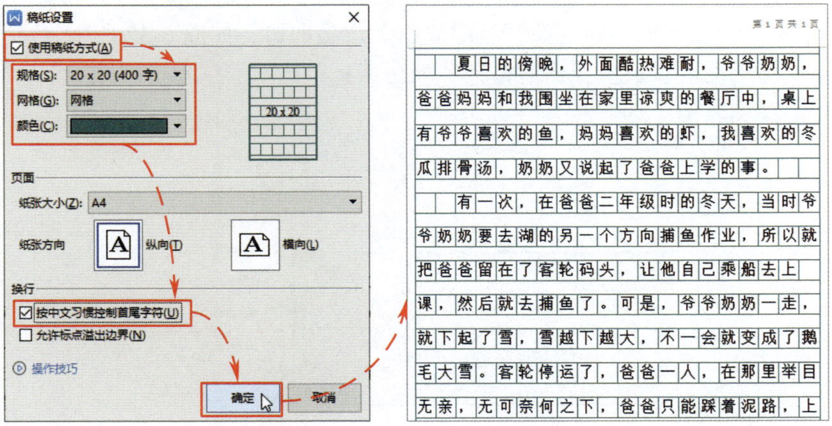

图6-30

6.5 使用表格

本节介绍在文档中添加表格，例如插入与删除表格、插入与删除行 / 列、合并与拆分单元格、表格与文本的转换以及美化表格等。

6.5.1 插入与删除表格

在文档中插入表格的方法有多种。在“插入”选项卡中单击“表格”下拉按钮，在面板中可以滑动鼠标创建 8 行 17 列以内的表格。

或者在“表格”列表中选择“插入表格”选项，在“插入表格”对话框中设置“列数”和“行数”来创建表格，用户还可以绘制表格，如图 6-31 所示。

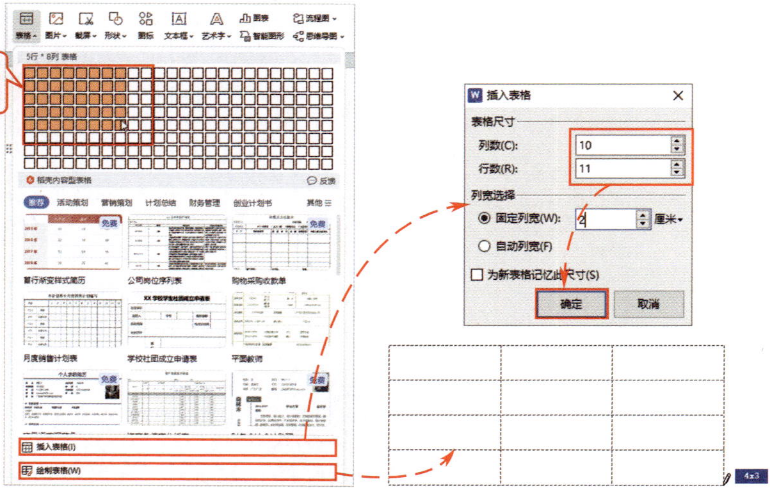

图6-31

如果用户想要将表格删除，则需要选中表格，在表格上方弹出一个工具栏，单击“删除”下拉按钮，从列表中选择“删除表格”选项即可，如图 6-32 所示。

此外，用户也可以选择表格后，在“表格工具”选项卡中单击“删除”下拉按钮，从列表中选择“表格”选项。

图6-32

新手误区

需要注意的是，选择表格后，按【Delete】键无法删除表格。

6.5.2 插入与删除行/列

插入表格后，在编辑表格的过程中，用户可以根据需要增加行与列，或者删除行与列。

（1）插入行/列

将光标插入到某个单元格内，在“表格工具”选项卡中单击“在上方插入行”按钮，即可在所选单元格上方插入一行，如图 6-33 所示；如果单击“在下方插入行”按钮，则会在所选单元格下方插入一行。

此外，单击“在左侧插入列”按钮，即可在所选单元格的左侧插入一列，如图 6-34 所示；单击“在右侧插入列”按钮，会在所选单元格的右侧插入列。

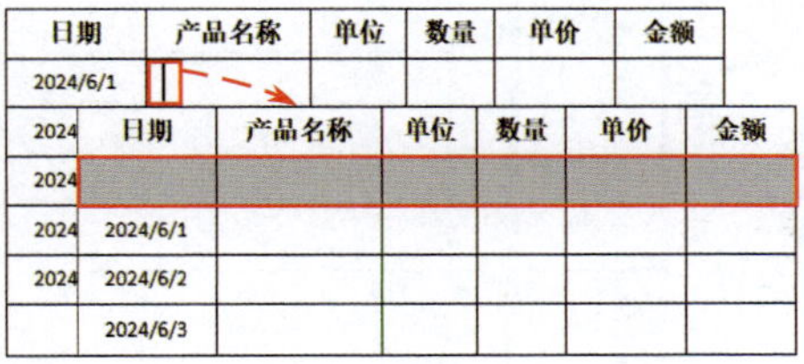

图6-33

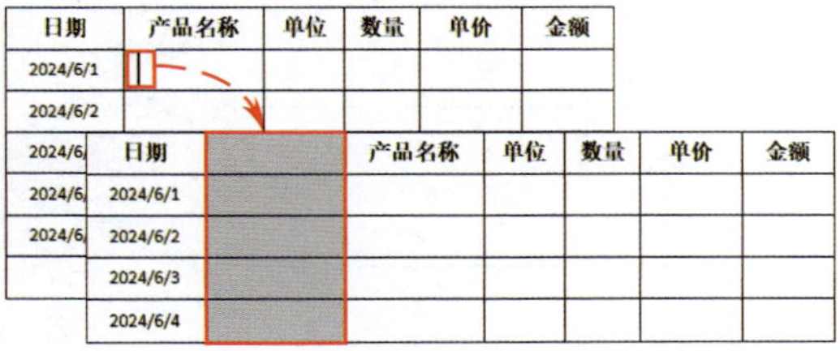

图6-34

（2）删除行/列

选择需要删除的行，在“表格工具”选项卡中单击“删除”下拉按钮，从列表中选择“行”选项，如图 6-35 所示，即可删除所选行。

选择需要删除的列，单击“删除”下拉按钮，从列表中选择“列”选项，如图 6-36 所示，即可删除所选列。

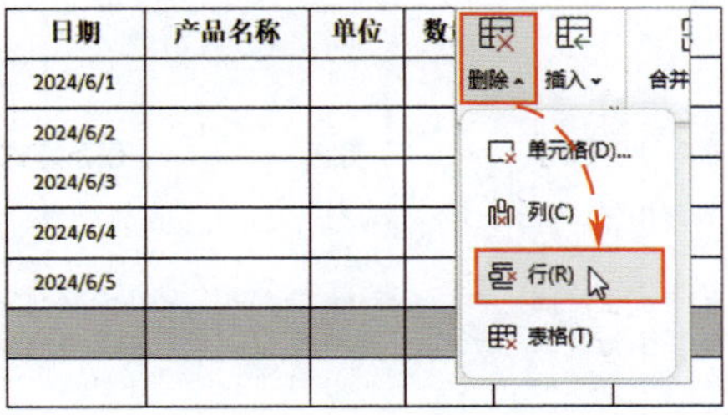

图6-35

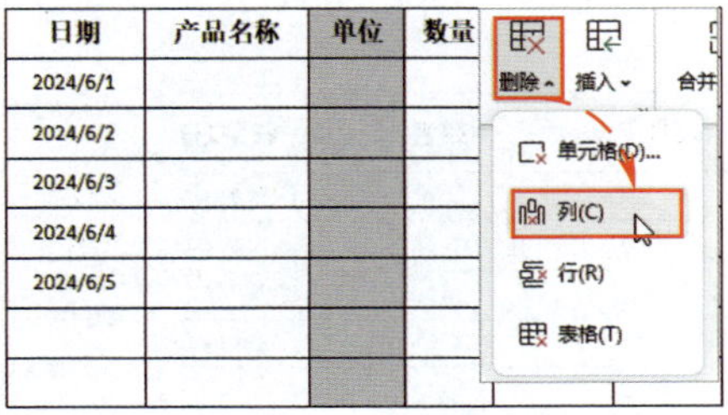

图6-36

6.5.3 合并与拆分单元格

合并单元格是将所选多个单元格合并成一个单元格，而拆分单元格是将一个单元格拆分成多个单元格。

(1)合并单元格

选择需要合并的单元格，在“表格工具”选项卡中，单击“合并单元格”按钮，即可将选择的多个单元格合并为一个单元格，如图 6-37 所示。

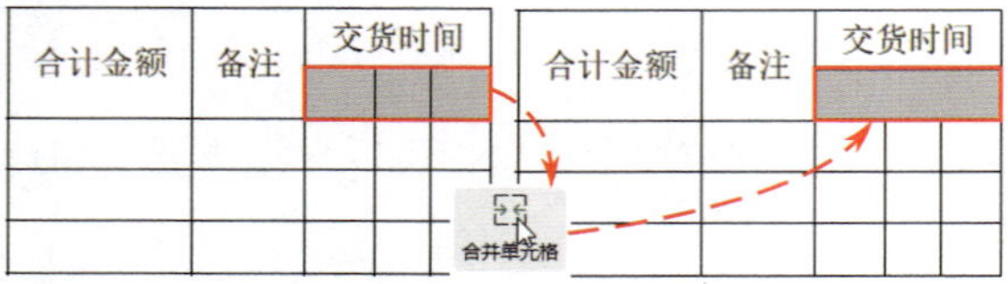

图6-37

(2)拆分单元格

将光标插入到需要拆分的单元格中，在“表格工具”选项卡中单击“拆分单元格”按钮，打开“拆分单元格”对话框，从中设置“列数”和“行数”即可，如图 6-38 所示。

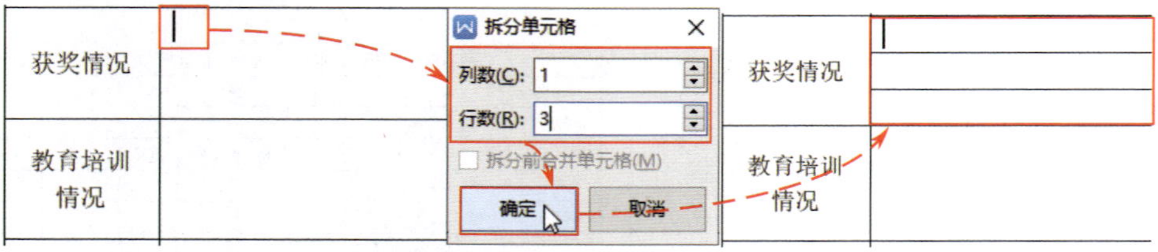

图6-38

6.5.4 表格与文本的转换

为了更加方便地编辑和处理数据，用户可以在表格和文本之间相互转化。

(1)表格转换为文本

如果要将表格中的数据转换为文本，则需要全选表格，在“表格工具”选项卡中单击“转换成文本”按钮，然后在打开的“表格转换成文本”对话框中对文字分隔符进行设置即可，如图 6-39 所示。

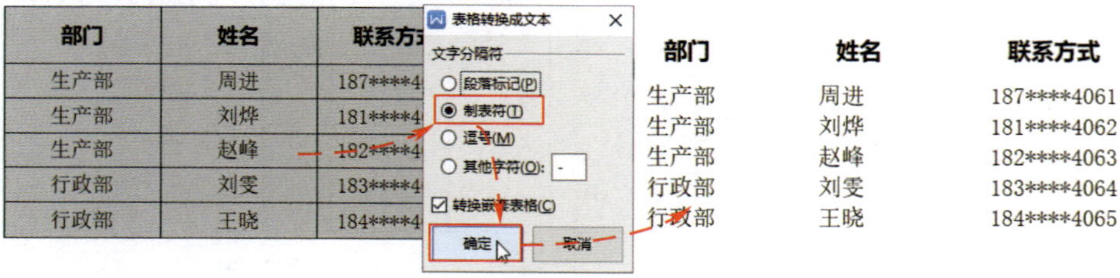

图6-39

(2)文本转换为表格

如果需要将文本转换成表格，则选择文本内容，在“插入”选项卡中单击“表格”

下拉按钮，从列表中选择“文本转换成表格”选项，打开“将文字转换成表格”对话框，根据实际情况对文字分隔位置进行设置即可，如图 6-40 所示。

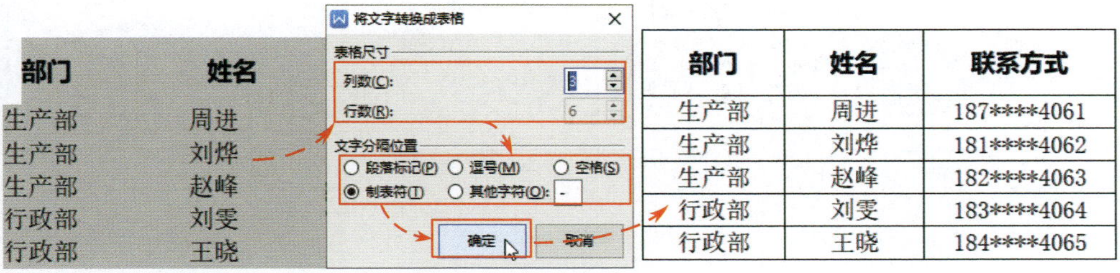

图6-40

6.5.5 表格美化

创建表格后使用的是默认样式，为了使表格看起来更加美观，用户可以直接套用表格样式，或自定义表格样式。

（1）套用表格样式

选择表格，在“表格样式”选项卡中单击“其他”下拉按钮，从列表中选择一种预设样式，选择合适的主题颜色，并根据需要勾选底纹填充的选项，即可为所选表格添加相应样式，如图 6-41 所示。

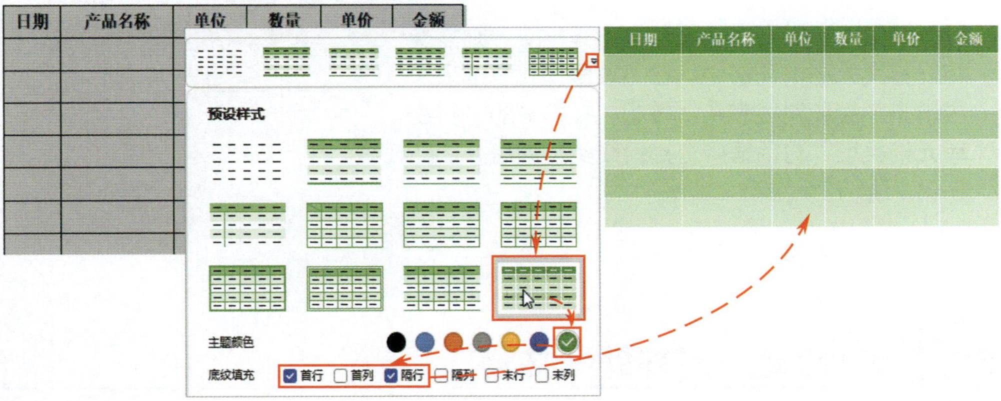

图6-41

（2）自定义表格样式

选择表格，在“表格样式”选项卡中设置“线型”“线型粗细”和“边框颜色”选项，设置好后单击“边框”下拉按钮，将设置的边框样式应用至表格的外侧框线和内部框线上，如图 6-42 所示。

此外，如果用户想要为表格添加底纹，则需要选择添加底纹的单元格，在“表格样式”选项卡中单击“底纹”下拉按钮，从列表中选择合适的颜色即可，如图 6-43 所示。

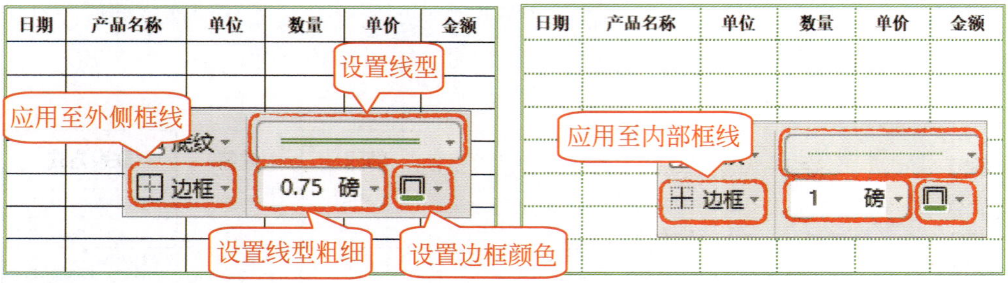

图6-42

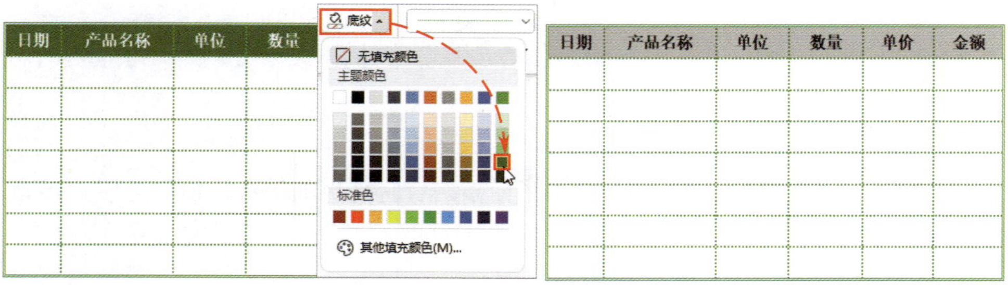

图6-43

操作技巧

如果用户需要为表格制作斜线表头，则需要将光标插入到单元格中，在“表格样式”选项卡中单击“绘制斜线表头”按钮，在打开的“斜线单元格类型”对话框中选择斜线类型即可，如图6-44所示。

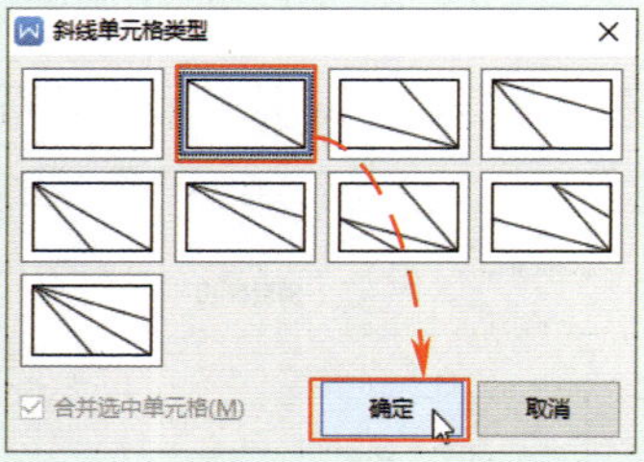

图6-44

6.6 AI自动生成并处理文档

WPS AI 在文字处理方面的应用非常广泛，从排版、语言处理到内容生成，都为用户提供了智能化的解决方案。其主要应用如下。

- 智能化排版：WPS AI 能够自动识别文档中的排版问题，并提供合理的排版建议。还可以自动调整文档的字体、字号、行距等排版参数，使得文档的排版效果更美观，从而提高阅读体验。
- 语言识别和翻译：WPS AI 能够自动识别文档中的语言，并为用户提供准确的翻译建议。对于需要处理多语言文档的用户来说，是非常实用的功能。
- 笔误和语法检查：WPS AI 通过检测和分析文字，可以快速找出可能存在的笔误和语法错误，并给出修改或优化的建议，有助于提升文档的专业性和准确性。

- 内容生成与辅助：WPS AI 提供了起草、改写、总结、润色、翻译、续写等功能，能够根据用户输入的文字需求，生成工作总结、广告文案、社媒推文、文章大纲、招聘文案、待办事项、创意故事、旅行游记等多种内容，极大地提高了用户的创作效率。
- 格式内容生成：WPS AI 还可以一键生成公文、请假条、论文、会议纪要等多种格式文档，无需用户再手动调节和使用模板，节省了大量时间。

6.6.1 如何唤起AI功能

使用 WPS Office 新建文档后，可以通过功能区中的 AI 按钮，或连续两次按 Ctrl 键唤起 AI 功能，如图 6-45 所示。

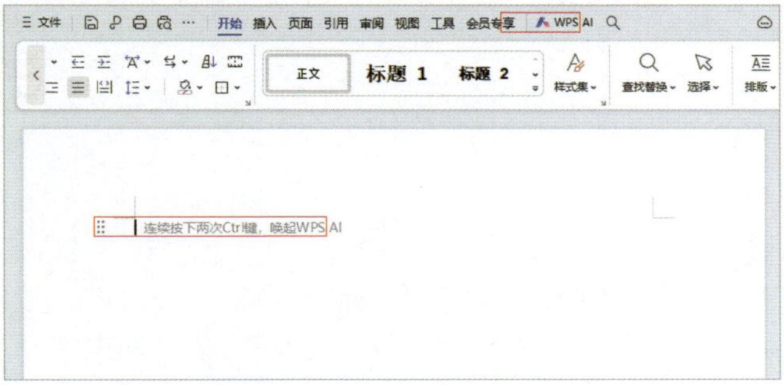

图6-45

技巧延伸：以上介绍的是 Windows 操作系统唤起 AI 的方法。如果是 Mac 操作系统，则需要连续两次按下 Command 键唤起 AI 功能。

6.6.2 AI智能写文章

WPS AI 能够一键生成各种类型的文章，例如工作周报、策划方案、文章大纲以及各类公文、通知、证明等。用户只需输入文章的主题和关键词，WPS AI 即可生成相应的文章内容。

（1）AI 帮我写主题

使用 WPS Office 新建一份空白文档。连续按两次 Ctrl 键，唤起 AI 功能。此时 AI 文本框下方会显示“帮我写”列表，该列表中提供了一些常用的文档主题，例如文章大纲、讲话稿、心得体会、会议纪要、通知、申请、证明等。

假设现在需要写一份秋游活动通知，可以将光标移动到“通知”选项上方，在其下级列表中选择“活动通知”选项。AI 文本框中随即自动写入一个活动通知主题。用户可以修改主题的名称、活动时间以及活动地点，也可以根据实际情况继续输入更多关键信息，随后单击 ➤ 按钮，AI 功能随即根据写入的主题自动生成一份秋游活动通知。在 AI 工具栏右下角单击“保留”按钮可以保留当前生成的内容，单击 🗑 按钮，则弃用当前内容，如图 6-46 所示。

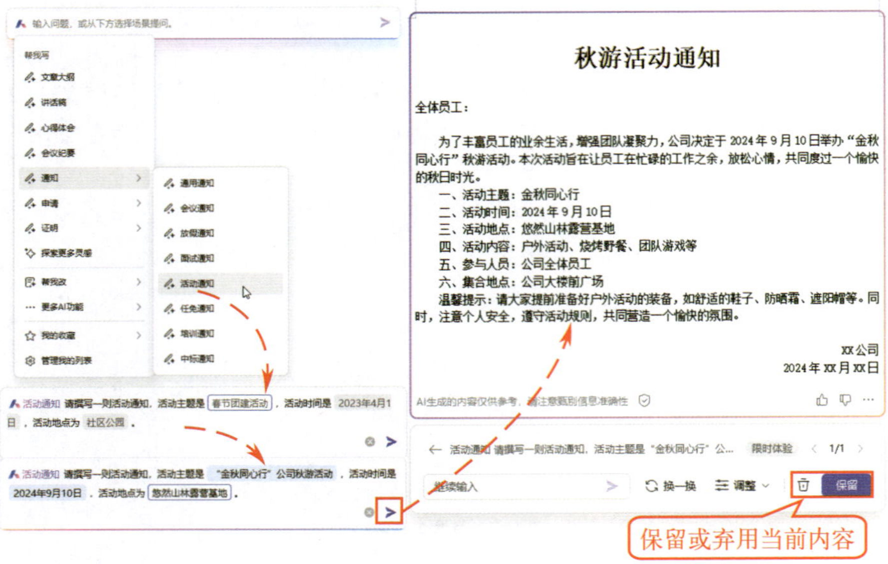

图6-46

（2）自己写主题

用户也可以根据想要生成的文章类型自己写主题。

假设现在想让 AI 以"招标行业实习生"的身份写一份月度工作总结报告。可以在 AI 文本框输入下列内容"你是一名招标行业的实习生，现在需要写一份月度工作总结报告，总结包括认识、学习、实践、反思与展望四个方面的内容"，单击➤按钮，即可自动写出一份符合要求的工作总结。

若要对生成的内容进行补充，可以在 AI 文本框中继续输入要求，单击➤按钮，即可在当前内容中加入要补充的内容，如图 6-47 所示。

（3）更换或调整自动生成的内容

用户若对自动生成的内容不满意，还可以更换已经生成的内容，或对内容进行调整，具体操作方法如下。

在 AI 工具栏中单击"换一换"按钮，可以生成内容。单击"调整"按钮，通过下拉列表中提供的选项则可以对当前内容进行扩写、缩写以及转换风格。单击←按钮可以重新调整初始关键词，但是执行该操作会删除当前已经生成的内容。如图 6-48 所示。

（4）办公小课堂

WPS AI 生成的文章内容是一个起点，用户可以根据自己的需要进行修改和编辑，添加细节、润色语言，确保文章符合自己的要求和风格。此外，对于一些重要的文档，如论文、报告等，需要结合自己的知识和理解，手动撰写以确保内容的准确性和专业性。

6.6.3 自动起草种草文案

WPS AI 还支持智能起草各种常见类型的文档，例如求职简历、劳动合同、会议纪要、放假通知等，WPS AI 根据这些常见文档的类型提供了不同的模型，用户只需

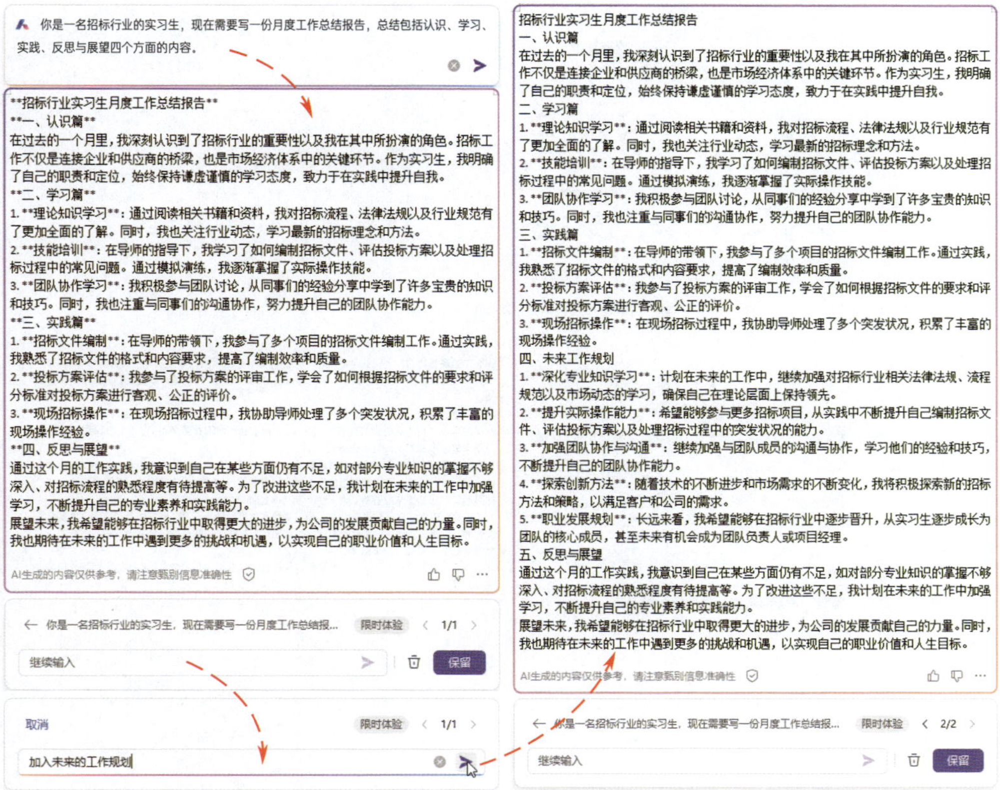

图6-47

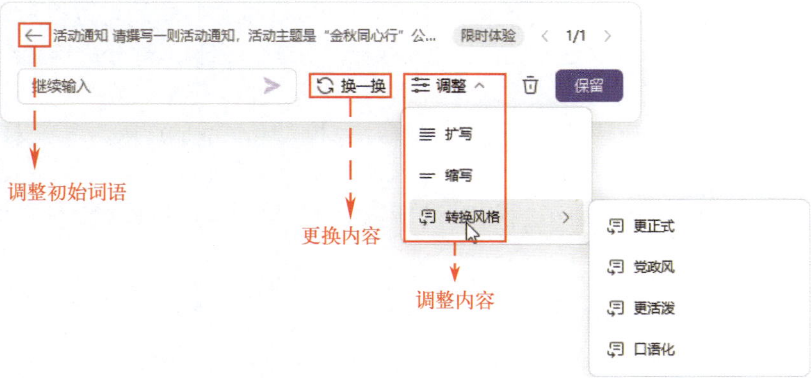

图6-48

在模型内输入关键字即可快速生成相应内容。

假设现在需要起草一份红酒的商品种草文案。启动 WPS Office 执行新建“文字”命令，在打开的“新建文档”页面内单击“智能起草”按钮，如图 6-49 所示。

在打开的“智能起草”AI 工具栏中单击“种草文案”按钮，展开种草文案模型，输入主题关键字、商品分类、用户群体以及商品描述，单击“立即创建”按钮，即可自动生成红酒产品的种草文案，如图 6-50 所示。

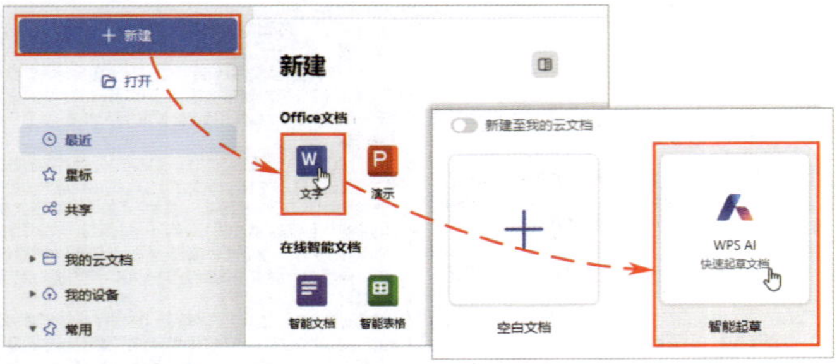

图6-49

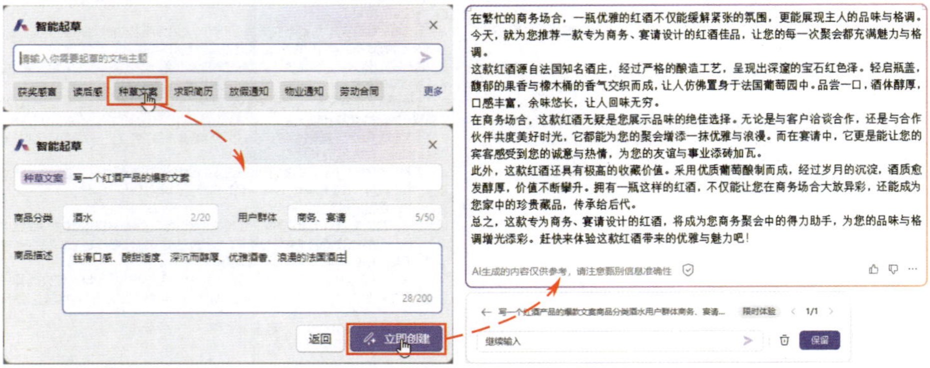

图6-50

6.6.4 智能续写

对于需要快速生成文本内容的用户来说，WPS AI 的续写功能可以极大地提高写作效率。无论是论文、作文还是其他类型的文档，用户只需输入部分内容，AI 便能根据已有的文字进行智能续写，大大减少了用户手动输入的工作量。

假设现在需要续写以“智能手机对现在社会和人类生活的影响”为主题的文章。可以在文档中选择需要续写的内容，连续按两次 Ctrl 键唤起 AI 功能，在列表中选择“继续写”选项，如图 6-51 所示。WPS AI 随即根据所选内容自动完成续写，如图 6-52 所示。

6.6.5 自动总结文档

通过 WPS AI 的总结功能，用户可以快速获取文档的核心信息，节省了大量阅读和理解的时间。这在处理长篇文档或大量文件时尤为实用，能够显著提高工作效率。

假设现在需要对集团会议发言稿进行总结，可以在 WPS Office 中打开该文档。在功能区中单击“WPS AI”按钮，打开“WPS AI”窗格，单击“文档阅读”按钮，如图 6-53 所示。

打开“文档阅读”界面，单击“总结文档内容”按钮，WPS AI 随即对文档中的内容进行总结，并将结果显示在窗格中。单击“复制”按钮，可以复制该总结内容，如图 6-54 所示。

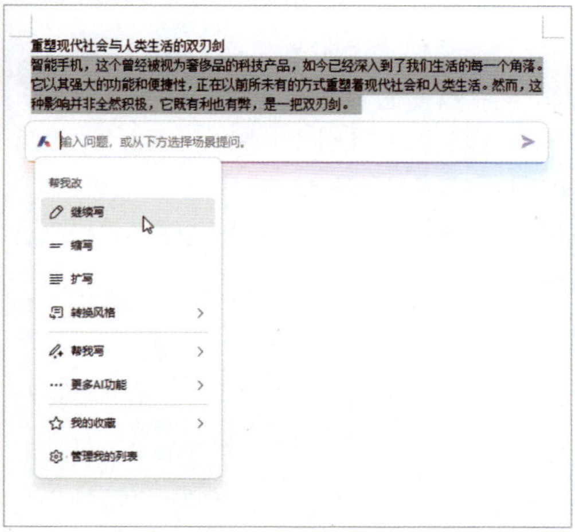

图6-51

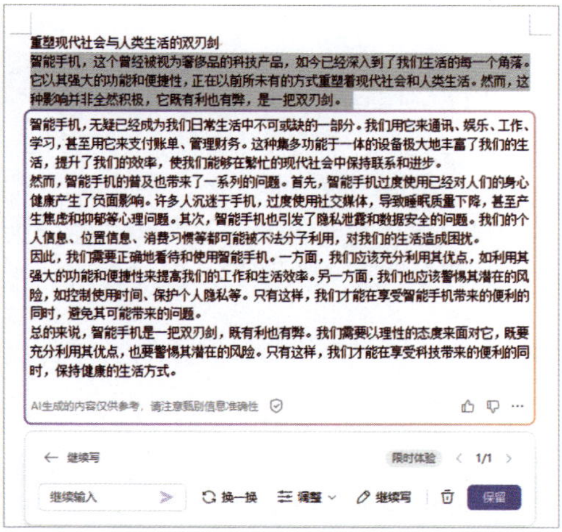

图6-52

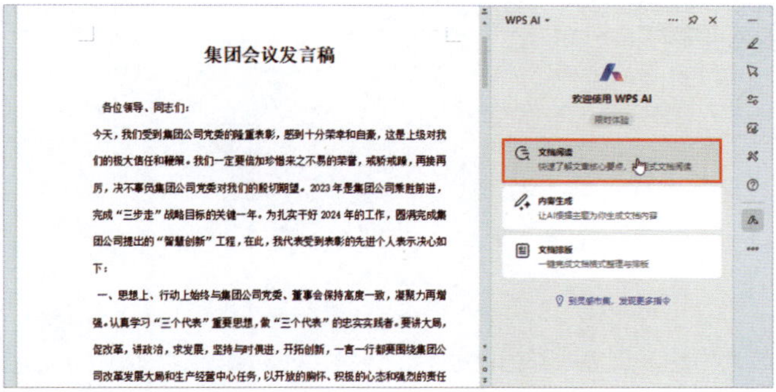

图6-53

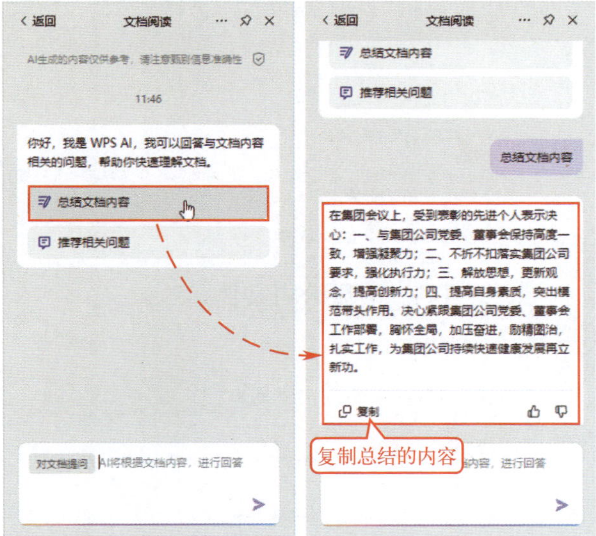

图6-54

6.6.6 文档自动排版

WPS AI 拥有强大的智能化功能，可以自动根据文章内容和结构进行智能排版。无论是标题、段落还是图片等，WPS AI 都可以进行自动识别，并按照合理的布局和格式进行排版，极大地节省了用户手动调整的时间和精力。

假设现在需要将公司的通知文件排版为红头文件形式，排版前后的对比效果如图 6-55 所示。接下来介绍具体操作方法。

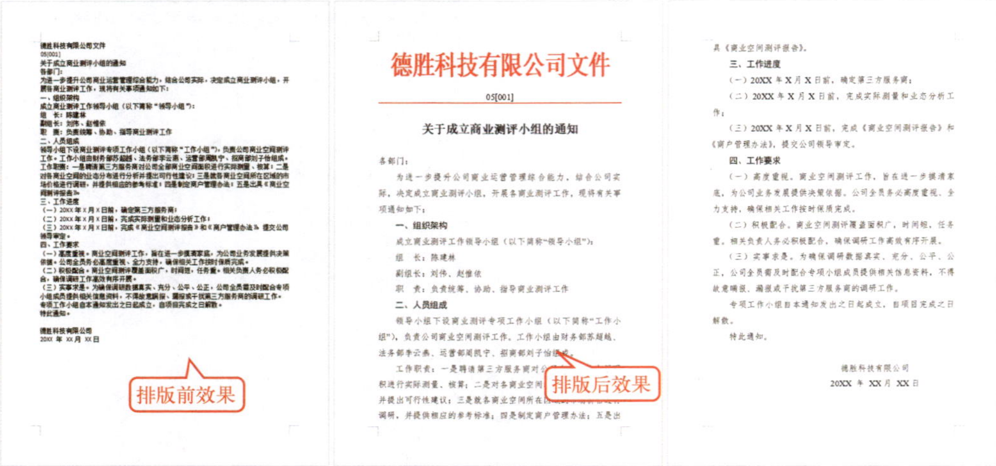

图6-55

为了让 WPS AI 能够识别通知的标题，自动对标题进行排版，需要先对标题设置标题样式。首先，将光标定位于主标题的任意文字旁边，此时该段落左侧会显示“段落柄”按钮，单击该按钮，在展开的菜单中单击“标题 1”按钮，为主标题添加相应标题样式。随后参照前面的操作步骤，为副标题添加“标题 2”样式，如图 6-56 所示。

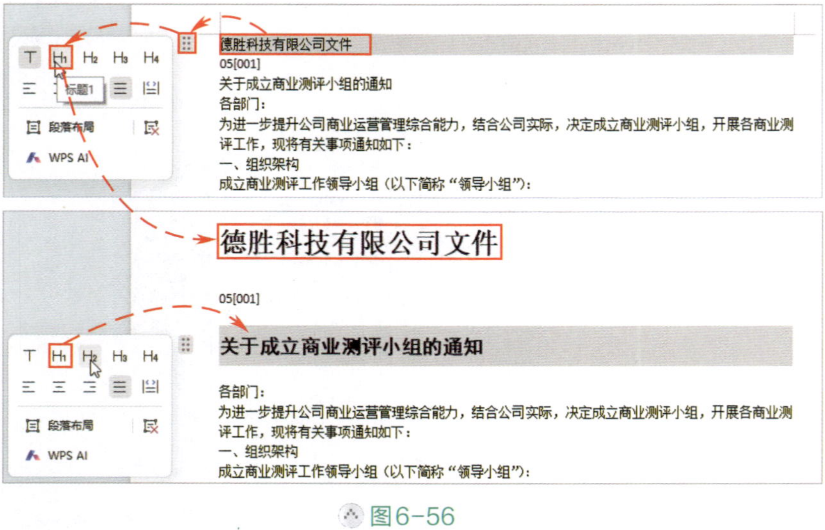

图6-56

接下来使用 WPS AI 功能对文档进行自动排版。在功能区中单击“WPS AI”按钮，打开“WPS AI”窗格，单击“文档排版”按钮，切换到“文档排版”界面，在“党政公文”模块上方单击“选择文种”按钮。打开“党政公文”界面，在“通知”模块上方单击“开始排版”按钮，如图 6-57 所示。WPS AI 随即自动为文档内容进行排版。

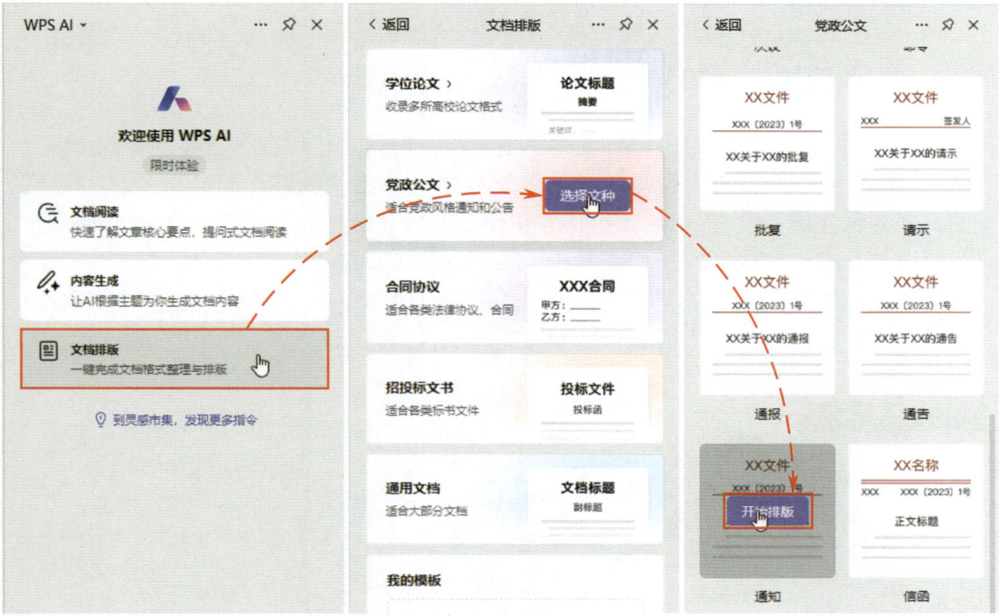

图6-57

完成排版后单击“应用到当前”按钮，如图 6-58 所示，当前文档即可应用该排版，并退出 WPS AI 模式。用户可以根据需要手动对文档的版式进行微调，以便更符合要求，如图 6-59 所示。

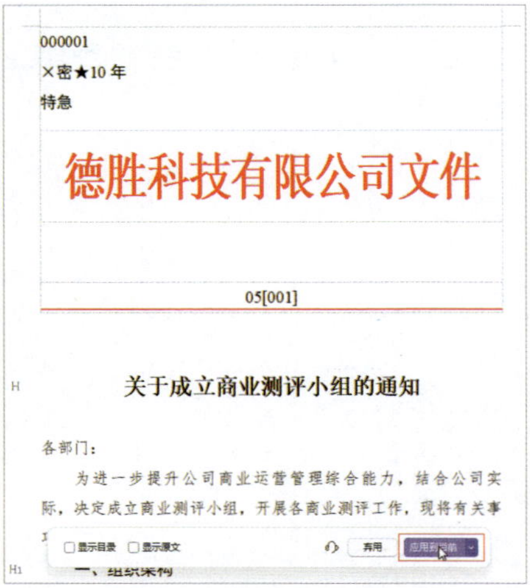

图6-58

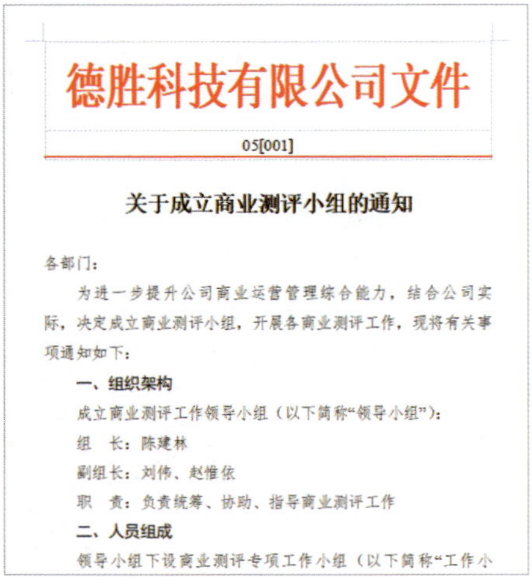

图6-59

6.7 制作通知类文档

以上简单介绍了文档的制作要点。下面将以制作培训通知为例，对本章所学的知识点进行综合应用。

6.7.1 创建培训通知文档

制作培训通知之前，用户需要创建空白文档，然后进行保存，具体操作如下。

Step01：打开 WPS 软件，在“首页”界面中单击“新建”按钮，进入“新建”界面，在界面上方选择“文字”选项，单击“新建空白文档”选项，如图 6-60 所示，即可新建一个空白文档。

Step02：在文档中单击“保存”按钮，打开“另存为”对话框，选择文档保存位置，并将文件名设置为“培训通知”，单击“保存”按钮进行保存，如图 6-61 所示。

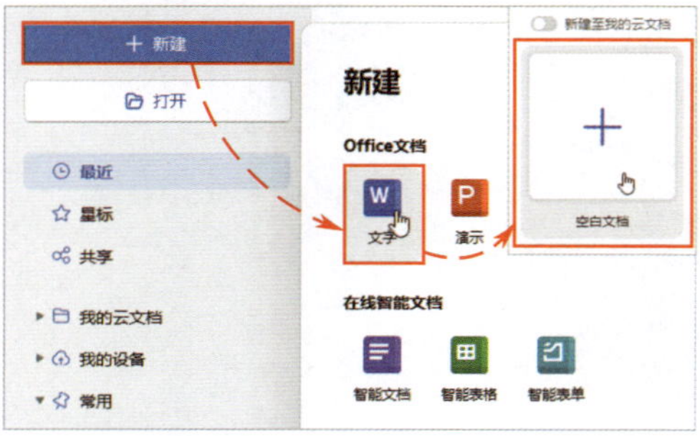

图6-60

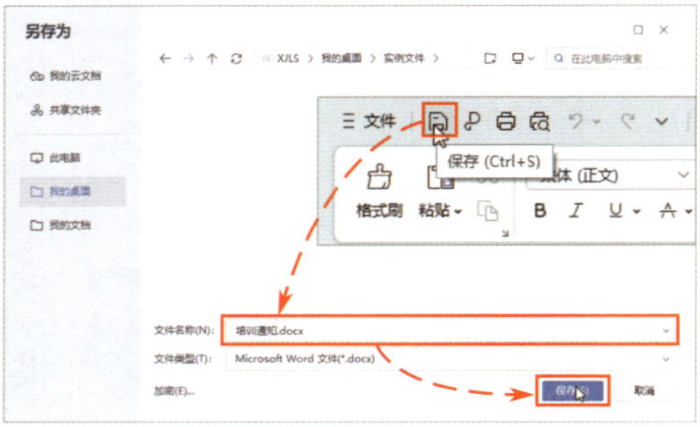

图6-61

6.7.2 输入并编排培训通知

创建空白文档后，用户需要在文档中输入相关内容，并设置内容的字体格式、段落格式、为段落添加编号和项目符号、设置样式等。

（1）输入内容

用户需要在文档中输入标题和正文内容，具体操作如下。

Step01：将光标插入到文档中，输入标题“培训通知”，如图 6-62 所示。

Step02：然后按回车键另起一行，输入正文内容，如图 6-63 所示。

图6-62

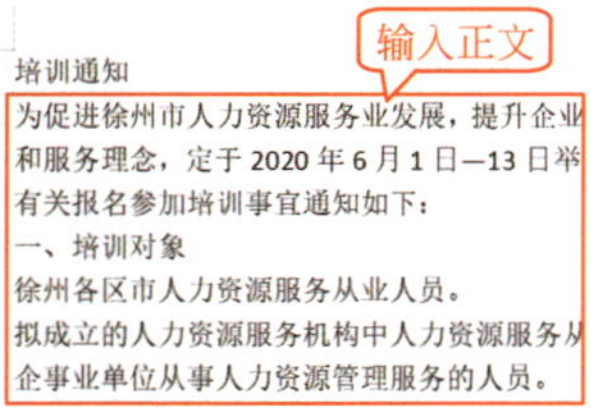

图6-63

（2）设置字体格式

用户需要对标题和正文的字体、字号等进行设置，具体操作如下。

Step01：选择标题“培训通知”，在“开始”选项卡中，将字体设置为“微软雅黑”，将字号设置为“三号”，加粗显示，如图 6-64 所示。

Step02：选择正文内容，将字体设置为“宋体”，将字号设置为“五号”，如图 6-65 所示。

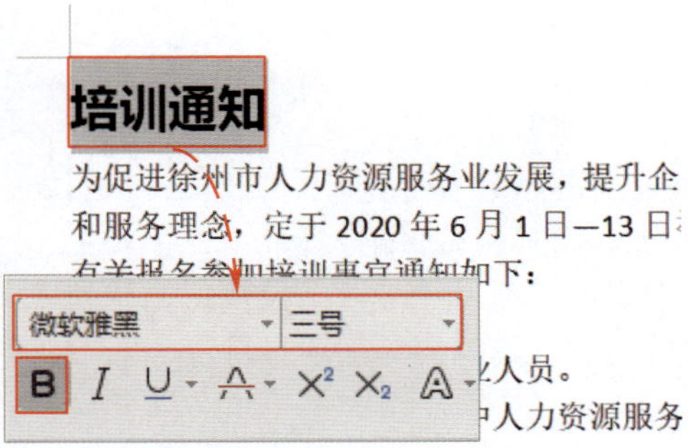

图6-64

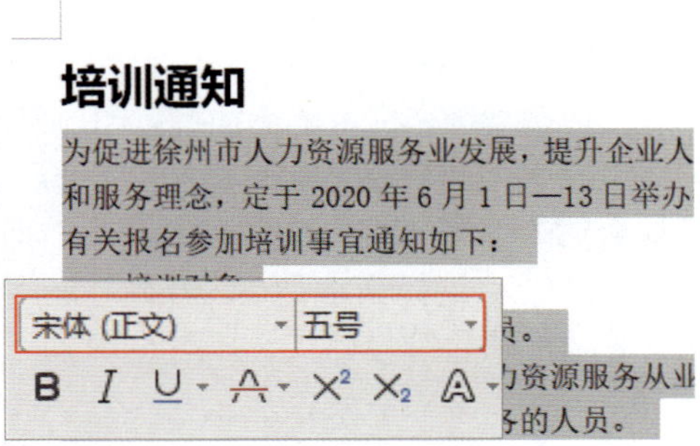

图6-65

（3）设置段落格式

用户需要对标题和正文的对齐方式、行间距等进行设置，具体操作如下。

Step01：选择标题，在“开始”选项卡中单击“段落”对话框启动器按钮，打开“段落”对话框，在“缩进和间距”选项卡中将“对齐方式”设置为“居中对齐”，将“段后”间距设置为“1 行”，如图 6-66 所示。单击“确定”按钮。

Step02：选择正文内容，打开“段落”对话框，在“缩进和间距”选项卡中将“行距”设置为“1.5 倍行距”，如图 6-67 所示。单击“确定”按钮。

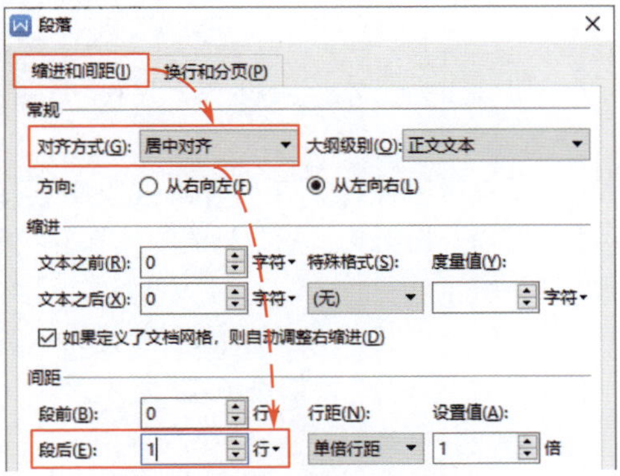

图6-66

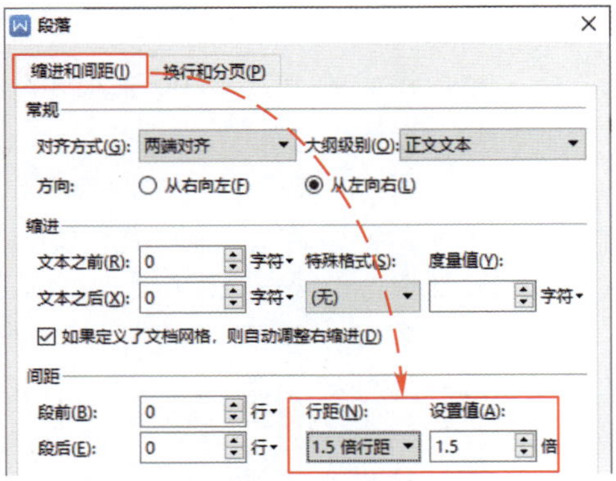

图6-67

Step03：选择段落内容，在“段落”对话框中单击“特殊格式”下拉按钮，从列表中选择“首行缩进”选项，并在“度量值”数值框中默认显示“2”，如图 6-68 所示。单击“确定”按钮。

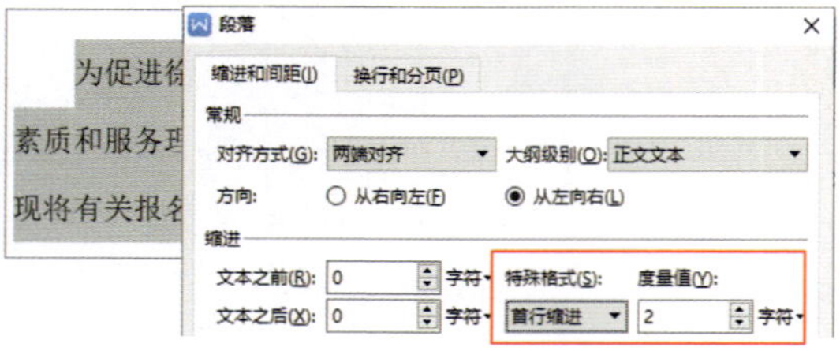

图6-68

(4)添加编号和项目符号

用户需要为正文内容添加编号和项目符号，具体操作如下。

Step01：选择文本内容，在“开始”选项卡中单击“编号”下拉按钮，从列表中选择合适的编号样式，如图 6-69 所示，即可为文本内容添加编号。

Step02：选择文本，在“开始”选项卡中单击“项目符号”下拉按钮，从列表中选择合适的项目符号样式，如图 6-70 所示，即可为文本内容添加项目符号。

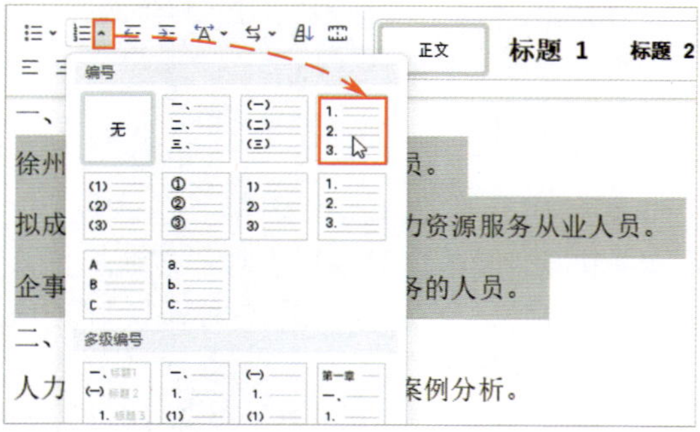

图6-69

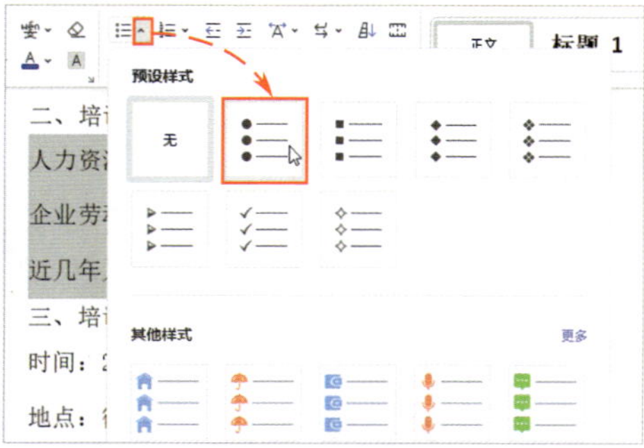

图6-70

(5)新建样式

如果用户想要快速完成对文本格式的修改，则可以为文本设置样式，这样可以直接套用样式，具体操作如下。

Step01：在“开始”选项卡中的样式列表右侧单击 按钮，在展开的列表中选择“新建样式”选项。打开“新建样式”对话框，将“名称”设置为“标题样式”，单击“格式”按钮，从列表中选择“字体”选项，如图 6-71 所示。

Step02：打开“字体”对话框，在“字体”选项卡中将“中文字体”设置为“微软雅黑”，将“字形”设置为“加粗”，将字号设置为“五号”，如图 6-72 所示，单击“确定”按钮。

Step03：返回“新建样式”对话框，再次单击“格式”按钮，从列表中选择“段落”选项，如图 6-73 所示。

Step04：打开“段落”对话框，在“缩进和间距”选项卡中将“段前”和“段后”间距设置为“6 磅”，如图 6-74 所示。单击“确定”按钮，返回“新建样式”对话框，直接单击“确定”按钮即可。

Step05：选择文本，在“开始”选项卡中单击样式列表右侧的 按钮，如图 6-75

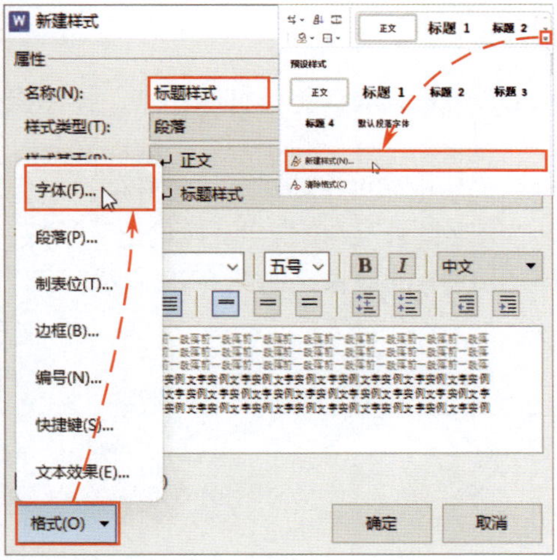

图6-71

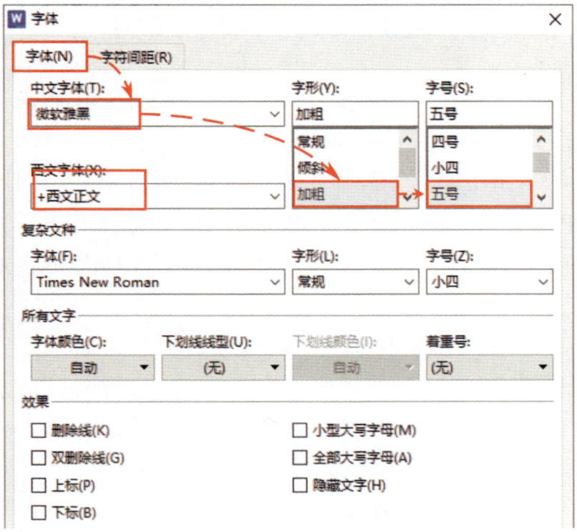

图6-72

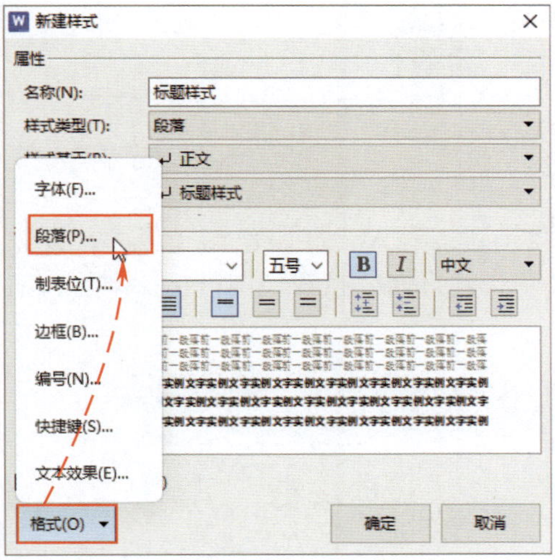

图6-73

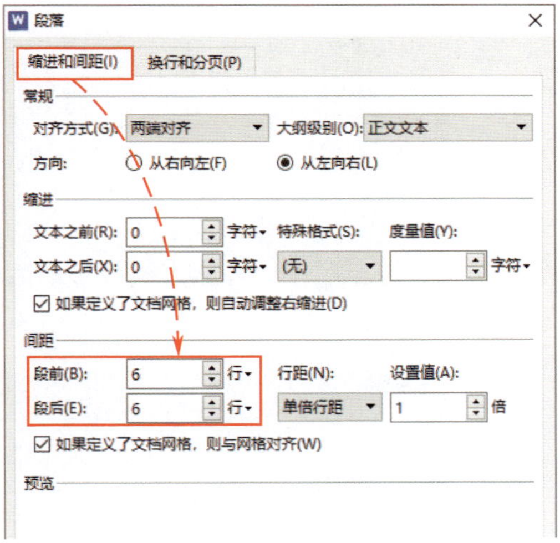

图6-74

所示。从列表中选择“自定义样式”选项，即可为文本套用样式，然后保持文本选中状态，双击“格式刷”按钮，将样式复制到其他文本上，如图 6-76 所示。

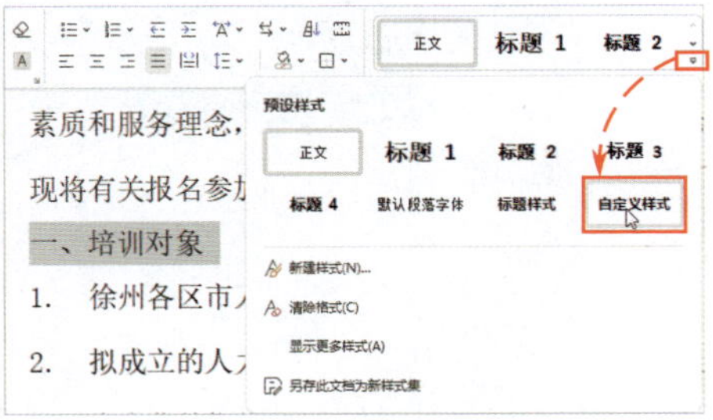

图6-75

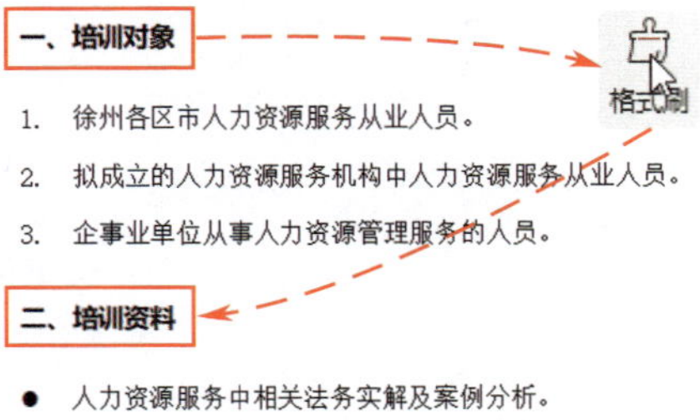

图6-76

6.7.3 输出并打印培训通知

制作好培训通知后，用户需要将其输出为 PDF 格式，或者将其打印出来，具体操作如下。

Step01：单击“文件”按钮，从列表中选择“输出为 PDF”选项，打开“输出为 PDF”窗格，设置“输出范围”“输出设置”和“保存目录”，单击“开始输出”按钮，输出好后，单击“打开文件”按钮，即可查看输出 PDF 的效果，如图 6-77 所示。

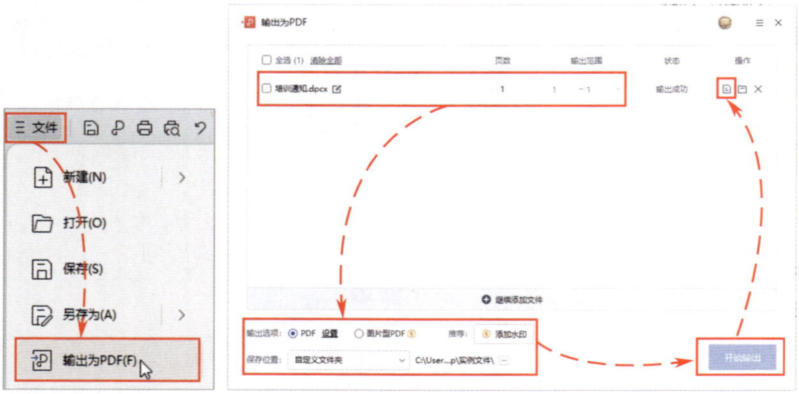

图6-77

Step02：在文档上方单击“打印预览”按钮，进入“打印预览”界面，设置打印份数、打印顺序、打印方式等参数后，单击“打印”按钮，进行打印即可，如图 6-78 所示。

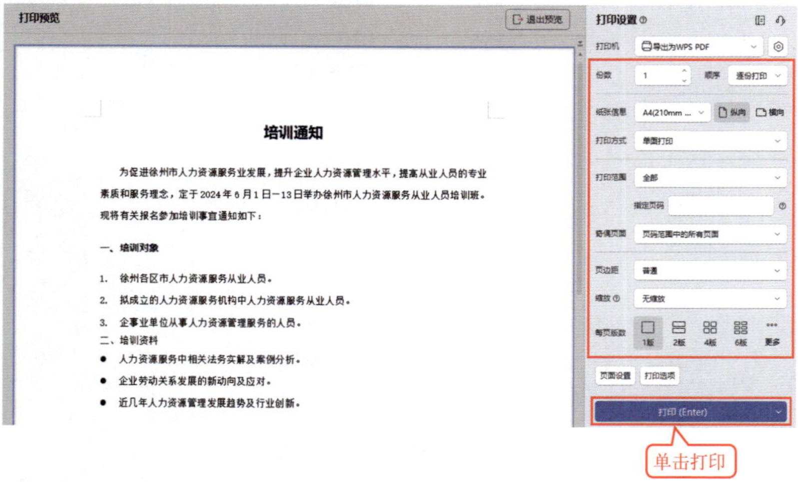

图6-78

扫码看视频

第 7 章 对报表数据进行处理

7.1 工作簿的基本操作

WPS 表格创建的文件叫工作簿，创建和保存工作簿的方法非常简单，下面介绍具体操作方法。

7.1.1 新建工作簿

双击 WPS Office 图标启动应用程序，在初始界面中单击“新建”按钮，在打开的菜单中单击“表格”按钮，如图 7-1 所示。打开“新建表格”页面，单击“空白表格”按钮，如图 7-2 所示。

WPS Office 随即新建一个空白工作簿，如图 7-3 所示。

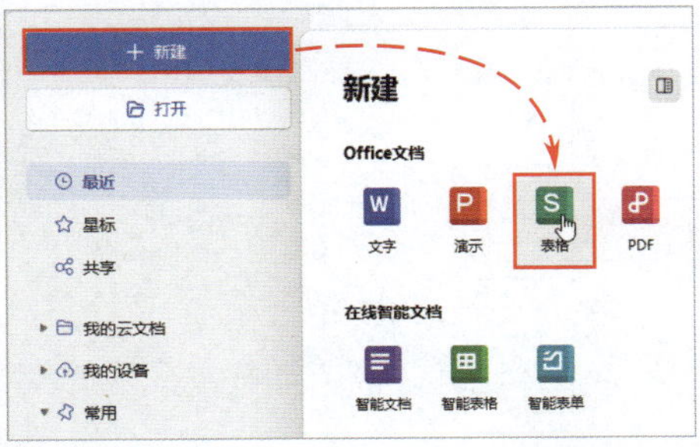

图7-1

图7-2

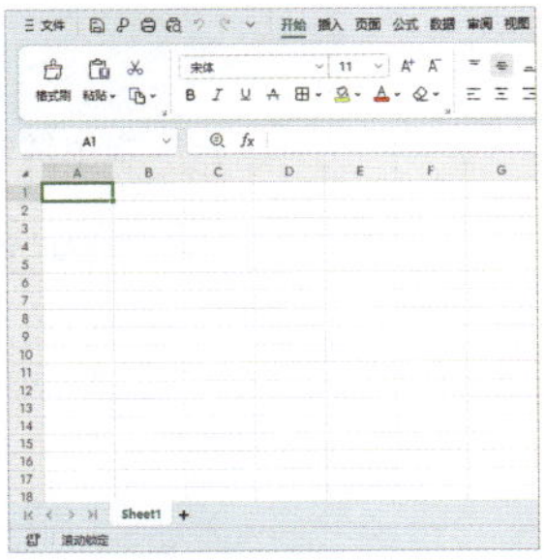

图7-3

7.1.2 保存工作簿

在编辑工作簿的过程中需要及时保存，以防死机、断电等意外情况导致内容遗失。

新建的工作簿第一次保存时，在功能区中单击“保存”按钮，如图 7-4 所示。会弹出“另存为”对话框，在该对话框中设置好文件名称和保存位置，单击“保存”按钮即可完成保存操作，如图 7-5 所示。之后若继续编辑该工作簿，只要单击“保存”按钮即可进行保存。

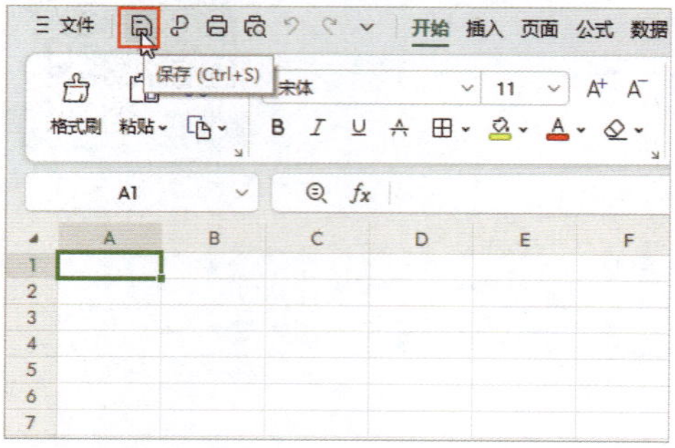

图7-4

图7-5

7.1.3 打印与输出

工作簿中的内容可以打印成纸质或输出成其他类型，下面分别介绍如何打印和输入工作簿中的内容。

（1）打印工作表

在打印工作表之前可以先进行打印预览，单击“文件”按钮，将光标移动到“打印”选项上方，在其级联菜单中选择“打印预览”选项，如图 7-6 所示，即可进入打印预览界面。

在打印预览界面中不仅可以预览当前打印效果，还可通过“打印设置”窗格中提供的各种选项对打印效果进行调整，设置完成后单击“打印”按钮，即可打印该工作表，如图 7-7 所示。

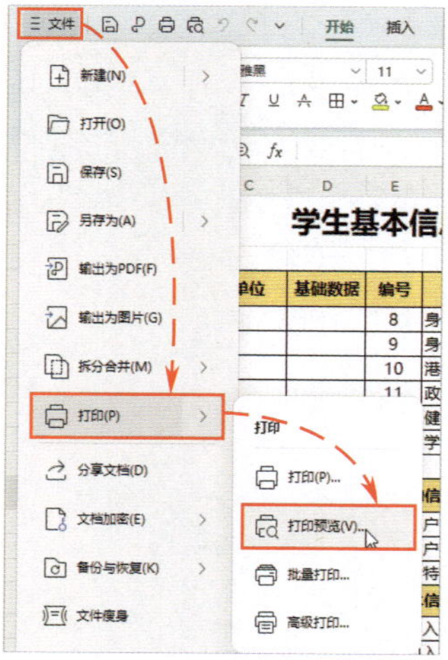

图7-6

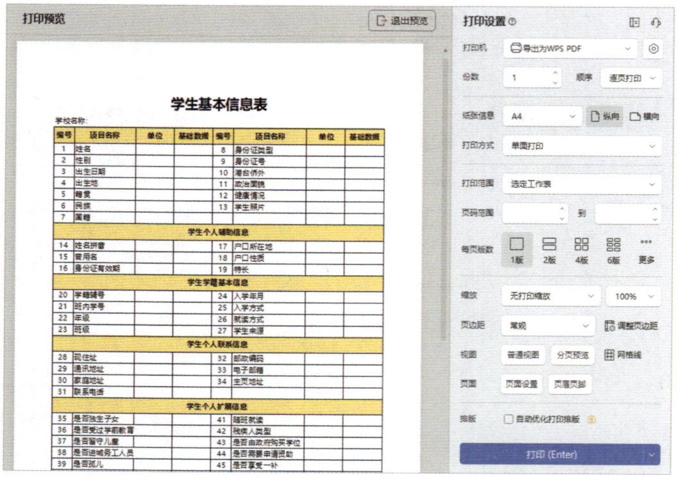

图7-7

（2）输出成 PDF 文件

用户可直接将 WPS 表格输出成 PDF 文件。单击“文件”按钮，在展开的列表中选择“输出为 PDF（F）”选项，打开“输出为 PDF”对话框，设置好输出范围、保存位置等，单击“开始输出”按钮，即可将工作簿中的内容输入为 PDF 文件，如图 7-8 所示。

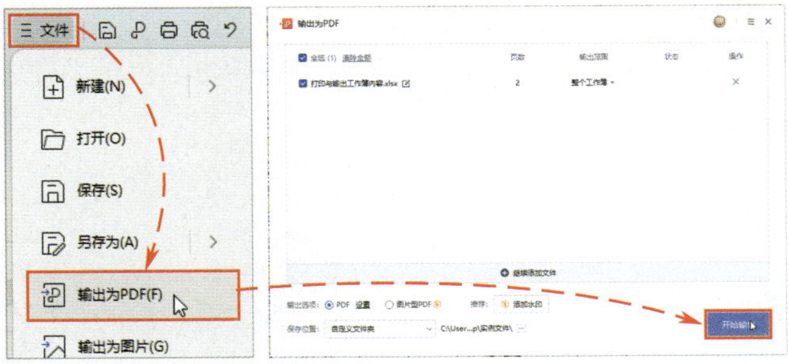

图 7-8

7.2 工作表的基本操作

工作簿是由工作表组成的，一个工作簿中可以包含很多张工作表。如果把工作簿比喻成一本书，那么工作表就相当于书中的页。接下来将介绍如何插入与删除工作表、如何移动与复制工作表、如何隐藏或显示工作表以及如何重命名工作表。

7.2.1 插入与删除工作表

默认情况下新建的工作簿中只包含一张工作表，即 Sheet1 工作表，用户可以根据需要插入工作表。

单击 Sheet1 工作表标签右侧的“新建工作表”按钮，如图 7-9 所示。工作簿中随即被新建一张空白工作表，新工作表自动命名为 Sheet2，如图 7-10 所示。继续单击“新建工作表”按钮可继续新建空白工作表。

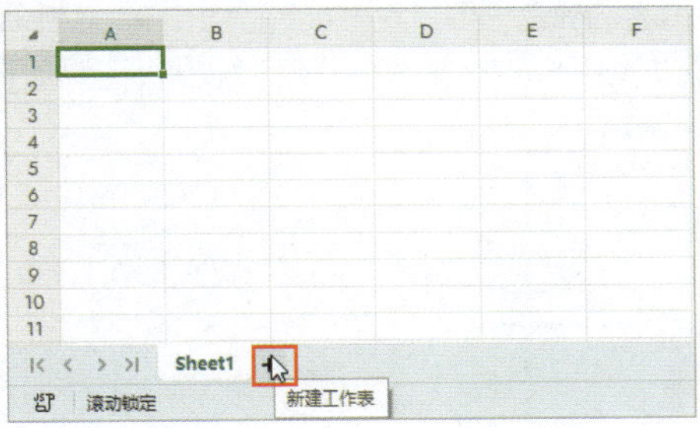

图 7-9

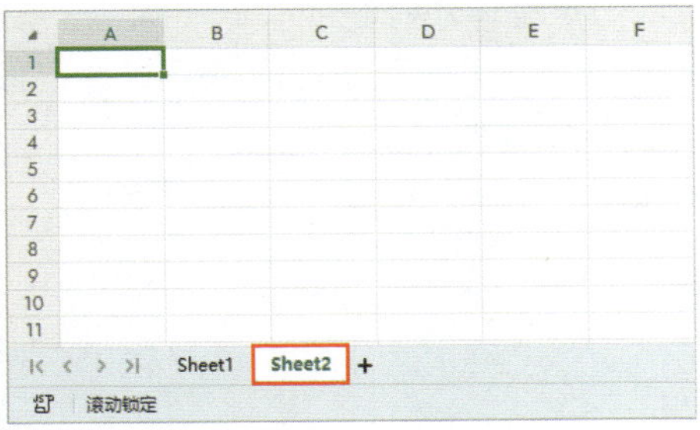

图 7-10

操作技巧

用户也可通过右键菜单一次性插入多张空白工作表，操作方法非常简单。

右击工作表标签，在弹出的菜单中选择“插入”选项，打开“插入工作表”对话框，输入需要插入的工作表数量，选择好插入位置，单击“确定”按钮即可，如图 7-11 所示。

当不再需要使用某些工作表时可以将这些工作表删除，以免多余的工作表占用存储空间，影响工作簿运行速度。右击工作表标签，在弹出的菜单中选择“删除工作表”选项，即可将该工作表删除，如图 7-12 所示。

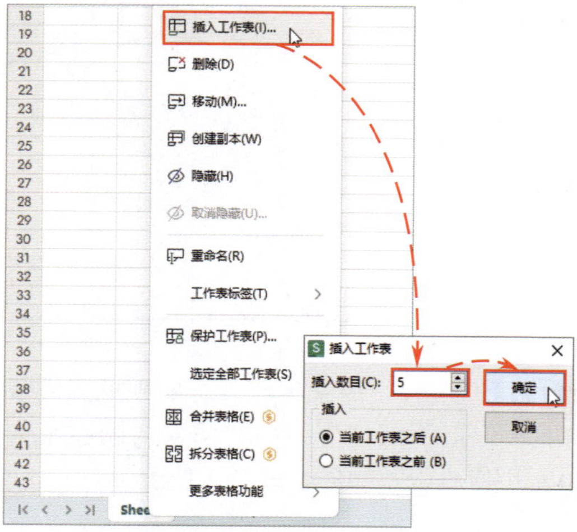

图7-11

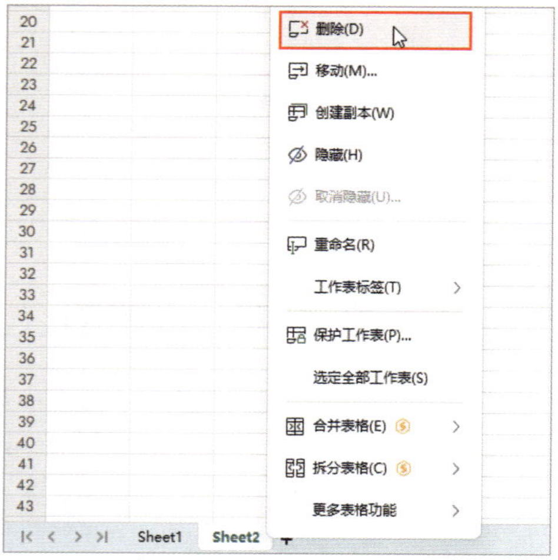

图7-12

7.2.2 移动与复制工作表

为了让工作簿中各个工作表的排列更具有逻辑性，可以移动工作表；在制作类似格式的工作表时，可以先复制工作表，然后再进行编辑。

（1）移动工作表

单击需要移动位置的工作表标签，按住鼠标左键，向目标位置拖动鼠标，当目标位置出现一个黑色三角形时松开鼠标，如图 7-13 所示。工作表即可被移动到指定位置，如图 7-14 所示。

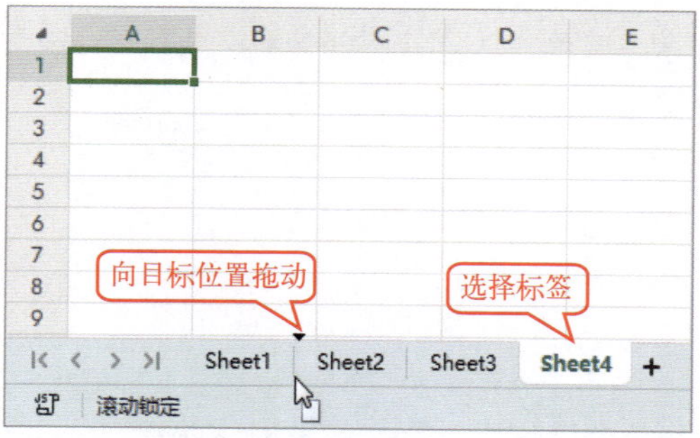

图7-13

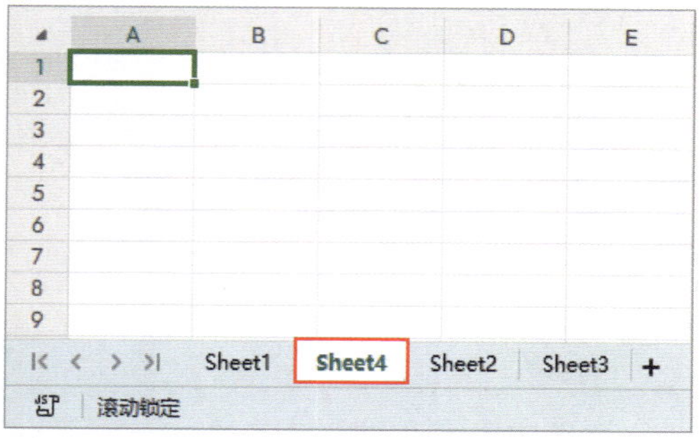

图7-14

（2）复制工作表

单击需要复制的工作表标签，按住【Ctrl】键和鼠标左键，向目标位置拖动鼠标，当目标位置出现黑色三角形时松开鼠标，如图 7-15 所示，工作表即可被复制到目标位置，如图 7-16 所示。

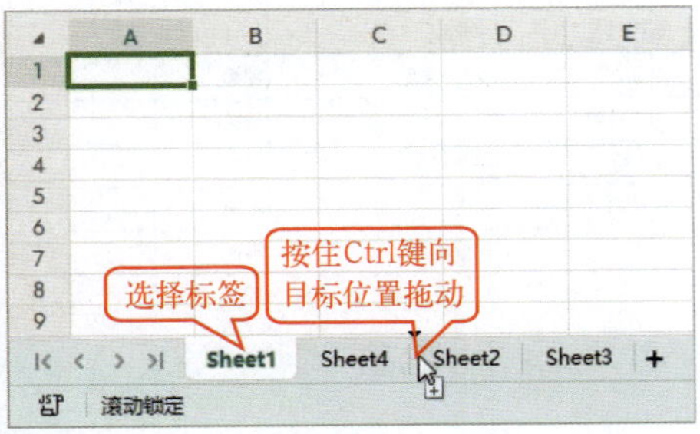

图7-15

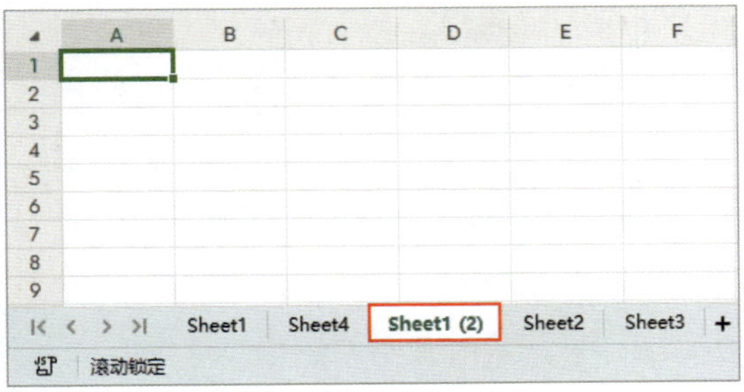

图7-16

7.2.3 隐藏 / 显示工作表

暂时不使用的工作表可以将其隐藏，等到需要使用的时候再让其显示出来。下面介绍隐藏及取消隐藏工作表的方法。

右击需要隐藏的工作表标签，在弹出的菜单中选择“隐藏”选项，即可将该工作表隐藏，如图 7-17 所示。

若要让隐藏的工作表显示出来，则在工作簿中右击任意工作表标签，在展开的菜单中选择“取消隐藏”选项，如图 7-18 所示。打开“取消隐藏”对话框，选中需要取消隐藏的工作表，单击“确定”按钮即可，如图 7-19 所示。

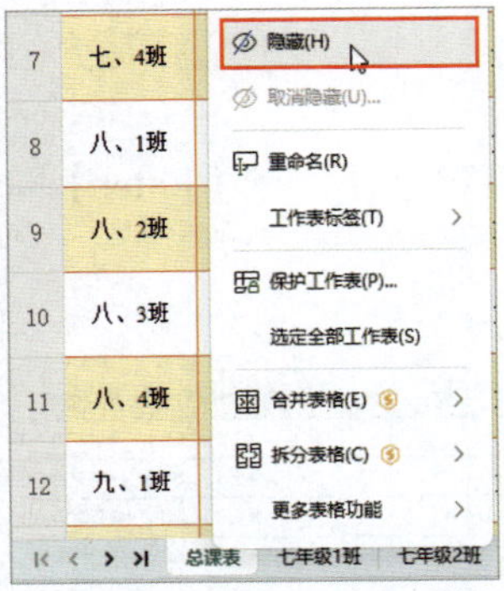

图7-17

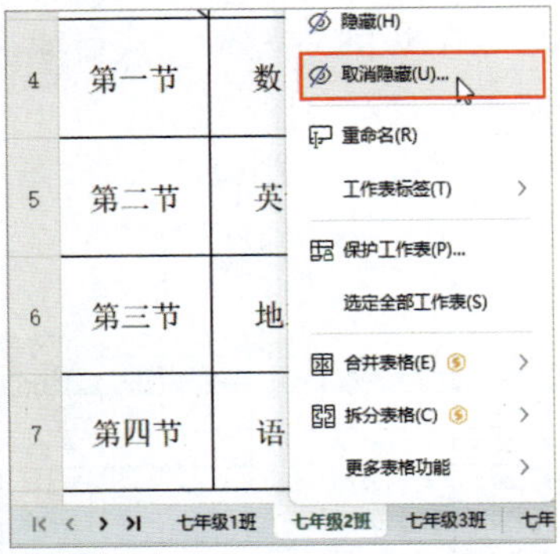

图7-18

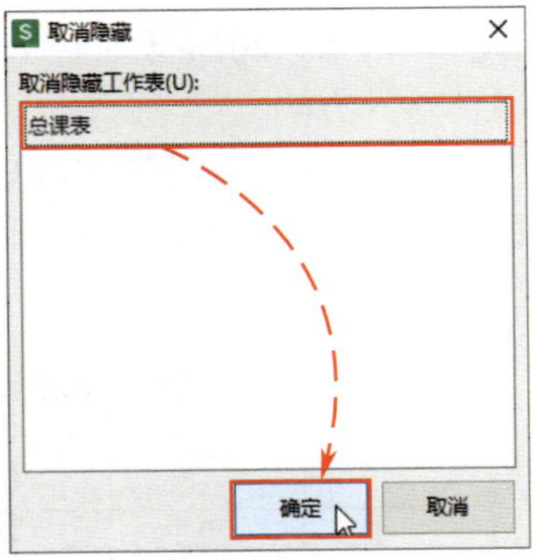

图7-19

7.2.4 重命名工作表

重命名工作表可以让用户在不打开工作表的情况下快速分辨出每张工作表中保存了哪些数据。下面介绍具体操作方法。

右击需要重命名的工作表标签，在展开的菜单中选择“重命名”选项，如图 7-20 所示。该工作表标签随即变成可编辑状态，手动输入新的标签名称，按下【Enter】键即可完成重命名操作，如图 7-21 所示。

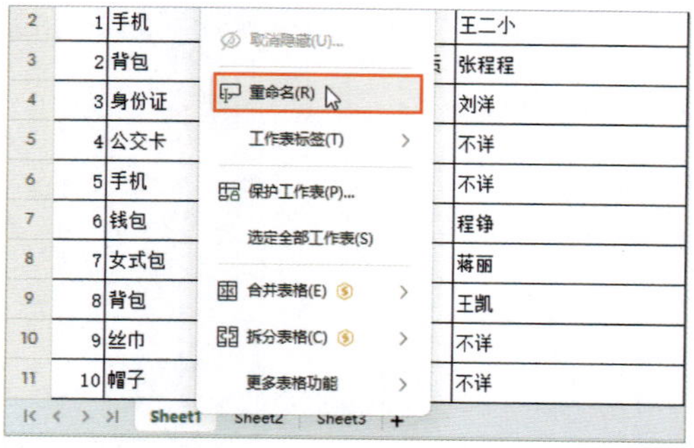

图7-20

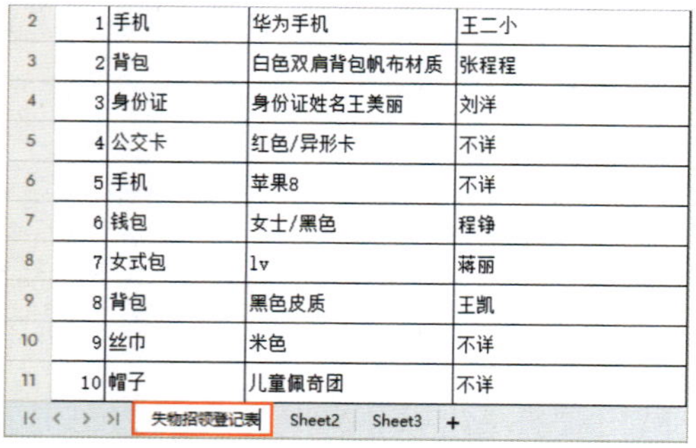

图7-21

7.3 录入数据信息

很多新手用户在使用 WPS 表格的时候可能只是记录一些数据，或制作一些简单的表格，这也是 WPS 表格最基本的作用。

但是在 WPS 表格中输入数据却不像在纸上写字那样简单，要想高效地输入数据还需要掌握一些数据录入技巧。

7.3.1 输入日期型数据

WPS 表格中常见的日期格式分为短日期格式和长日期格式，其中短日期格式以斜杠“/”作为连接符号，例如“2024/5/1”；长日期格式以“年、月、日”三个字符作为连接，例如“2024 年 5 月 1 日”。在 WPS 表格中输入日期是很常见的操作，下面介绍具体输入方法。

选中需要输入日期的单元格，输入“2024/5/1”，如图 7-22 所示，按【Enter】键即可确认输入，如图 7-23 所示。

销售日期	商品名称	品牌	销售数量	单价	销售金额
2024/12/1	台式机	HP	2	¥3,200.00	¥6,400.00
	笔记本	Acer	5	¥3,500.00	¥17,500.00
	台式机	SAMSUNG	3	¥5,800.00	¥17,400.00
	台式机	iPhone	3	¥9,500.00	¥28,500.00
	台式机	Lenovo	6	¥4,800.00	¥28,800.00
	笔记本	DELL	1	¥3,800.00	¥3,800.00
	笔记本	HP	2	¥3,200.00	¥6,400.00
	台式机	iPhone	4	¥8,500.00	¥34,000.00
	笔记本	SAMSUNG	2	¥6,500.00	¥13,000.00
	笔记本	Lenovo	6	¥5,200.00	¥31,200.00

图7-22

销售日期	商品名称	品牌	销售数量	单价	销售金额
2024/12/1	台式机	HP	2	¥3,200.00	¥6,400.00
	笔记本	Acer	5	¥3,500.00	¥17,500.00
	台式机	SAMSUNG	3	¥5,800.00	¥17,400.00
	台式机	iPhone	3	¥9,500.00	¥28,500.00
	台式机	Lenovo	6	¥4,800.00	¥28,800.00
	笔记本	DELL	1	¥3,800.00	¥3,800.00
	笔记本	HP	2	¥3,200.00	¥6,400.00
	台式机	iPhone	4	¥8,500.00	¥34,000.00
	笔记本	SAMSUNG	2	¥6,500.00	¥13,000.00
	笔记本	Lenovo	6	¥5,200.00	¥31,200.00

图7-23

输入日期后若想改变日期的格式，如将短日期格式转换成长日期格式，可以选中日期所在单元格区域，在“开始”选项卡中单击“数字格式”下拉按钮，从展开的列表中选择“长日期”选项即可，如图 7-24 所示。

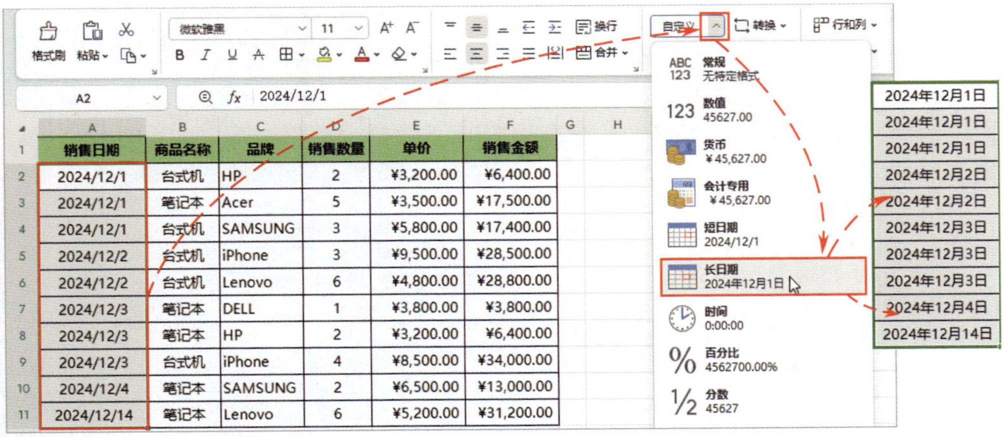

图7-24

新手误区

当以短划线“-”作为日期间的连接符时，按【Enter】键以后，“-”符号会自动变成“/”符号。例如在单元格中输入“2024-5-1”按下【Enter】键后日期会自动变成“2024/5/1”。除了“-”和“/”以外，若以其他符号作为日期的连接符，那么 WPS 将不会识别所输入的内容为日期，例如“2024.5.1”这种格式在 WPS 中并不是日期而是普通的文本。

7.3.2 输入文本型数据

文本型数据包括汉字、字母、拼音、符号等，输入这些文本数据并没什么难度，但是在输入一些特殊类型的文本型数据时还需要先设置一下单元格格式，例如输入以 0 开头的序号等。接下来介绍输入方法。

选中 A2 单元格，输入第一个序号“01”，如图 7-25 所示。按【Enter】键后“01”立刻变成了“1”，单击 A2 单元格右侧的“点击切换”按钮，如图 7-26 所示，即可将该序号切换成“01”，如图 7-27 所示。

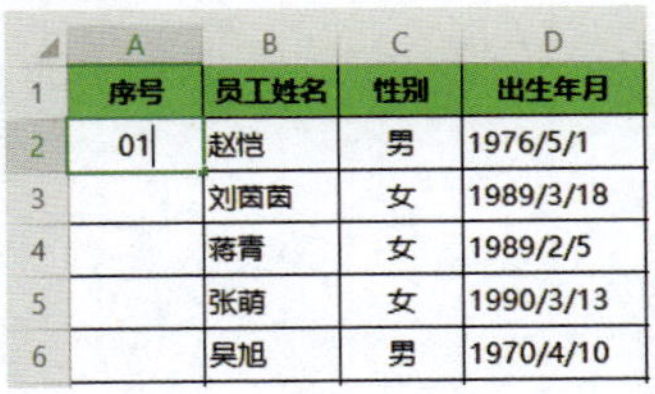

图7-25

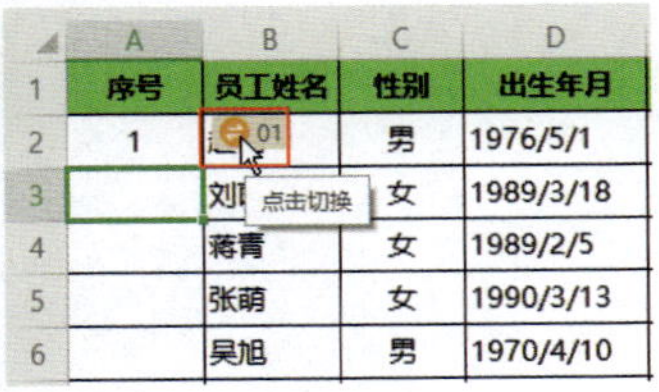

图7-26

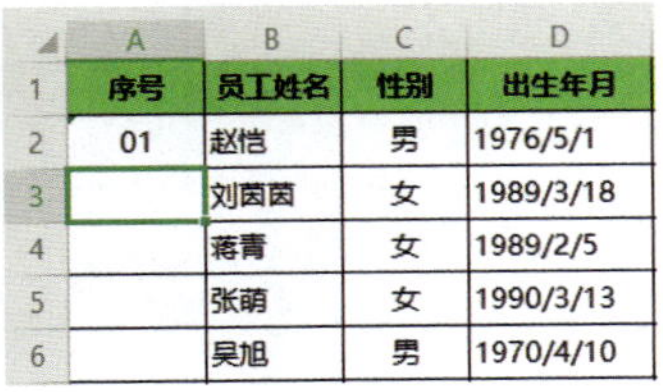

图7-27

若要输入大量以 0 开头的数据，逐个数字切换比较麻烦，这时可以选择将单元格设置成文本格式，在文本格式的单元格中输入以 0 开头的数字时，数字前面的 0 不会消失。操作方法如下：

选中需要设置格式的单元格区域，按【Ctrl+1】组合键打开“单元格格式”对话框，在“数字”界面中选择“文本”选项，单击“确定”按钮即可，如图 7-28 所示。

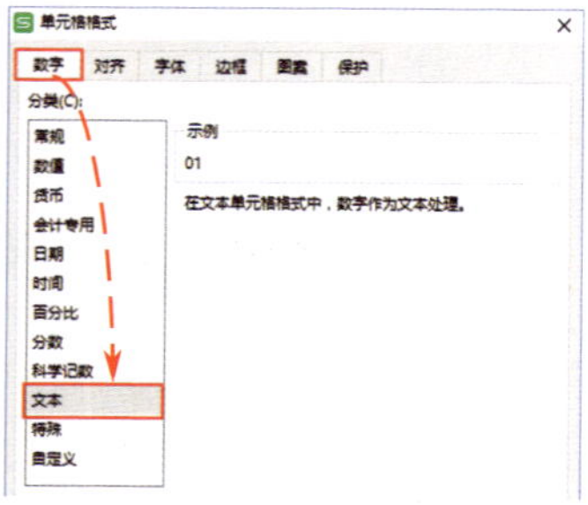

图7-28

新手误区

当输入的数字超过 5 位数时再在数字前面添加 0，此时的 0 将不会自动消失。例如在单元格中输入“012345”，按【Enter】键后单元格中显示的就是“012345”。

7.3.3 自动填充数据序列

在制表时，经常会输入具有一定规律的数据，比如输入一组连续的数字或连续的日期等，这类有序数据通常不用手动挨个输入，用户可以使用自动填充功能快速输入。

下面介绍如何填充数据序列。

（1）序列填充

在 A2 单元格中输入数字“1”，将光标放在 A2 单元格右下角，光标变成黑色的十字时，按住鼠标左键，向下拖动鼠标，拖动到目标位置时松开鼠标，完成数字序列的填充，如图 7-29 所示。

填充日期序列的方法和填充数字序列的方法相同，如图 7-30 所示。

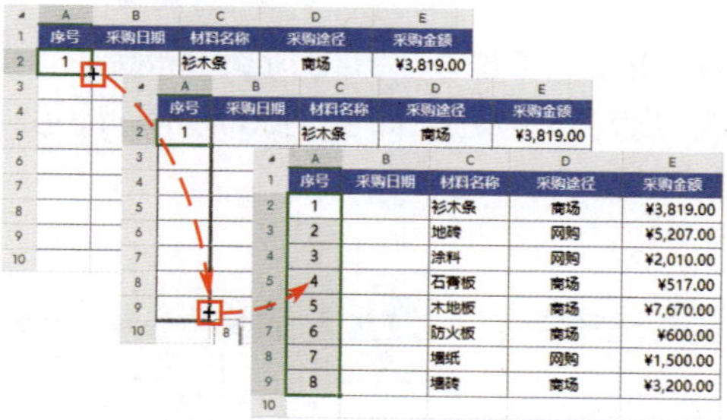

图7-29

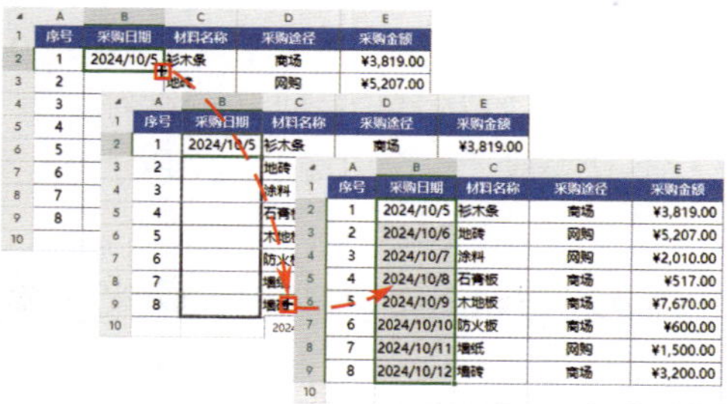

图7-30

（2）复制填充

在单元格 B2 中输入日期“2024/10/5”，选中 B2：B9 单元格区域，按【Ctrl+D】组合键，如图 7-31 所示。日期随即被复制填充到所选区域中的空白单元格内，如图 7-32 所示。

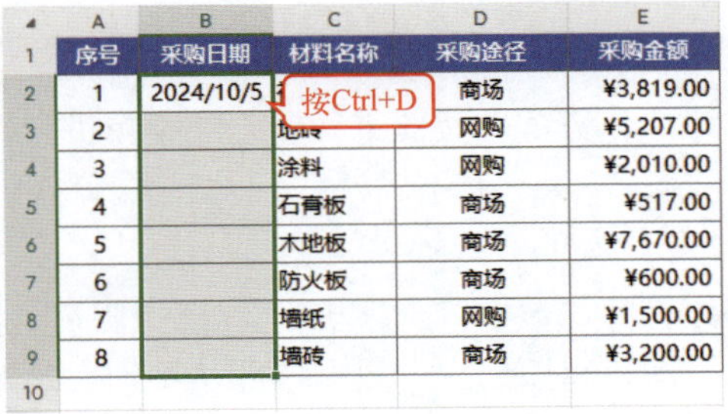

	A	B	C	D	E
1	序号	采购日期	材料名称	采购途径	采购金额
2	1	2024/10/5		商场	¥3,819.00
3	2		地砖	网购	¥5,207.00
4	3		涂料	网购	¥2,010.00
5	4		石膏板	商场	¥517.00
6	5		木地板	商场	¥7,670.00
7	6		防火板	商场	¥600.00
8	7		墙纸	网购	¥1,500.00
9	8		墙砖	商场	¥3,200.00
10					

图7-31

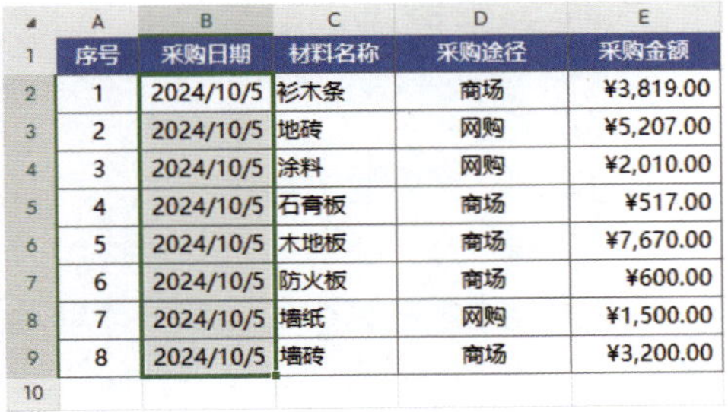

	A	B	C	D	E
1	序号	采购日期	材料名称	采购途径	采购金额
2	1	2024/10/5	衫木条	商场	¥3,819.00
3	2	2024/10/5	地砖	网购	¥5,207.00
4	3	2024/10/5	涂料	网购	¥2,010.00
5	4	2024/10/5	石膏板	商场	¥517.00
6	5	2024/10/5	木地板	商场	¥7,670.00
7	6	2024/10/5	防火板	商场	¥600.00
8	7	2024/10/5	墙纸	网购	¥1,500.00
9	8	2024/10/5	墙砖	商场	¥3,200.00
10					

图7-32

7.3.4 输入自定义序列

如果用户经常需要用到某一固定的序列，可以将其设置成自定义序列，方便以后使用。下面介绍如何自定义序列。

单击“文件”按钮，在列表中选择“选项”，打开“选项”对话框，切换到“自定义序列”界面，在“输入序列”文本框中输入自定义的序列，单击“添加”按钮，将该序列添加到“自定义序列”列表框中，单击“确定”按钮，完成设置，如图7-33所示。

返回工作表，在单元格中输入“水费”，拖动该单元格填充柄，向下方填充，松开鼠标后单元格中自动出现了自定义序列，如图7-34所示。

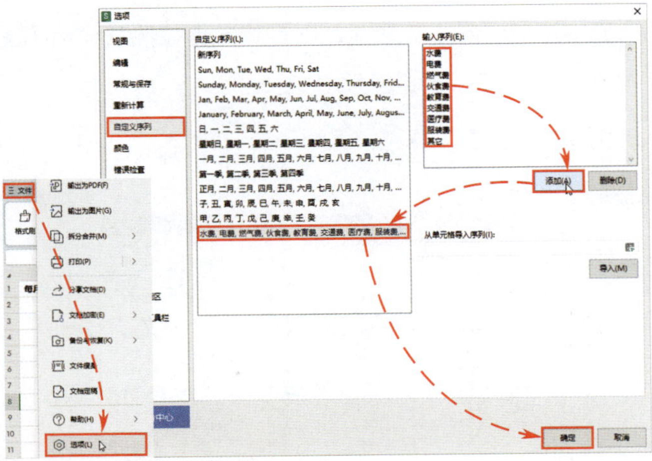

图7-33

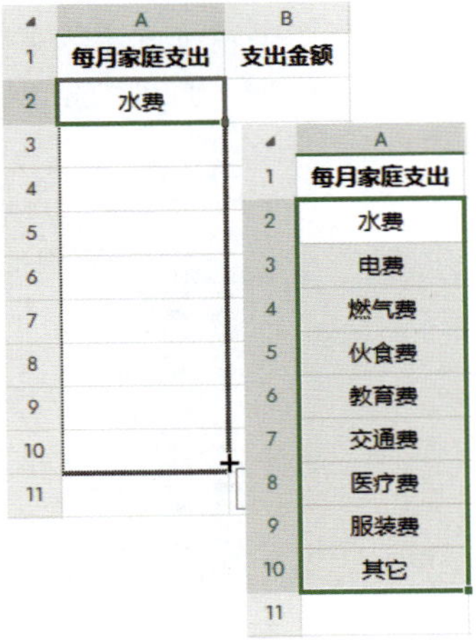

图7-34

7.4 简单处理数据信息

WPS表格的作用除了记录数据、制作表格外，最重要的作用其实是数据分析。常用的数据分析方法包括数据排序、数据筛选、分类汇总、合并计算等，接下来将对这些数据分析方法进行介绍。

7.4.1 对数据进行排序

排序是最基本的数据分析操作之一，排序后，数据会按照某种特定的规律进行排列，下面介绍几种常用的排序方法。

（1）简单排序

选中需要排序的列中的任意一个单元格，打开“数据”选项卡，单击“排序”下拉按钮，在展开的列表中选择“升序”选项，即可将该列中的数据按照从小到大的顺序重新排列，如图 7-35 所示。

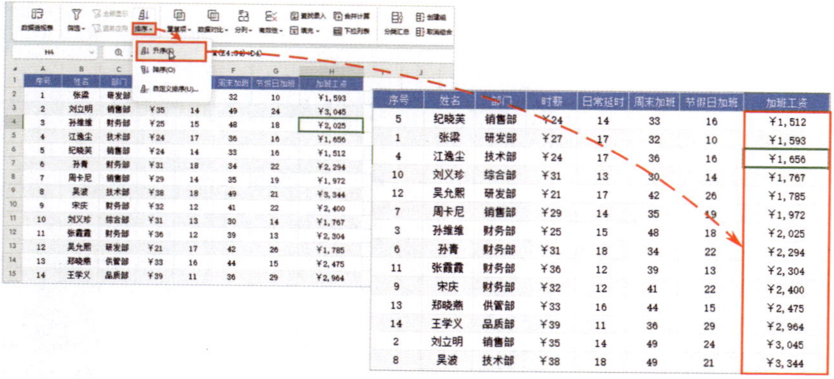

序号	姓名	部门	时薪	日常延时	周末加班	节假日加班	加班工资
5	纪晓芙	销售部	¥24	14	33	16	¥1,512
1	张梁	研发部	¥27	17	32	10	¥1,593
4	江逸尘	技术部	¥24	17	36	16	¥1,656
10	刘义珍	综合部	¥31	13	30	14	¥1,767
12	吴允熙	研发部	¥21	17	42	26	¥1,785
7	周卡尼	销售部	¥29	14	35	19	¥1,972
3	孙维维	财务部	¥25	15	48	18	¥2,025
6	孙青	财务部	¥31	18	34	22	¥2,294
11	张霞霞	财务部	¥36	12	39	13	¥2,304
9	宋庆	财务部	¥32	12	41	22	¥2,400
13	郑晓燕	供管部	¥33	16	44	15	¥2,475
14	王学义	品质部	¥39	11	36	29	¥2,964
2	刘立明	销售部	¥35	14	49	24	¥3,045
8	吴波	技术部	¥38	18	49	21	¥3,344

图7-35

反之，若在“排序”下拉列表中选择“降序”选项，则可将数据按照从大到小的顺序进行排列，如图 7-36 所示。

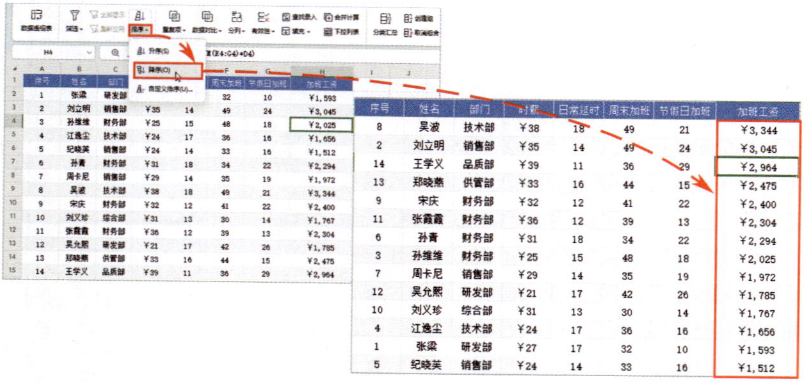

序号	姓名	部门	时薪	日常延时	周末加班	节假日加班	加班工资
8	吴波	技术部	¥38	18	49	21	¥3,344
2	刘立明	销售部	¥35	14	49	24	¥3,045
14	王学义	品质部	¥39	11	36	29	¥2,964
13	郑晓燕	供管部	¥33	16	44	15	¥2,475
9	宋庆	财务部	¥32	12	41	22	¥2,400
11	张霞霞	财务部	¥36	12	39	13	¥2,304
6	孙青	财务部	¥31	18	34	22	¥2,294
3	孙维维	财务部	¥25	15	48	18	¥2,025
7	周卡尼	销售部	¥29	14	35	19	¥1,972
12	吴允熙	研发部	¥21	17	42	26	¥1,785
10	刘义珍	综合部	¥31	13	30	14	¥1,767
4	江逸尘	技术部	¥24	17	36	16	¥1,656
1	张梁	研发部	¥27	17	32	10	¥1,593
5	纪晓芙	销售部	¥24	14	33	16	¥1,512

图7-36

（2）同时对多个字段排序

当需要同时为表格中的多列数据进行排序时，可使用“排序”对话框来完成操作。选中数据表区域中的任意一个单元格，打开“数据”选项卡，单击“排序”下拉按钮，在下拉列表中选择“自定义排序”选项。

打开“排序”对话框，设置好“主要关键字”的三个参数，单击“添加条件”按钮，添加“次要关键字”并设置好参数，单击“确定”按钮，如图 7-37 所示。

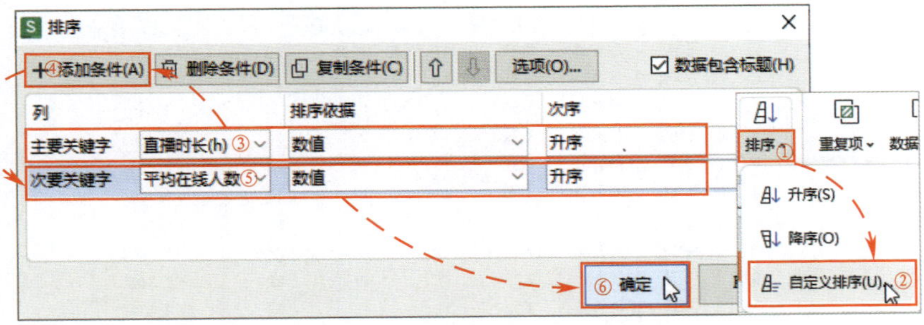

图7-37

数据表中随即按“直播时长”升序排序，当“直播时长”相同时，“平均在线人数”也按“升序”排序，如图 7-38 所示。

	A	B	C	D	E	F
1	日期	开播时间	结束时间	直播时长（h）	观看人数	平均在线人数
2	7月8日	20:30	21:30	0.5	40982	81964
3	7月11日	20:15	22:30	2.0	34804	17402
4	7月10日	21:00	23:30	2.5	35770	14308
5	7月14日	21:00	23:30	2.5	43308	17323
6	7月4日	20:30	23:30	3.0	35770	11923
7	7月6日	20:30	23:30	3.0	39441	13147
8	7月9日	20:30	23:30	3.0	43579	14526
9	7月5日	20:00	23:30	3.5	37710	10774
10	7月7日	18:00	23:30	5.5	34479	6269

图7-38

（3）按笔画排序

WPS 中对文本默认按照拼音的顺序排序，用户可根据需要将文本的排序方式修改为按笔画排序。

在“数据”选项卡中单击“排序”下拉按钮，在下拉列表中选择“自定义排序”选项，打开“排序”对话框，设置“主要关键字”的列为“姓名”，单击“选项”按钮，如图 7-39 所示，打开“排序选项”对话框，选中“笔画排序”单选按钮，单击“确定”按钮，如图 7-40 所示，返回上一层对话，单击“确定”按钮，关闭对话框。

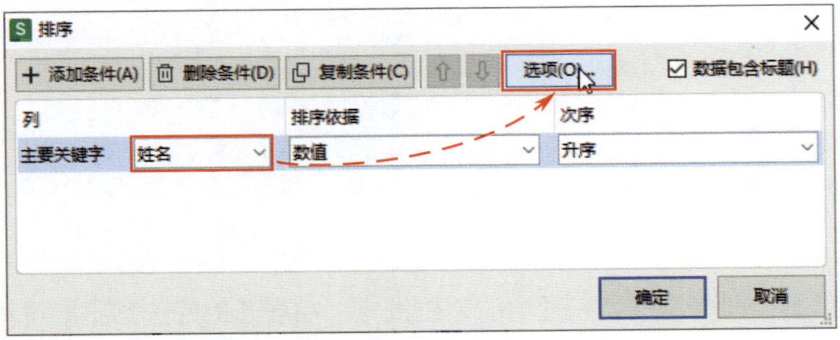

图7-39

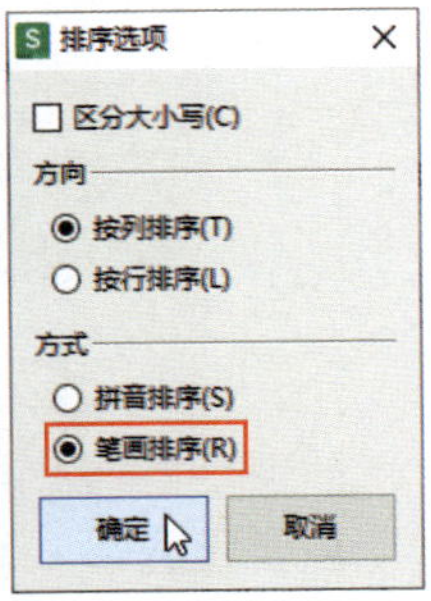

图7-40

表格中的“姓名”随即按照笔画升序进行排序，如图 7-41 所示。

序号	姓名	部门	时薪	日常延时	周末加班	节假日加班	加班工资
14	王学义	品质部	￥39	11	36	29	￥2,964
10	刘义珍	综合部	￥31	13	30	14	￥1,767
2	刘立明	销售部	￥35	14	49	24	￥3,045
4	江逸尘	技术部	￥24	17	36	16	￥1,656
6	孙青	财务部	￥31	18	34	22	￥2,294
3	孙维维	财务部	￥25	15	48	18	￥2,025
5	纪晓芙	销售部	￥24	14	33	16	￥1,512
12	吴允熙	研发部	￥21	17	42	26	￥1,785
8	吴波	技术部	￥38	18	49	21	￥3,344
9	宋庆	财务部	￥32	12	41	22	￥2,400

图7-41

新手误区

笔画排序的规则是，升序时笔画数少的排在前面，笔画数多的排在后面，降序与之相反。笔画数相同时，按起笔来排序，一般是横、竖、撇、捺、折的顺序。当第一个字相同时按第二个字进行排序，以此类推。

7.4.2 对数据进行筛选

WPS 表格中的筛选功能很强大，它能够迅速将需要的信息从复杂的数据中筛选出来，并隐藏无关的数据。

常用的筛选方法有两种，分别是自动筛选和高级筛选，这两种筛选的操作方法完全不同。接下来进行详细介绍。

（1）自动筛选

选中数据表中的任意一个单元格，打开“数据”选项卡，单击“筛选”按钮，如图 7-42 所示。数据表随即进入筛选模式，每个标题单元格的右下角均出现了筛选按钮，如图 7-43 所示。

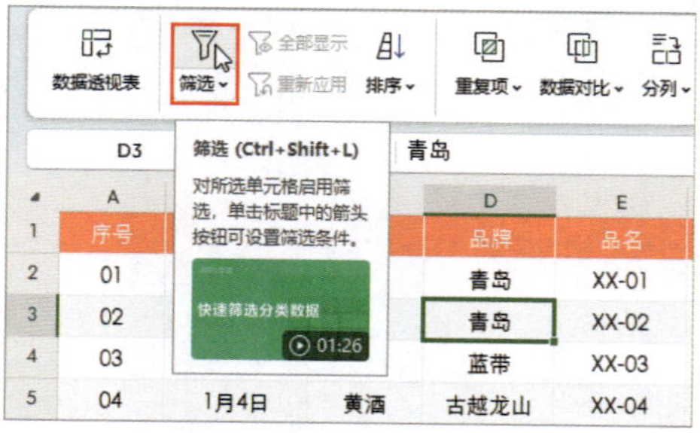

图7-42

序号	出库日期	类别	品牌	品名	规格	数量	单价	金额
01	1月1日	啤酒	青岛	XX-01	箱	22	56.00	1,232.00
02	1月3日	啤酒	青岛	XX-02	箱	26	56.00	1,456.00
03	1月3日	啤酒	蓝带	XX-03	箱	23	112.00	2,576.00
04	1月4日	黄酒	古越龙山	XX-04	箱	25	239.00	5,975.00
05	1月4日	啤酒	蓝带	XX-05	箱	26	112.00	2,912.00
06	1月7日	啤酒	蓝带	XX-06	箱	22	112.00	2,464.00
07	1月11日	葡萄酒	长城	XX-07	瓶	25	158.00	3,950.00
08	1月25日	黄酒	古越龙山	XX-08	箱	22	239.00	5,258.00
09	1月30日	葡萄酒	长城	XX-09	瓶	26	158.00	4,108.00
10	2月4日	葡萄酒	长城	XX-10	瓶	23	158.00	3,634.00
11	2月5日	洋酒	人头马	XX-11	瓶	24	199.00	4,776.00
12	2月8日	洋酒	人头马	XX-12	瓶	23	199.00	4,577.00
13	2月10日	黄酒	古越龙山	XX-13	箱	25	239.00	5,975.00
14	2月17日	洋酒	人头马	XX-14	瓶	24	199.00	4,776.00

图7-43

想要筛选哪一列数据，则单击该列标题中的下拉按钮，在展开的筛选器中即可执行相应筛选。此处想要筛选所有“啤酒”的出库记录，可以单击“品类”标题的下拉按钮，在筛选器中取消“全选 | 反选”复选框的勾选，随后勾选“啤酒”复选框，单击“确定”按钮。数据表中随即筛选出需要的数据，如图 7-44 所示。

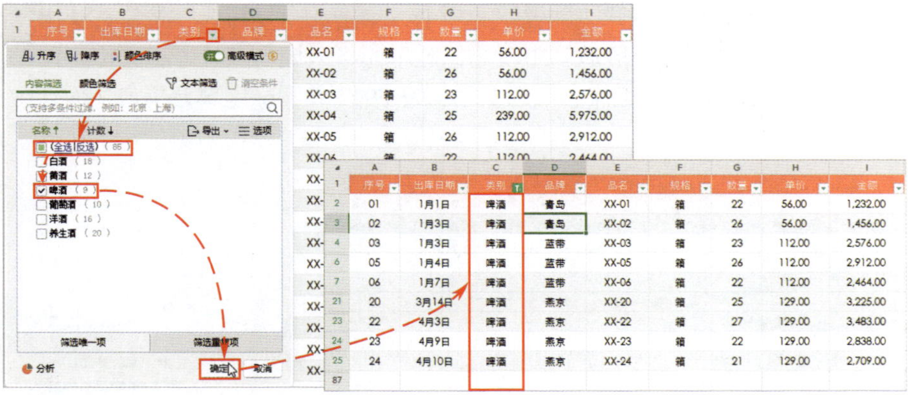

图7-44

（2）筛选高于平均值的数据

单击“金额”字段的筛选按钮，在展开的筛选器中单击“数字选项”按钮，选择“高于平均值”选项，表格中所有金额高于平均值的数据随即全部被筛选出来，如图7-45所示。

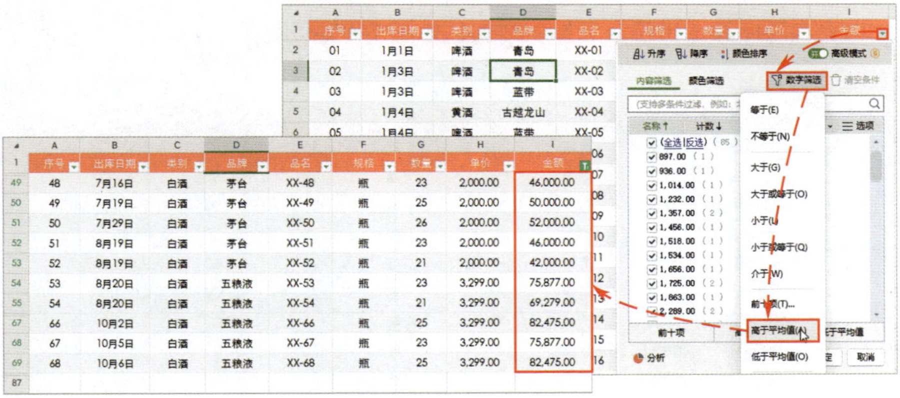

图7-45

操作技巧

若要清除执行过的筛选，只需在“数据”选项卡中单击“全部显示”按钮即可，如图7-46所示。

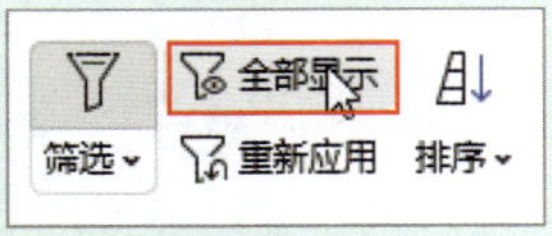

图7-46

（3）高级筛选

高级筛选和自动筛选相比优势在于可以自己设定筛选条件，下面介绍如何执行高级筛选。

将数据表的标题复制到表格下方，在复制的标题下方设置好筛选条件。选中数据表中的任意一个单元格，打开“数据”选项卡，单击“高级筛选”按钮，弹出“高级筛选”对话框，保持“列表区域”中所选择的单元格区域为默认，将光标定位在“条件区域”文本框中，直接在工作表中选择“A89：F91”单元格区域，单击“确定”按钮，如图 7-47 所示。

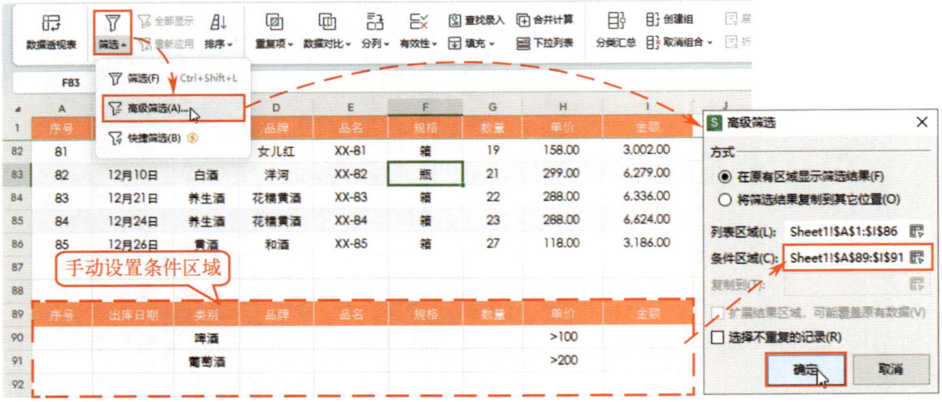

图7-47

数据表中随即筛选出符合条件的数据，如图 7-48 所示。

	A	B	C	D	E	F	G	H	I
1	序号	出库日期	类别	品牌	品名	规格	数量	单价	金额
4	03	1月3日	啤酒	蓝带	XX-03	箱	23	112.00	2,576.00
6	05	1月4日	啤酒	蓝带	XX-05	箱	26	112.00	2,912.00
7	06	1月7日	啤酒	蓝带	XX-06	箱	22	112.00	2,464.00
21	20	3月14日	啤酒	燕京	XX-20	箱	25	129.00	3,225.00
23	22	4月3日	啤酒	燕京	XX-22	箱	27	129.00	3,483.00
24	23	4月9日	啤酒	燕京	XX-23	箱	22	129.00	2,838.00
25	24	4月10日	啤酒	燕京	XX-24	箱	21	129.00	2,709.00
56	55	8月24日	葡萄酒	路易拉菲	XX-55	瓶	25	280.00	7,000.00
57	56	8月24日	葡萄酒	路易拉菲	XX-56	瓶	21	280.00	5,880.00
58	57	8月25日	葡萄酒	路易拉菲	XX-57	瓶	23	280.00	6,440.00
87									

图7-48

7.4.3 数据的分类汇总

分类汇总是数据分析的其中一种方法，在日常数据管理中，经常需要对数据进行分类汇总，分类汇总能够将同类数据的汇总结果插入表格中。

下面介绍如何进行分类汇总。

（1）单项分类汇总

先将分类字段进行简单排序（升序或降序均可），在“数据”选项卡中单击“分类汇总”按钮，弹出“分类汇总”对话框，设置好“分类字段”“汇总方式”，最后勾选汇总项，单击“确定”按钮，如图 7-49 所示。

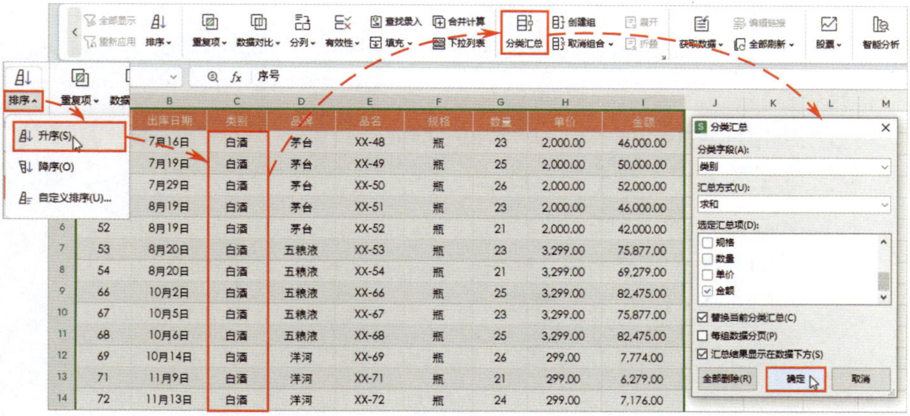

图7-49

表格中的数据随即按照对话框中的设置进行分类汇总，如图 7-50 所示。

	A	B	C	D	E	F	G	H	I
1	序号	出库日期	类别	品牌	品名	规格	数量	单价	金额
2	48	7月16日	白酒	茅台	XX-48	瓶	23	2,000.00	46,000.00
3	49	7月19日	白酒	茅台	XX-49	瓶	25	2,000.00	50,000.00
4	50	7月29日	白酒	茅台	XX-50	瓶	26	2,000.00	52,000.00
5	51	8月19日	白酒	茅台	XX-51	瓶	23	2,000.00	46,000.00
6	52	8月19日	白酒	茅台	XX-52	瓶	21	2,000.00	42,000.00
7	53	8月20日	白酒	五粮液	XX-53	瓶	23	3,299.00	75,877.00
8	54	8月20日	白酒	五粮液	XX-54	瓶	21	3,299.00	69,279.00
9	66	10月2日	白酒	五粮液	XX-66	瓶	25	3,299.00	82,475.00
10	67	10月5日	白酒	五粮液	XX-67	瓶	23	3,299.00	75,877.00
11	68	10月6日	白酒	五粮液	XX-68	瓶	25	3,299.00	82,475.00
12	69	10月14日	白酒	洋河	XX-69	瓶	26	299.00	7,774.00
13	71	11月9日	白酒	洋河	XX-71	瓶	21	299.00	6,279.00
14	72	11月13日	白酒	洋河	XX-72	瓶	24	299.00	7,176.00
15	77	11月27日	白酒	洋河	XX-77	瓶	22	299.00	6,578.00
16	78	11月30日	白酒	洋河	XX-78	瓶	24	299.00	7,176.00
17	79	12月2日	白酒	洋河	XX-79	瓶	19	299.00	5,681.00
18	80	12月5日	白酒	洋河	XX-80	瓶	20	299.00	5,980.00
19	82	12月10日	白酒	洋河	XX-82	瓶	21	299.00	6,279.00
20			白酒 汇总						674,906.00
21	04	1月4日	黄酒	古越龙山	XX-04	箱	25	239.00	5,975.00
30	[illegible]	10月14日	黄酒	女儿红	XX-70	箱	21	[illegible]	3,318.00
31	81	12月5日	黄酒	女儿红	XX-81	箱	19	158.00	3,002.00
32	85	12月26日	黄酒	和酒	XX-85	箱	27	118.00	3,186.00
33			黄酒 汇总						47,654.00
86	73	11月17日	养生酒	枸杞酒	XX-73	箱	23	39.00	897.00
87	74	11月22日	养生酒	枸杞酒	XX-74	箱	26	39.00	1,014.00
88	75	11月25日	养生酒	枸杞酒	XX-75	箱	24	39.00	936.00
89	76	11月25日	养生酒	花糯黄酒	XX-76	箱	23	288.00	6,624.00
90	83	12月21日	养生酒	花糯黄酒	XX-83	箱	22	288.00	6,336.00
91	84	12月24日	养生酒	花糯黄酒	XX-84	箱	23	288.00	6,624.00
92			养生酒 汇总						49,990.00
93			总计						913,729.00
94									

图7-50

（2）嵌套分类汇总

嵌套分类汇总即多个字段同时分类汇总。对多个字段进行汇总之前必须要对这些字段进行排序。

选中数据表中任意单元格，打开“数据”选项卡，单击“排序”按钮，打开“排序”对话框，对“类别”和“品牌”字段进行升序排序，如图 7-51 所示。

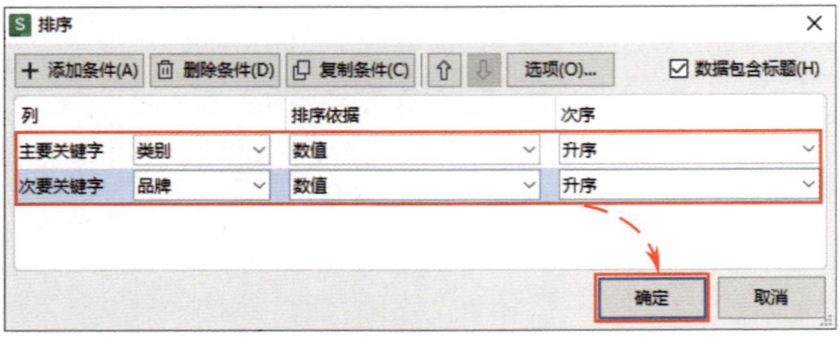

图7-51

返回工作表，单击“分类汇总”按钮，打开“分类汇总”对话框，设置“类别”为分类字段，汇总方式为“求和”，勾选“数量”和“金额”两项汇总项，单击“确定”按钮，如图 7-52 所示。

此时表格中的数据已经执行了一次分类汇总。再次单击“分类汇总”按钮，打开“分类汇总”对话框，设置分类字段为“品牌”，汇总方式为“求和”，勾选“数量”和“金额”汇总项，取消“替换当前分类汇总”复选框的勾选，单击“确定”按钮，如图 7-53 所示。至此完成嵌套分类汇总。最终效果如图 7-54 所示。

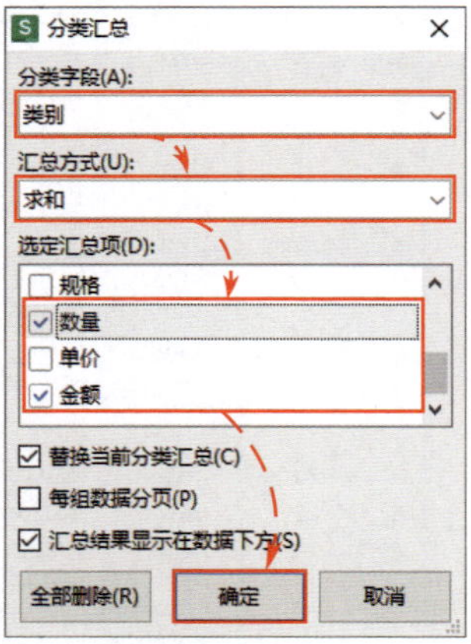

图7-52

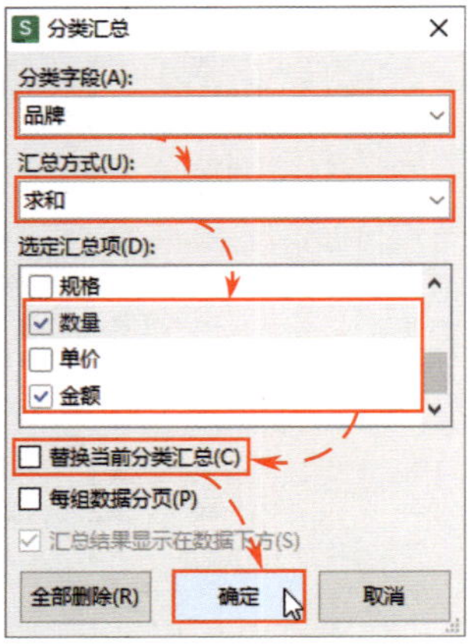

图7-53

新手误区

执行分类汇总的时候有两个极易出错的环节，用户需要特别注意。第一是分类汇总前要对分类字段进行排序，第二是在执行嵌套分类汇总时要取消“替换当前分类汇总”复选框的勾选。

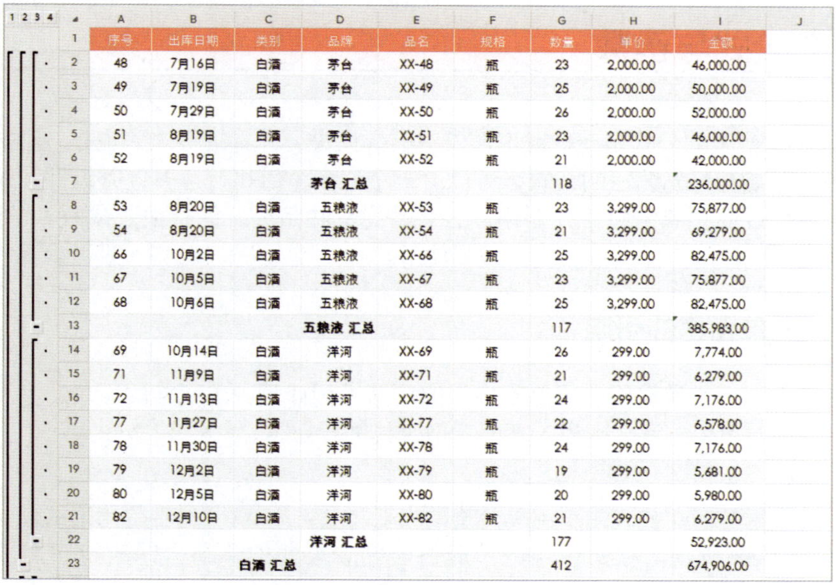

	A	B	C	D	E	F	G	H	I
1	序号	出库日期	类别	品牌	品名	规格	数量	单价	金额
2	48	7月16日	白酒	茅台	XX-48	瓶	23	2,000.00	46,000.00
3	49	7月19日	白酒	茅台	XX-49	瓶	25	2,000.00	50,000.00
4	50	7月29日	白酒	茅台	XX-50	瓶	26	2,000.00	52,000.00
5	51	8月19日	白酒	茅台	XX-51	瓶	23	2,000.00	46,000.00
6	52	8月19日	白酒	茅台	XX-52	瓶	21	2,000.00	42,000.00
7				茅台 汇总			118		236,000.00
8	53	8月20日	白酒	五粮液	XX-53	瓶	23	3,299.00	75,877.00
9	54	8月20日	白酒	五粮液	XX-54	瓶	21	3,299.00	69,279.00
10	66	10月2日	白酒	五粮液	XX-66	瓶	25	3,299.00	82,475.00
11	67	10月5日	白酒	五粮液	XX-67	瓶	23	3,299.00	75,877.00
12	68	10月6日	白酒	五粮液	XX-68	瓶	25	3,299.00	82,475.00
13				五粮液 汇总			117		385,983.00
14	69	10月14日	白酒	洋河	XX-69	瓶	26	299.00	7,774.00
15	71	11月9日	白酒	洋河	XX-71	瓶	21	299.00	6,279.00
16	72	11月13日	白酒	洋河	XX-72	瓶	24	299.00	7,176.00
17	77	11月27日	白酒	洋河	XX-77	瓶	22	299.00	6,578.00
18	78	11月30日	白酒	洋河	XX-78	瓶	24	299.00	7,176.00
19	79	12月2日	白酒	洋河	XX-79	瓶	19	299.00	5,681.00
20	80	12月5日	白酒	洋河	XX-80	瓶	20	299.00	5,980.00
21	82	12月10日	白酒	洋河	XX-82	瓶	21	299.00	6,279.00
22				洋河 汇总			177		52,923.00
23			白酒 汇总				412		674,906.00

图7-54

7.4.4　数据的合并计算

用户在处理数据时，有时需要将多个表格中的数据合并到一个表格中，此时可以使用合并计算功能来操作。被合并的表格可以是保存在一种工作表中的也可以是保存在不同工作表中的，甚至可以是保存在不同工作簿中的，下面以合并不同工作表总的数据为例进行讲解。

1 月至 3 月的销售数据分别保存在不同的工作表中，如图 7-55 所示。打开“销售合计”工作表，选中 A1 单元格，在“数据”选项卡中单击“合并计算”按钮，打开“合并计算”对话框，分别从“1 月”“2 月”“3 月”工作表中引用数据区域，勾选“首行”和“最左列”复选框，单击“确定”按钮，如图 7-56 所示。“销售合计”工作表中随即出现合并后的数据。合并数据后左上角单元格是空白的，用户可手动输入标题，如图 7-57 所示。

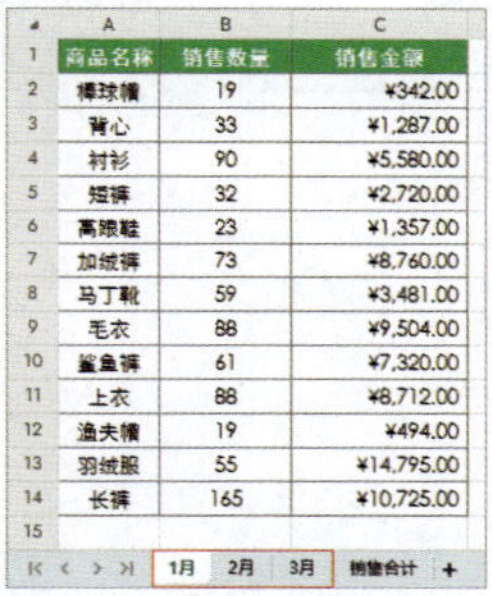

	A	B	C
1	商品名称	销售数量	销售金额
2	棒球帽	19	¥342.00
3	背心	33	¥1,287.00
4	衬衫	90	¥5,580.00
5	短裤	32	¥2,720.00
6	高跟鞋	23	¥1,357.00
7	加绒裤	73	¥8,760.00
8	马丁靴	59	¥3,481.00
9	毛衣	88	¥9,504.00
10	鲨鱼裤	61	¥7,320.00
11	上衣	88	¥8,712.00
12	渔夫帽	19	¥494.00
13	羽绒服	55	¥14,795.00
14	长裤	165	¥10,725.00
15			

图7-55

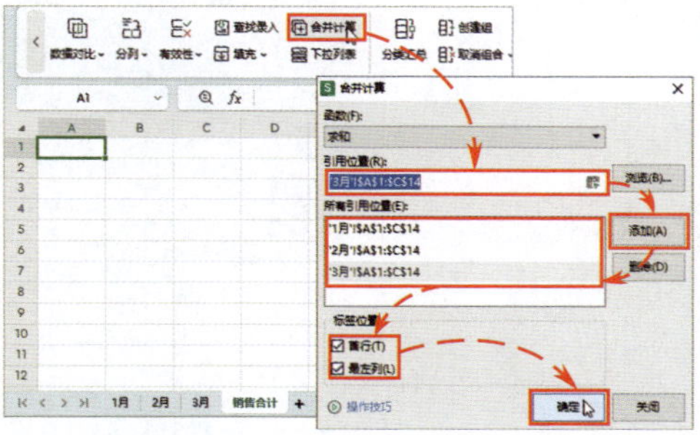

图7-56

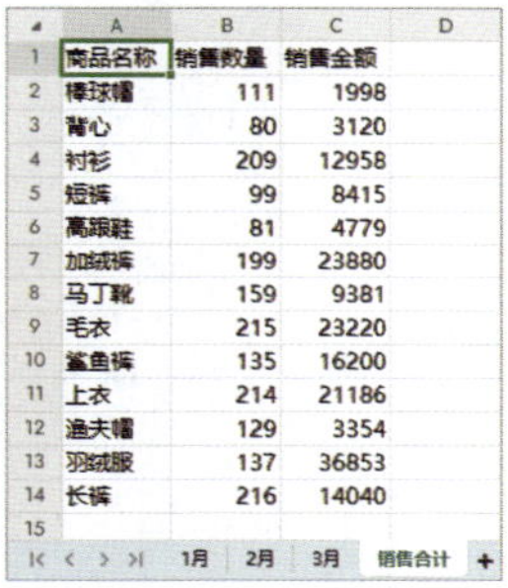

	A	B	C
1	商品名称	销售数量	销售金额
2	棒球帽	111	1998
3	背心	80	3120
4	衬衫	209	12958
5	短裤	99	8415
6	高跟鞋	81	4779
7	加绒裤	199	23880
8	马丁靴	159	9381
9	毛衣	215	23220
10	鲨鱼裤	135	16200
11	上衣	214	21186
12	渔夫帽	129	3354
13	羽绒服	137	36853
14	长裤	216	14040
15			

图7-57

7.5 公式与函数

WPS 表格中的公式是一种对工作表中的数据进行计算的等式，也是一种数学运算式。而函数则是预先编写的公式，可以对一个或多个值执行运算，并返回一个或多个值。函数可以简化和缩短工作表中的公式，尤其在用公式执行很长或复杂的计算时。函数不能单独使用，需要嵌入到公式中使用。

7.5.1 单元格的引用

在公式中，通常需要引用单元格中的数据进行计算，单元格的引用，又可分为相对引用、绝对引用、混合引用。下面分别对其进行介绍。

（1）相对引用

相对引用是指在公式中引用单元格的相对位置。“=A1”这种引用形式就是相对引用，如图 7-58 所示。相对引用的单元格会随着公式的移动自动改变引用的单元格地址。

例如，将单元格 C1 中的公式填充到 C2 中，公式就自动变成了“=A2”，如图 7-59 所示。

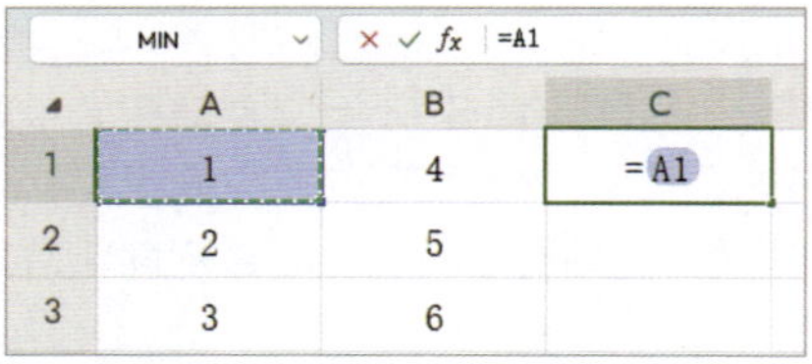

图7-58

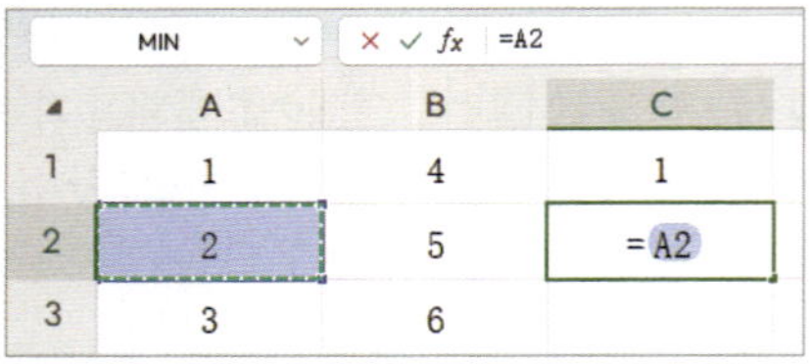

图7-59

（2）绝对引用

“=A1”这种引用形式是绝对引用，如图 7-60 所示。绝对引用使用“$”符号锁定了引用的单元格的行和列，不管将公式移动到什么位置，公式中的绝对引用单元格都不会变化，如图 7-61 所示。

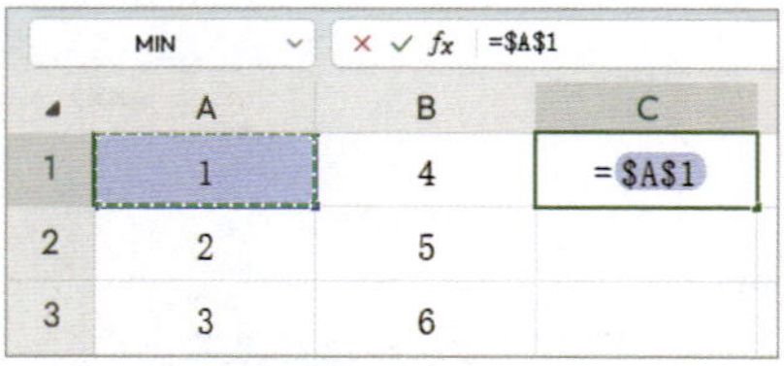

图7-60

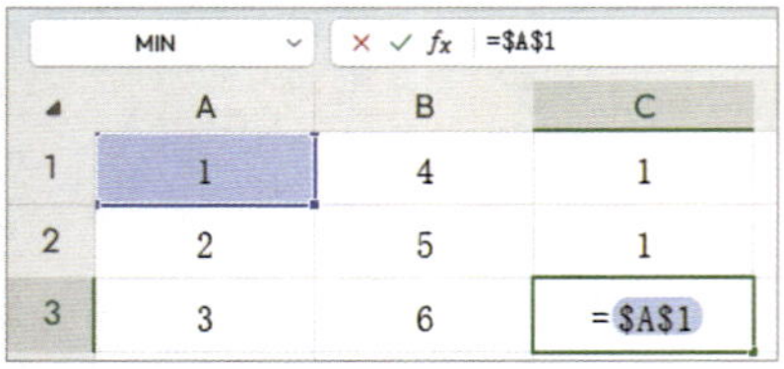

图7-61

（3）混合引用

既包含绝对引用又包含相对引用的引用方式称为混合引用，可分为绝对引用列相对引用行（例如“=$A1”）以及相对引用列绝对引用行（例如“=A$1”）这两种形式，如图 7-62、图 7-63 所示。混合引用的单元格当公式的位置发生变化时，前面有“$”符号的部分永远不会变化，只有前面没有“$”符号的部分会发生变化。

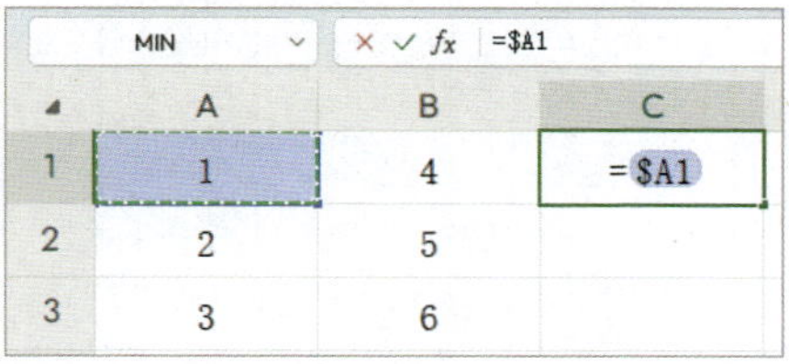

图7-62

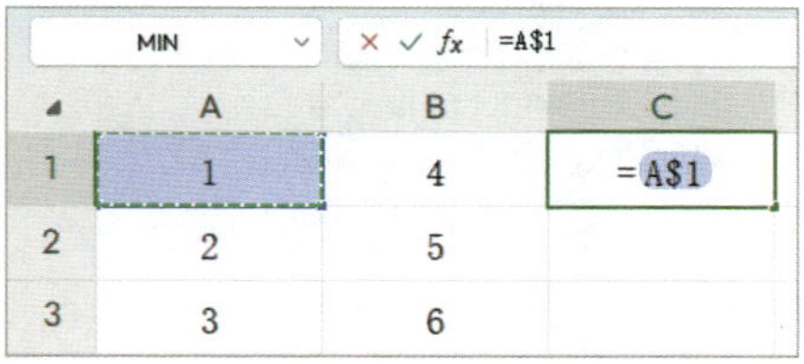

图7-63

操作技巧

使用【F4】键快可以速录入“$”符号。选中单元格名称按一次【F4】键输入绝对引用，按两次【F4】键输入相对列绝对行，按三次【F4】键输入绝对列相对行，按四次 F4 键恢复相对引用。

7.5.2 快速输入公式和函数

公式是运用数据常量、单元格引用、运算符以及函数等元素自由设计出能够计算处理数据的式子。下面介绍如何在单元格中输入公式。

（1）输入公式

选中 E2 单元格，输入“=”，然后在 C2 单元格上方单击，将该单元格引用到公式中，如图 7-64 所示。

继续手动输入乘号“*”，在 D2 单元格上方单击，将该单元格输入到公式中，如图 7-65 所示。

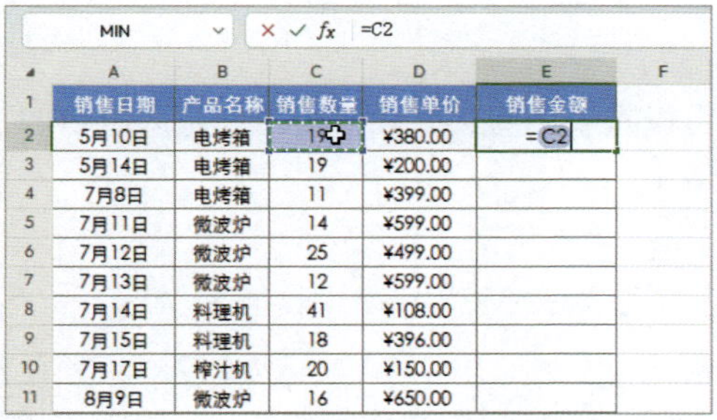

图7-64

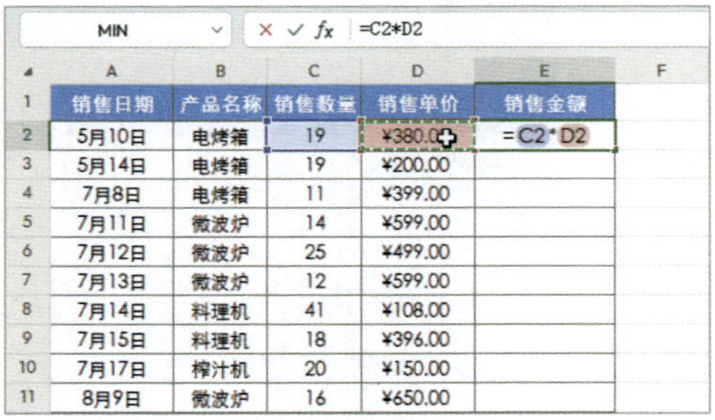

图7-65

公式输入完成后按【Enter】键，即可计算出结果，如图 7-66 所示。再次选中 E2 单元格，向下方拖动填充柄，即可将公式填充到其他需要进行相同计算的单元格区域中，如图 7-67 所示。

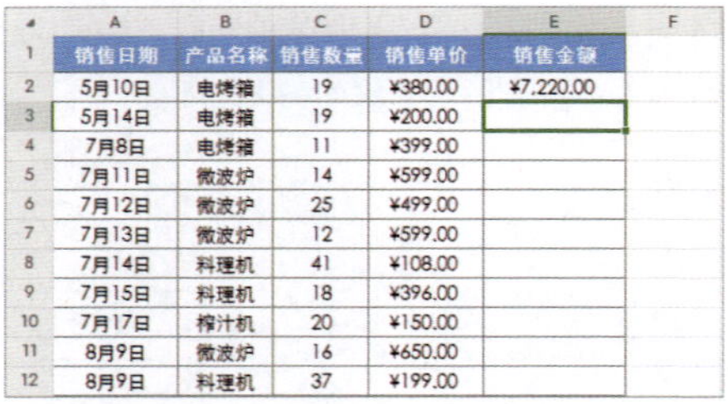

	A	B	C	D	E	F
1	销售日期	产品名称	销售数量	销售单价	销售金额	
2	5月10日	电烤箱	19	¥380.00	¥7,220.00	
3	5月14日	电烤箱	19	¥200.00		
4	7月8日	电烤箱	11	¥399.00		
5	7月11日	微波炉	14	¥599.00		
6	7月12日	微波炉	25	¥499.00		
7	7月13日	微波炉	12	¥599.00		
8	7月14日	料理机	41	¥108.00		
9	7月15日	料理机	18	¥396.00		
10	7月17日	榨汁机	20	¥150.00		
11	8月9日	微波炉	16	¥650.00		
12	8月9日	料理机	37	¥199.00		

图7-66

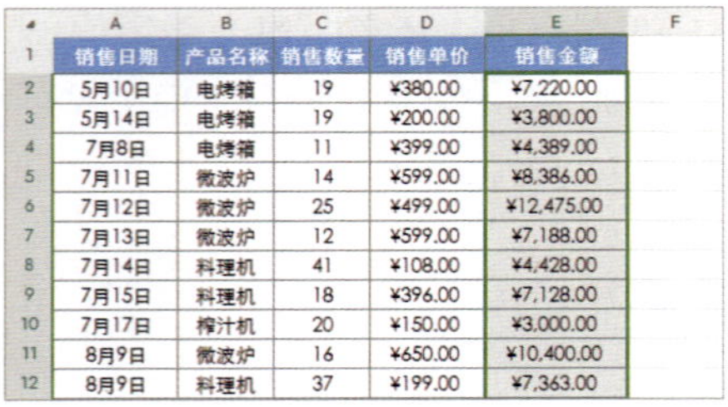

	A	B	C	D	E	F
1	销售日期	产品名称	销售数量	销售单价	销售金额	
2	5月10日	电烤箱	19	¥380.00	¥7,220.00	
3	5月14日	电烤箱	19	¥200.00	¥3,800.00	
4	7月8日	电烤箱	11	¥399.00	¥4,389.00	
5	7月11日	微波炉	14	¥599.00	¥8,386.00	
6	7月12日	微波炉	25	¥499.00	¥12,475.00	
7	7月13日	微波炉	12	¥599.00	¥7,188.00	
8	7月14日	料理机	41	¥108.00	¥4,428.00	
9	7月15日	料理机	18	¥396.00	¥7,128.00	
10	7月17日	榨汁机	20	¥150.00	¥3,000.00	
11	8月9日	微波炉	16	¥650.00	¥10,400.00	
12	8月9日	料理机	37	¥199.00	¥7,363.00	

图7-67

(2)输入函数

选中需要输入公式的单元格，输入等号和函数名称以及左括号，拖动鼠标选择单元格区域，所选单元格区域随即被设置为函数的参数，输入右括号完成公式的输入，最后按 Enter 键，公式随即返回计算结果，如图 7-68 所示。

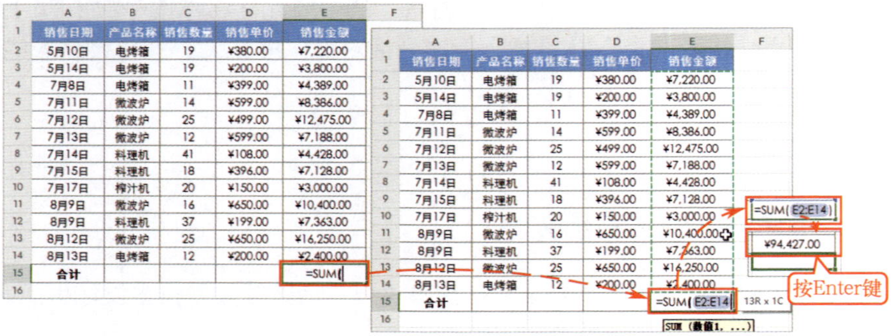

	A	B	C	D	E	F
1	销售日期	产品名称	销售数量	销售单价	销售金额	
2	5月10日	电烤箱	19	¥380.00	¥7,220.00	
3	5月14日	电烤箱	19	¥200.00	¥3,800.00	
4	7月8日	电烤箱	11	¥399.00	¥4,389.00	
5	7月11日	微波炉	14	¥599.00	¥8,386.00	
6	7月12日	微波炉	25	¥499.00	¥12,475.00	
7	7月13日	微波炉	12	¥599.00	¥7,188.00	
8	7月14日	料理机	41	¥108.00	¥4,428.00	
9	7月15日	料理机	18	¥396.00	¥7,128.00	
10	7月17日	榨汁机	20	¥150.00	¥3,000.00	
11	8月9日	微波炉	16	¥650.00	¥10,400.00	
12	8月9日	料理机	37	¥199.00	¥7,363.00	
13	8月12日	微波炉	25	¥650.00	¥16,250.00	
14	8月13日	电烤箱	12	¥200.00	¥2,400.00	
15	合计				=SUM(	
16						

图7-68

7.5.3 常用函数介绍

少量数据的计算利用简单的公式即可实现，但是如果对大量数据进行计算，使用函数将更加便捷。

下面介绍几种常用的函数。

(1)SUM 函数

SUM 函数是求和函数，通过 SUM 函数可以将单个值、单元格引用或是区域相加，或者将三者的组合相加。语法为：SUM（数值 1，...）。

(2)AVERAGE 函数

AVERAGE 函数用于计算参数的平均值。语法为：AVERAGE（数值 1，...）。

(3)MAX/MIN 函数

MAX 函数的作用是返回一组值中的最大值。MIN 函数的作用是返回一组值中的最小值。这两个函数的语法格式相同，语法为：MAX/MIN（数值 1，...）。

(4)IF 函数

IF 函数根据指定的条件来判断其真假，根据逻辑计算的真假值，返回相应的内容。语法为：IF（测试条件，真值，假值）。

操作技巧

通过“自动求和”功能可以快速实现求和、求平均值、求最大值或最小值等计算。该命令按钮保存在“公式”选项卡中，如图 7-69 所示。

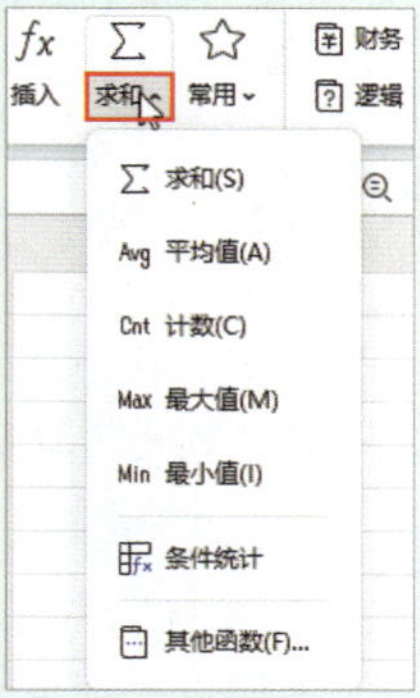

图7-69

7.6 根据数据创建图表

为了让工作表中的数据可以更加直接形象地表现出来，可以通过将数据转化为图表的方式来传达。下面介绍如何创建图表、编辑图表以及美化图表。

7.6.1 创建图表

常见的图表类型包括柱形图、折线图、饼图、条形图、面积图等。用户可根据需要选择要创建的图表类型。

选中数据表中的任意一个单元格。打开“插入”选项卡，单击“全部图表”按钮，如图 7-70 所示。

弹出“插入图表”对话框，选择好需要插入的图表类型和图表样式，单击“插入预设图表”按钮即可插入该图表，如图 7-71 所示。

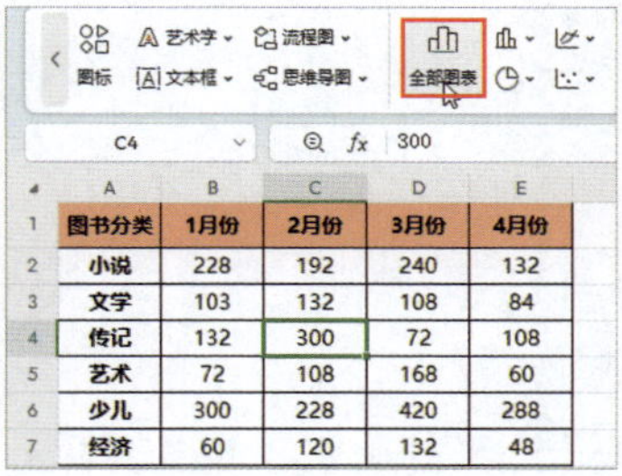

图书分类	1月份	2月份	3月份	4月份
小说	228	192	240	132
文学	103	132	108	84
传记	132	300	72	108
艺术	72	108	168	60
少儿	300	228	420	288
经济	60	120	132	48

图7-70

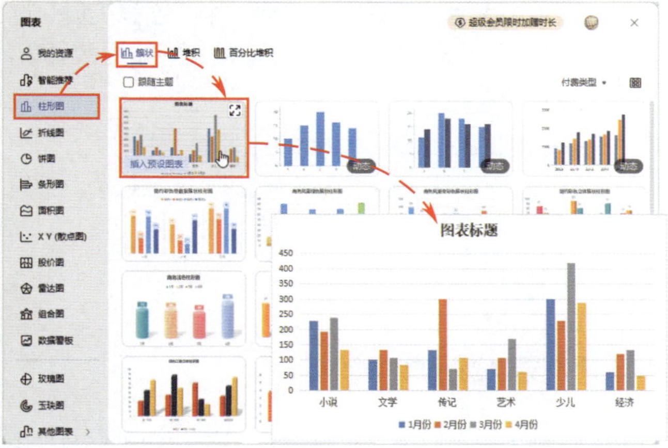

图7-71

7.6.2 编辑图表

插入图表后，还可以对图表进行适当编辑和美化，例如设置图表标题，添加或删除图表元素，快速更改图表布局、更改图表类型、切换行列等。

（1）更改图表标题

选中图表标题，将光标定位于标题文本框中，删除默认标题内容，重新输入新的标题即可，如图 7-72 所示。

（2）设置图表元素

选中图表，单击图表右上角“图表元素”按钮，在展开的列表中勾选复选框，可向图表中添加相应元素；反之，取消勾选复选框可删除对应元素，如图 7-73 所示。

（3）快速布局

在图表元素列表中切换到“快速布局”界面，单击需要的布局选项即可为当前图表应用该布局，如图 7-74 所示。

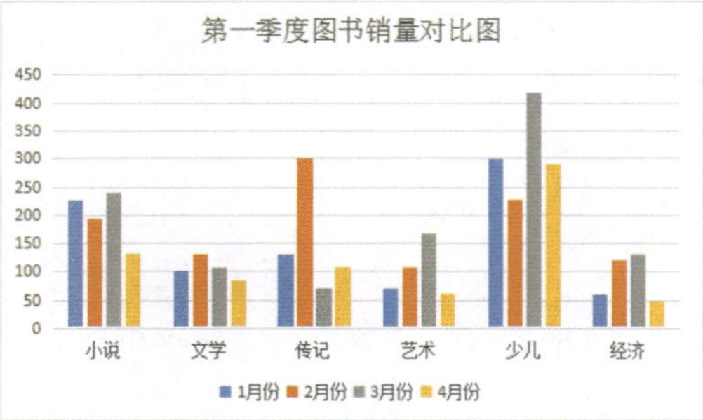

图7-72

图7-73

图7-74

操作技巧

选中图表后功能区中会出现一个“图表工具”选项卡，通过该选项卡中的命令按钮也可对图表进行一系列设置，例如更改图表类型、切换图表行列等，如图 7-75 所示。

图7-75

7.6.3 美化图表

用户创建图表后不仅可以编辑图表，还可以对图表进行适当的美化，使图表看起来更加美观。

（1）更改图表样式和颜色

选中图表，在“图表工具”选项卡中的图表样式列表右侧单击 ▾ 按钮，在展开的列表中的“基础图表预设”组内可以选择需要的图表样式，如图 7-76 所示。

在“基础图表预设”组中单击“选择预设系列配色”右侧下拉按钮，在展开的列表中还可以重新设置图表的颜色，如图 7-77 所示。

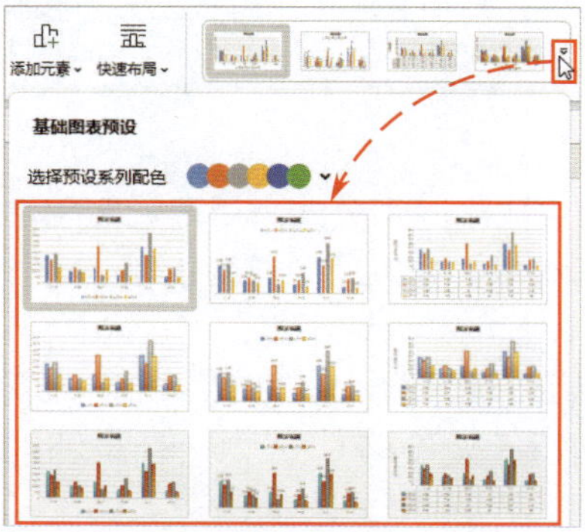

图7-76

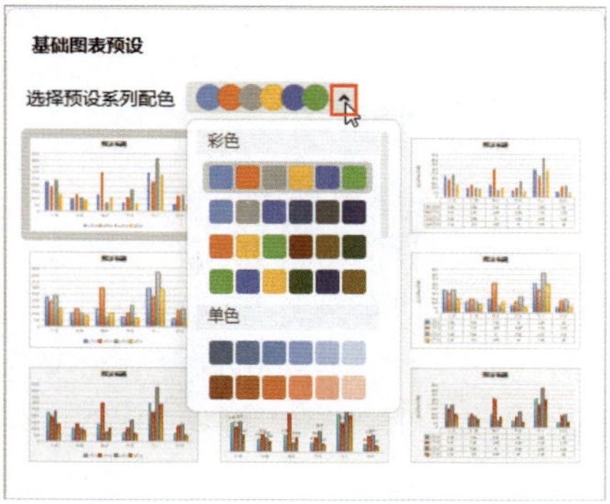

图7-77

（2）设置图表背景

在图表空白处右击，在展开的菜单中选择“设置图表区域格式”选项，如图 7-78 所示。

工作表右侧随机打开“属性”窗格，在“图表选项”界面中的“填充与线条”组内即可设置图表的背景效果，用户可以设置纯色填充背景、渐变填充背景、图片或纹理填充背景等，如图 7-79 所示。

若要为图表添加图片背景，则选择“图片或纹理填充”单选按钮，单击“请选择图片”下拉按钮，选择“本地文件”选项，随后从计算机中选择好需要的图片即可，如图 7-80 所示。

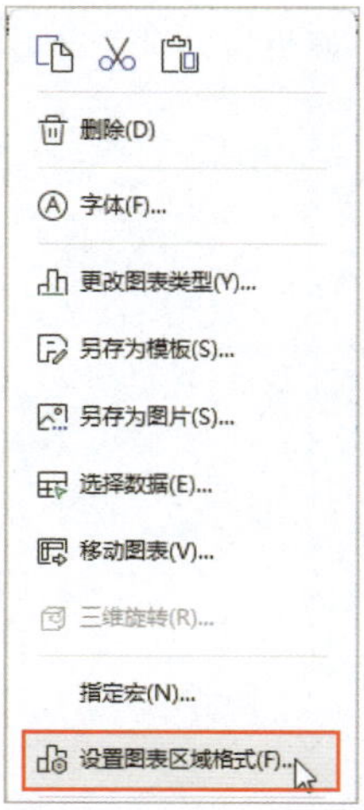

图7-78

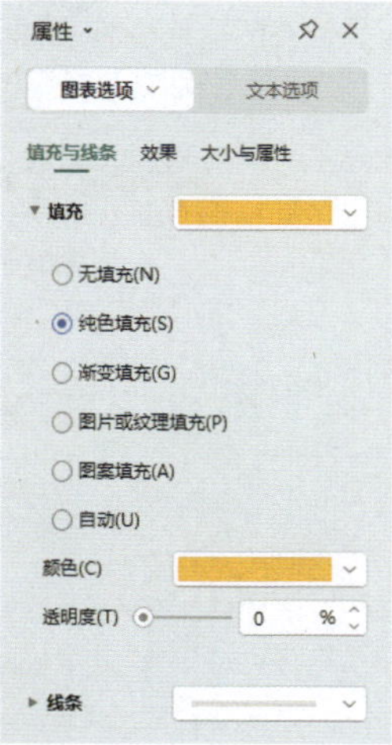

图7-79

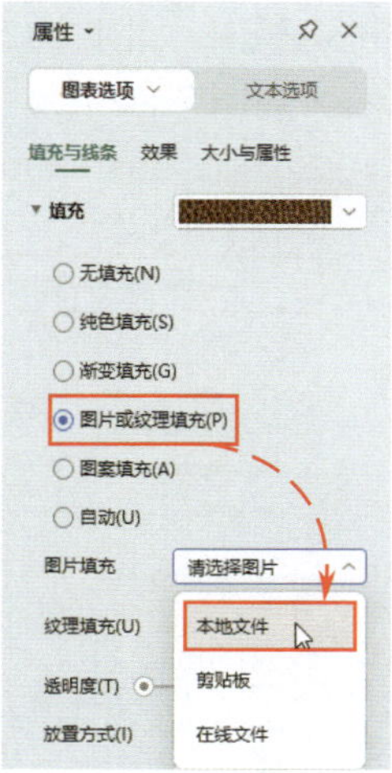

图7-80

7.7 AI数据智能处理

WPS AI 具备强大的数据分析能力。它可以根据用户的需求，自动对表格数据进行分类、汇总、计算等操作，帮助用户快速获取所需的信息和结论。同时，WPS AI 还能提供可视化报告，将复杂的数据以图表的形式展示，使用户更直观地了解数据分布和趋势。

7.7.1 AI写公式

WPS AI 能够根据用户的指令和需求，自动生成相应的公式。用户无需手动编写复杂的公式，只需告诉 WPS AI 想要达到的计算结果，公式便会自动生成。这种智能化和自动化的特性大大提高了工作效率，减少了用户的学习成本。

假设需要计算指定商品的销售金额总和，可以选中需要输入公式的单元格，在功能区中单击“WPS AI”按钮，打开“WPS AI”窗格，单击“AI 写公式”按钮，如图 7-81 所示。

图7-81

工作表中随即弹出 AI 工具栏，输入“计算 C 列商品名称为智能手表的销售金额总和”，单击 > 按钮，如图 7-82 所示。AI 工具栏中随即自动编写公式，单击“对公式的解释”按钮，如图 7-83 所示。

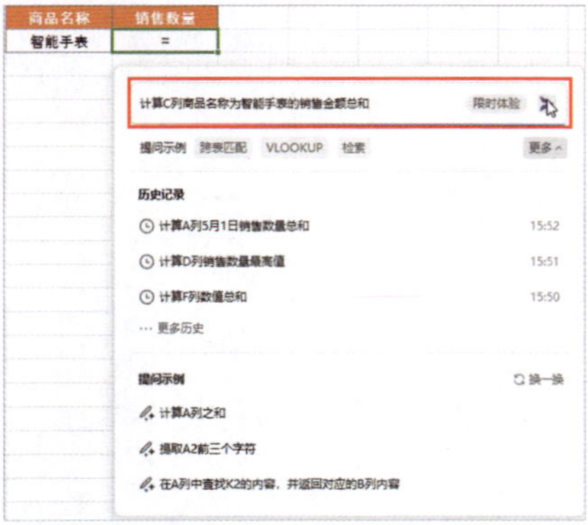

图7-82

图7-83

AI 工具栏中随即展开对当前公式的意义、函数以及参数的作用的详细解释，单击“完成”按钮，可以应用 AI 所编写的公式，所选单元格中自动返回计算结果，如图 7-84 所示。

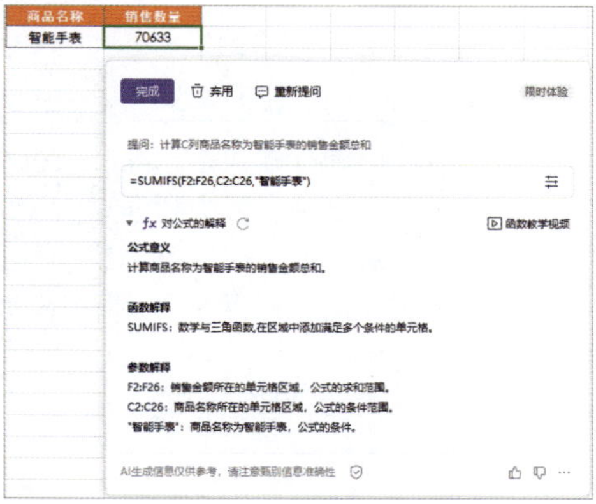

图7-84

7.7.2　一句话搞定数据分析

WPS AI 在数据分析方面的优势主要体现在智能化分析、自动分析与处理表格数据。只需要编辑一句话，WPS AI 便可自动执行相应操作。

假设需要筛选出销售表中金额最大的前 10 条销售记录。可以在功能区中单击“WPS AI”按钮，打开“WPS AI”窗格，单击“对话操作表格”按钮，如图 7-85 所示。

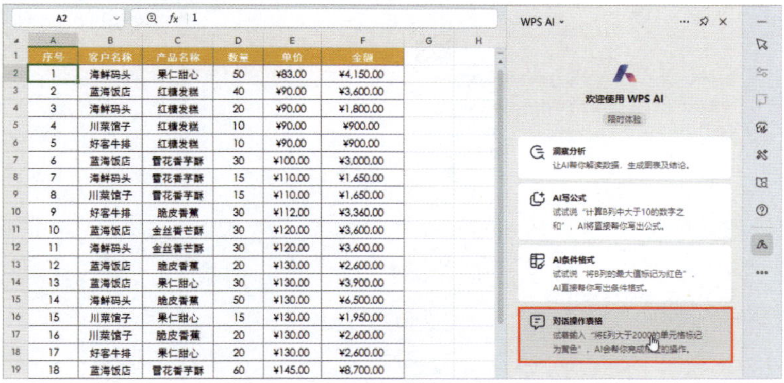

图7-85

打开“对话操作表格”界面，在编辑栏中输入“筛选 F 列金额前 10 名”，单击 > 按钮，工作表中的数据随即自动分析输入的内容完成相应筛选，在窗格中单击“完成”按钮，确认该操作即可，如图 7-86 所示。

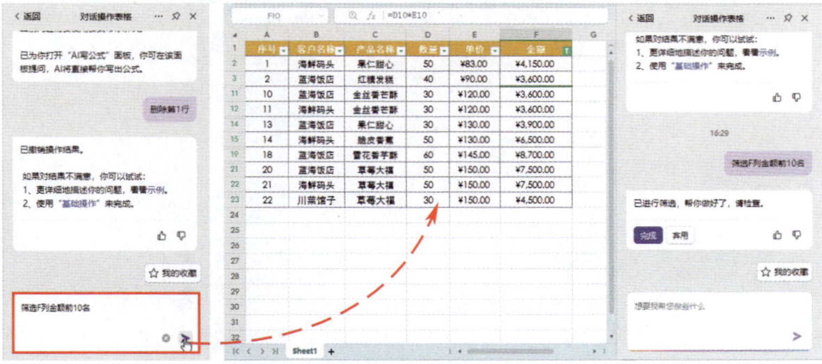

图7-86

7.7.3 设置条件格式

WPS AI 在执行条件格式方面提供了一种智能且高效的方式，让用户能够轻松地对文档中的数据进行格式化，提升数据可视性和可读性。

假设现在需要将表格中利润率大于 70% 的单元格突出显示。可以在功能区中单击“WPS AI”按钮，打开“WPS AI”窗格，单击“AI 条件格式”按钮，弹出“AI 条件格式”工具栏，输入“将 E 列利润率大于 70% 的单元格标记成黄色”，单击 > 按钮，如图 7-87 所示。

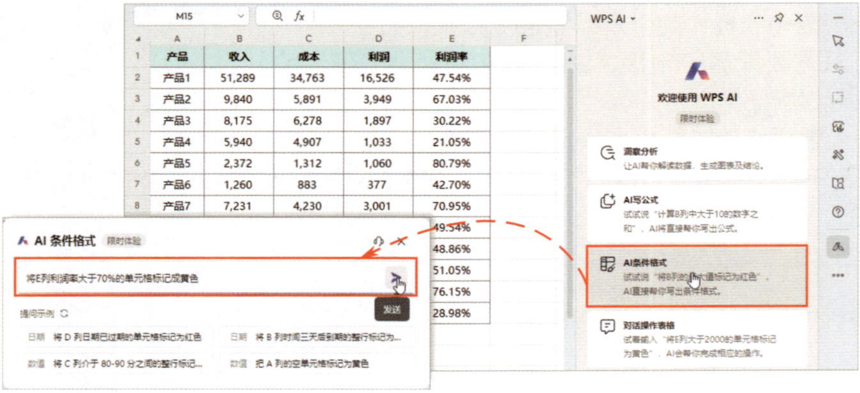

图7-87

“AI 条件格式”工具栏中随即显示引用的区域、规则以及默认的单元格格式。此处可以单击“格式”按钮，在展开的列表中重新选择一个满意的格式，最后单击“完成”按钮即可，如图 7-88 所示。

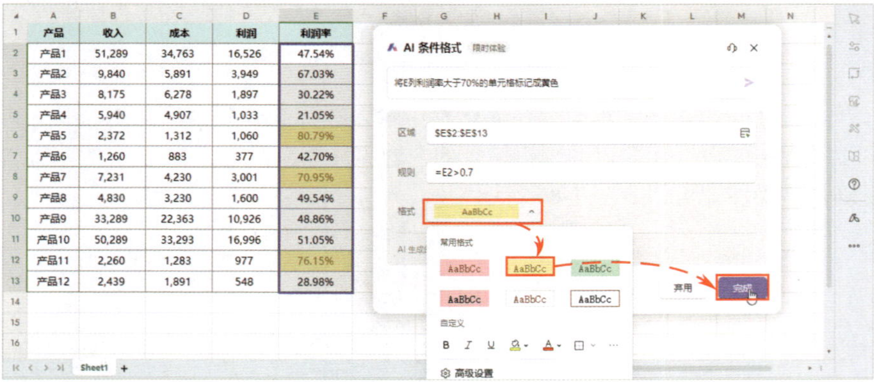

图7-88

7.7.4 数据智能洞察分析

当面对复杂的数据源时，WPS AI 功能可以瞬间洞察数据，全面对数据进行分析，并生成直观的分析报告。

使用 WPS Office 打开想要分析的数据表，在工具栏中单击“WPS AI”按钮，打开“WPS AI”窗格，单击“洞察分析”按钮，如图 7-89 所示。

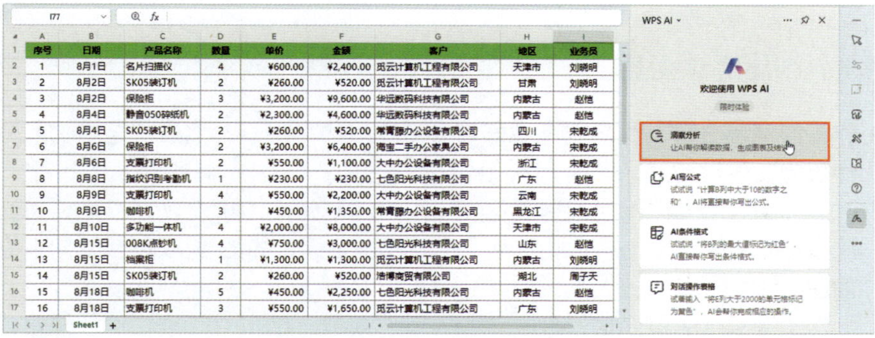

序号	日期	产品名称	数量	单价	金额	客户	地区	业务员
1	8月1日	名片扫描仪	4	¥600.00	¥2,400.00	觅云计算机工程有限公司	天津市	刘晓明
2	8月2日	SK05装订机	2	¥260.00	¥520.00	觅云计算机工程有限公司	甘肃	刘晓明
3	8月2日	保险柜	3	¥3,200.00	¥9,600.00	华远数码科技有限公司	内蒙古	赵信
4	8月4日	静音050碎纸机	2	¥2,300.00	¥4,600.00	华远数码科技有限公司	内蒙古	赵信
5	8月4日	SK05装订机	2	¥260.00	¥520.00	常青藤办公设备有限公司	四川	宋乾成
6	8月6日	保险柜	2	¥3,200.00	¥6,400.00	海宝二手办公家具公司	内蒙古	宋乾成
7	8月6日	支票打印机	2	¥550.00	¥1,100.00	大中办公设备有限公司	浙江	宋乾成
8	8月8日	指纹识别考勤机	1	¥230.00	¥230.00	七色阳光科技有限公司	广东	赵信
9	8月9日	支票打印机	4	¥550.00	¥2,200.00	大中办公设备有限公司	云南	宋乾成
10	8月9日	咖啡机	3	¥450.00	¥1,350.00	常青藤办公设备有限公司	黑龙江	宋乾成
11	8月10日	多功能一体机	4	¥2,000.00	¥8,000.00	大中办公设备有限公司	天津市	宋乾成
12	8月15日	008K点钞机	4	¥750.00	¥3,000.00	七色阳光科技有限公司	山东	赵信
13	8月15日	档案柜	1	¥1,300.00	¥1,300.00	觅云计算机工程有限公司	内蒙古	刘晓明
14	8月15日	SK05装订机	2	¥260.00	¥520.00	浩博商贸有限公司	湖北	周子天
15	8月18日	咖啡机	5	¥450.00	¥2,250.00	七色阳光科技有限公司	内蒙古	赵信
16	8月18日	支票打印机	3	¥550.00	¥1,650.00	觅云计算机工程有限公司	广东	刘晓明

图7-89

窗格中随即生成对当前工作表数据的各项洞察分析结果，如图 7-90 所示。单击“数据详情”或“更多分析”按钮，可以查看更详细的相关分析，如图 7-91 所示。另外，用户还可以在窗格底部单击“获取 AI 洞察结论”按钮，生成洞察分析报告，如图 7-92 所示。

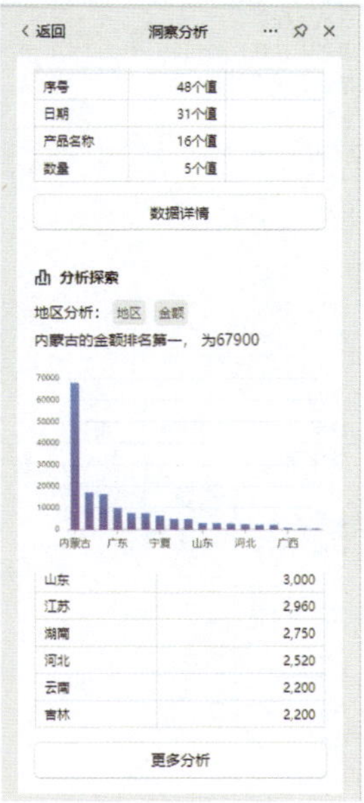

图7-90

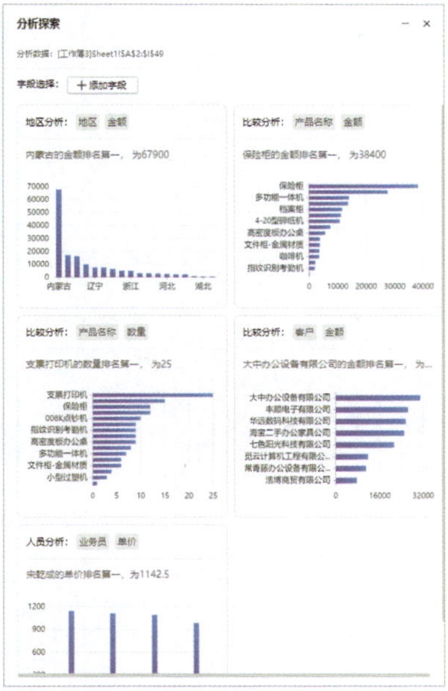

图7-91

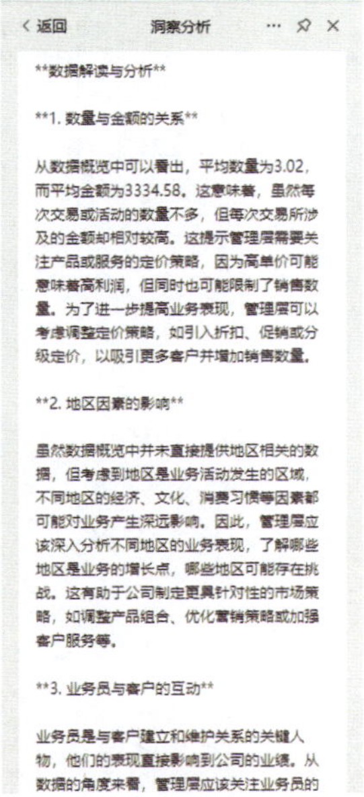

图7-92

7.8 制作旅游清单

很多人在旅行之前因为没有做足充分的准备，总是一通手忙脚乱，等到了目的地才发现，不是这个忘记准备了就是那个没有带。如果在出行之前制作一份详细的旅游清单，就可以解决上述问题，轻松出行。

下面将制作这样的一份旅游清单。

7.8.1 创建清单内容

制作旅游清单之前，用户要考虑好需要带哪些物品出行，然后将这些物品分类记录在工作表中。

Step01：在工作表中输入基本内容，选中 B3 单元格，输入数字“1”，将光标放在 B3 单元格右下角，当光标变成黑色十字时双击鼠标，如图 7-93 所示，向下方填充序号，如图 7-94 所示。

Step02：选中 D3 单元格，打开“插入”选项卡，单击“符号”下拉按钮，从展开的列表中单击“□”符号，如图 7-95 所示。

双击 D3 单元格填充柄，向下方填充该符号，如图 7-96 所示。

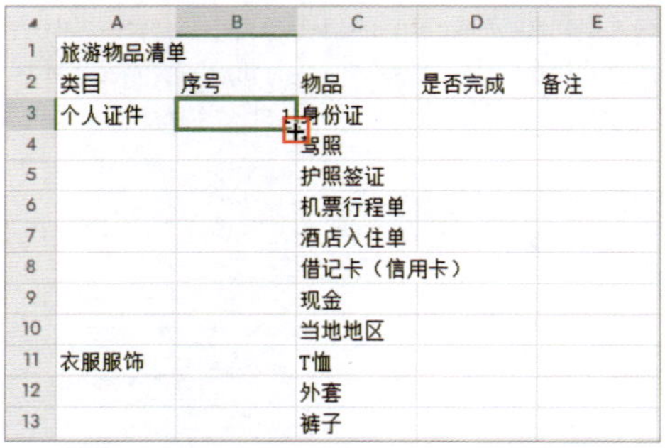

图7-93

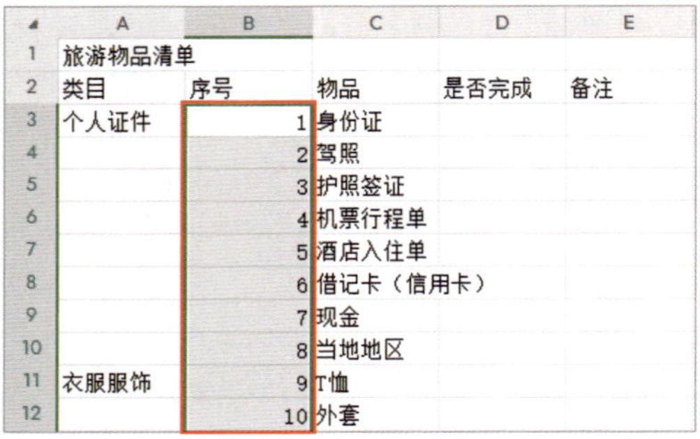

图7-94

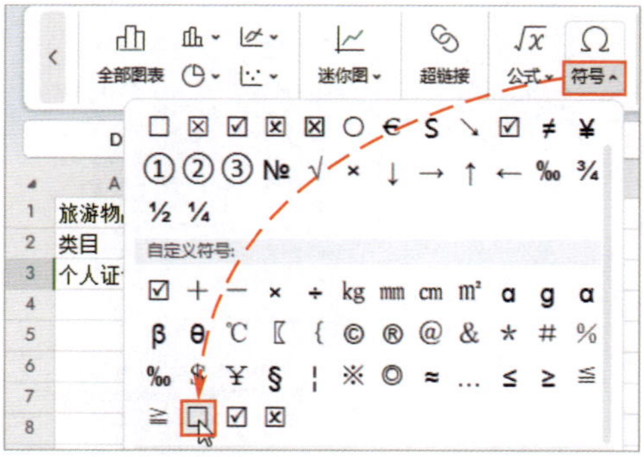

图7-95

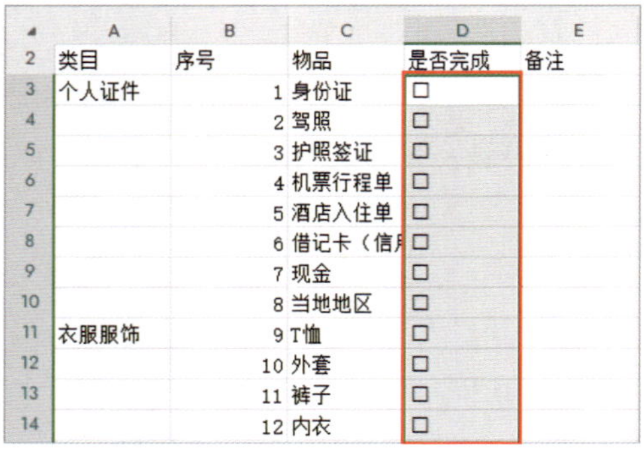

图7-96

7.8.2 美化清单表格

旅游清单中的数据输入完成后可以进行适当的美化，使清单看起来更漂亮。

Step01：选中 A1：E1 单元格区域，打开“开始”选项卡，单击“合并单元格”

下拉按钮，在展开的列表中选择“合并居中”选项，合并表格标题，如图 7-97 所示。随后选择 A3：A30 单元格区域，再次单击“合并单元格”下拉按钮，在下拉列表中选择“合并相同单元格”选项，如图 7-98 所示。

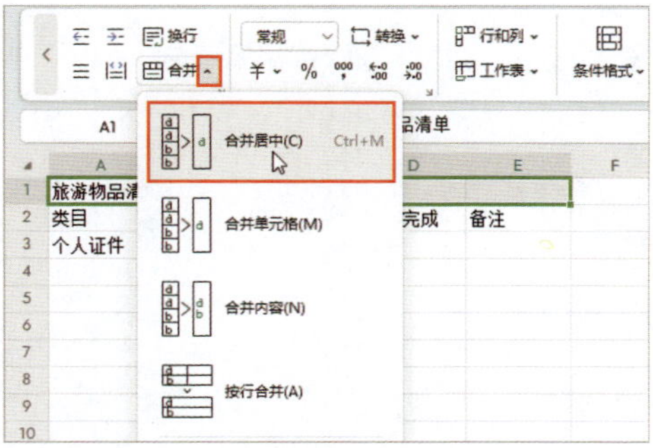

图7-97

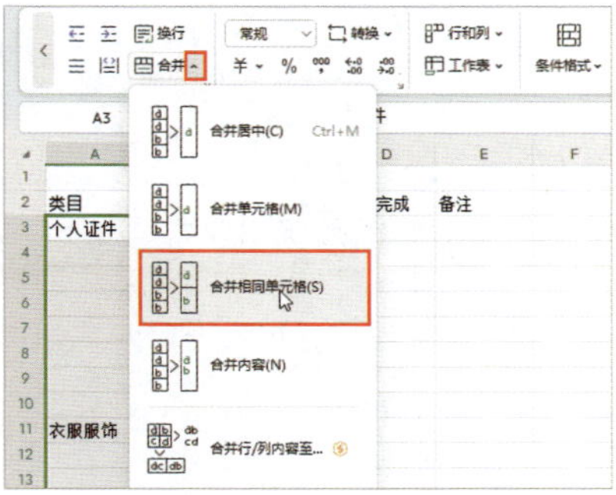

图7-98

Step02：将光标放在 B 列列标右侧，当光标变成双向箭头时按住鼠标左键，向左拖动鼠标，如图 7-99 所示。松开鼠标，B 列的宽度随即得到了调整，随后调整其他列的宽度，如图 7-100 所示。行高的调整方法相同。

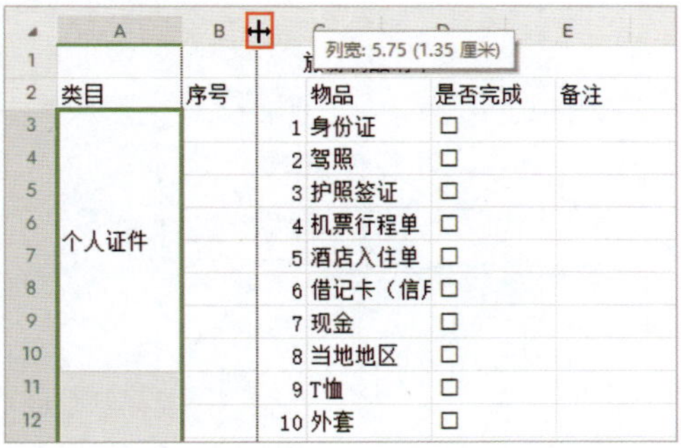

图7-99

图7-100

Step03：选中表格中的所有数据，在开始选项卡中将字体设置成“幼圆”，如图 7-101 所示。选中标题，将字号设置成“20”，并加粗显示，如图 7-102 所示。

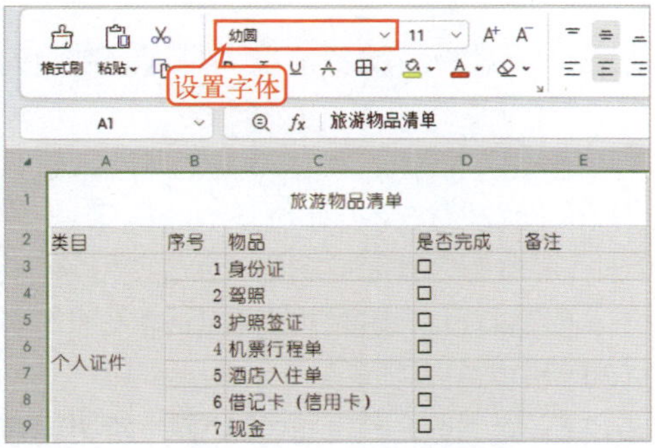

图7-101

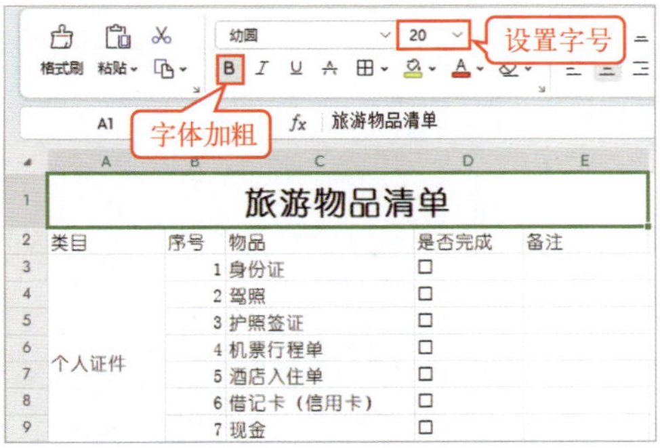

图7-102

Step04：选中 A2：E2 单元格区域，在“开始”选项卡中单击“水平居中”按钮，如图 7-103 所示。随后将 A3：A30、B3：B30 以及 D3：D30 单元格区域中的内容设置成水平居中，如图 7-104 所示。

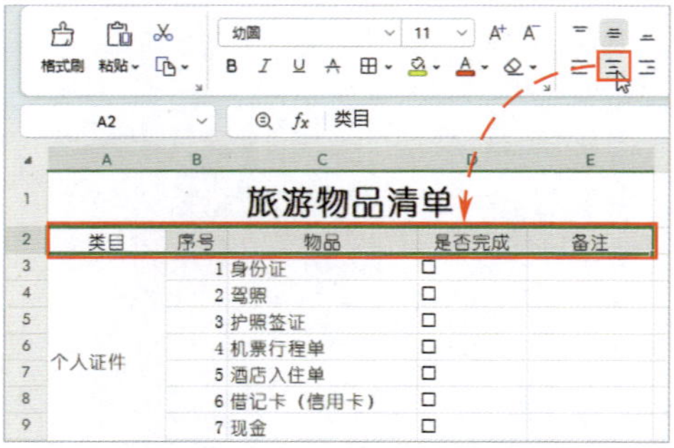

图7-103

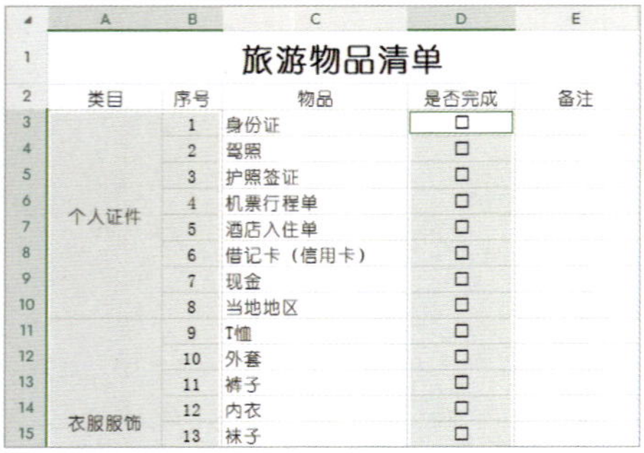

图7-104

Step05：选中 A2：E2 单元格区域，设置填充色为“钢蓝，着色 5，浅色 40%”，将字体颜色设置成白色，加粗显示，如图 7-105 所示。选中 A2：E30 单元格区域，在“开始”选项卡中单击框线下拉按钮，在展开的列表中选择“所有框线”选项，如图 7-106 所示。

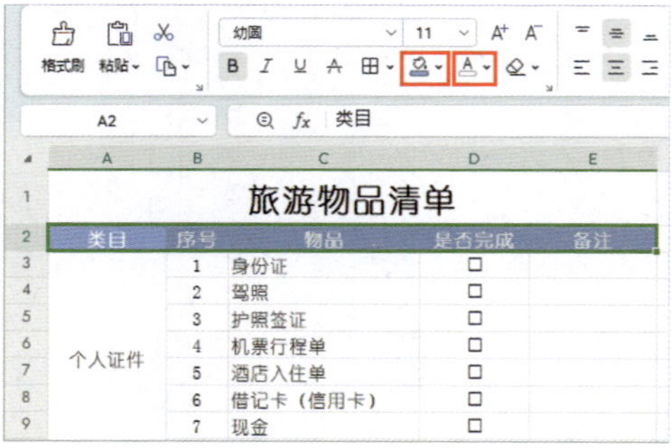

图7-105

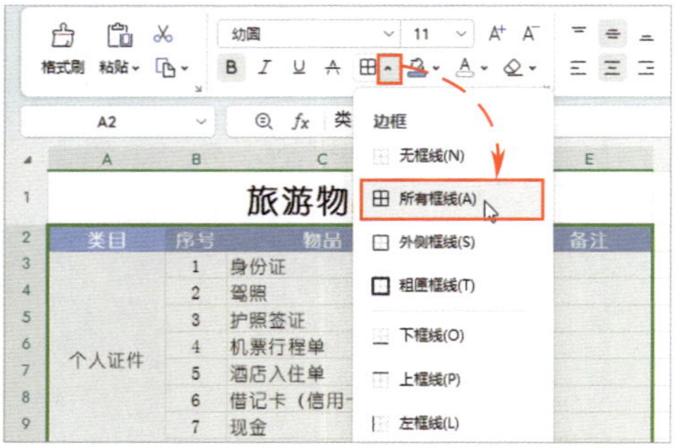

图7-106

7.8.3 打印旅游清单

旅游清单制作完成后可以将其打印出来，以便核对物品准备情况。打印之前可对页面进行适当设置。

Step01：打开“页面”选项卡，单击“打印预览”按钮，如图 7-107 所示，进入打印预览界面，在“打印设置”窗格中单击“页面设置”按钮，如图 7-108 所示。

Step02：打开“页面设置”对话框，切换到“页边距”界面，勾选“水平”复选框，单击“确定”按钮，如图 7-109 所示。返回打印预览界面，此时旅游物品清单即可在打印预览界面内水平居中显示，效果如图 7-110 所示。

Step03：所有打印参数设置完成后，单击“打印”按钮即可打印表格，若要退出打印预览模式，可以单击“退出预览”按钮，如图 7-111 所示。

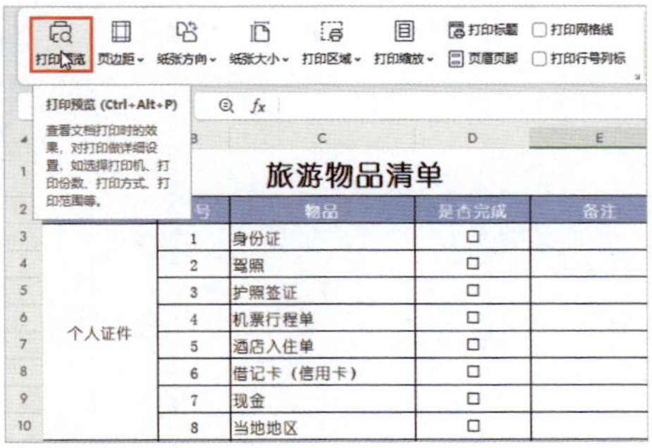

图7-107

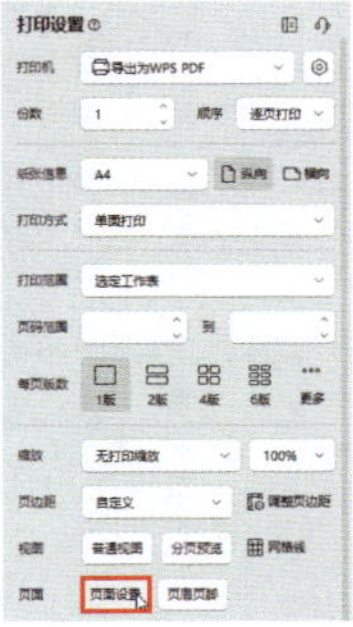

图7-108

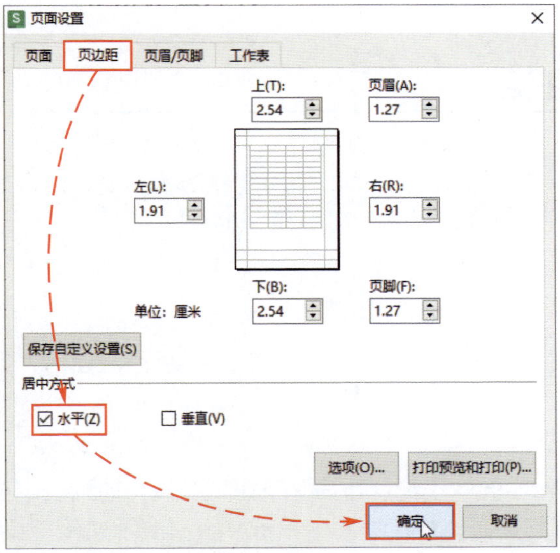

图7-109

图7-110

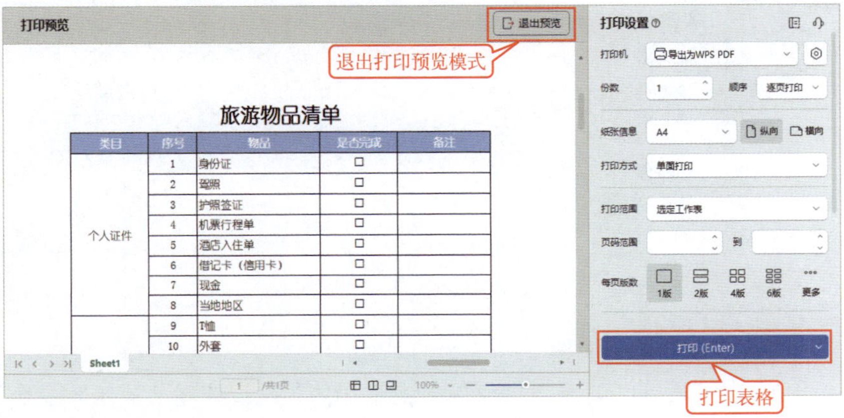

图7-111

第 8 章

演示文稿的设计与制作

扫码看视频

8.1 创建和编辑演示文稿

本节将向用户介绍演示文稿制作的基本操作，例如如何创建演示文稿、幻灯片的基本操作以及文字、图片、声音和视频这 4 个基本元素的简单运用。

8.1.1 创建演示文稿

利用 WPS 演示功能创建演示文稿的方法有很多，最常用的有两种，分别为新建空白演示文稿和根据模板创建演示文稿。

（1）新建空白演示文稿

启动 WPS Office 软件后，在初始界面中单击“新建”按钮，在展开的列表中单击“演示”按钮，打开“新建演示文稿”页面，在该页面中单击“空白演示文稿”按钮，即可新建一份空白演示文稿，如图 8-1 所示。

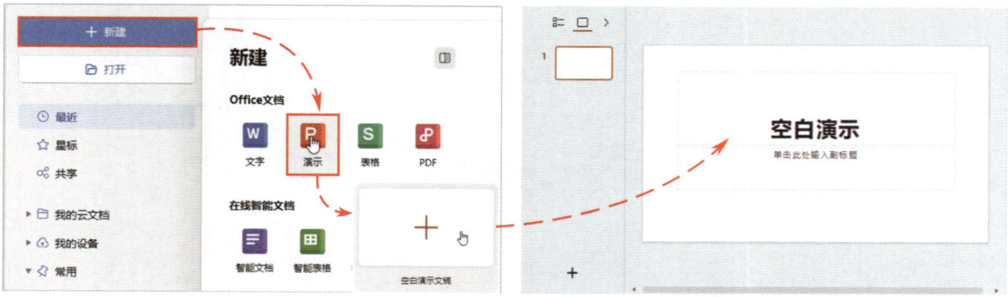

图8-1

（2）根据模板创建演示文稿

利用 WPS 演示还可以创建带有模板的演示文稿。执行新建“演示”命令，打开“新建演示文稿”页面，在该页面的左侧选择模板类型，随后选择一个合适的模板，即可下载并打开该模板演示文稿，如图 8-2 所示。

图8-2

新手误区

在模板界面中凡是带有“ ”标志的模板，仅供会员免费使用。非会员用户选择带有“ ”标志的模板即可。选择免费模板后，用户需要先登录 WPS 软件账号才可使用。

除以上两种创建操作外，用户还可以在相关的 PPT 模板网站中下载合适的模板进行创建。当然，下载模板后，通常都需要对模板内容进行一番调整，例如删除多余的幻灯片，调整文字内容、图片大小等，这些操作在本章中都会进行相关介绍。

8.1.2 WPS AI一键生成PPT

WPS AI 的一键生成 PPT 功能具有提高制作效率、保证设计质量、个性化定制以及智能推荐与辅助等优势，能够更高效地制作高质量的 PPT 作品。

（1）生成大纲

WPS AI 会根据输入的主题先生成一份完整的大纲，然后再选择合适的模板创建 PPT。下面介绍具体操作方法。

在 WPS Office 中执行新建“演示”命令，在打开的“新建演示文稿”页面中单击“智能创作”按钮，系统随即新建一份演示文稿，并弹出 WPS AI 编辑栏，输入主题“海洋环保社会公益宣传”，单击“生成大纲”按钮，如图 8-3 所示。

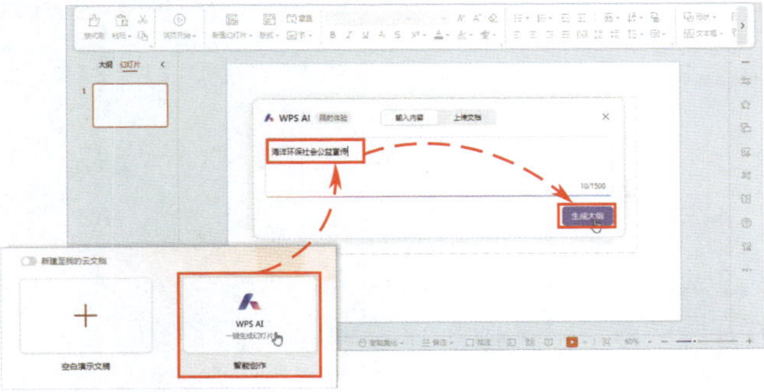

图8-3

WPS AI 随即自动生成一份大纲，单击窗口右上角的“收起正文”或“展开正文”按钮，可以收起或展开大纲，以便对大纲的详情和结构进行浏览，如图 8-4 所示。

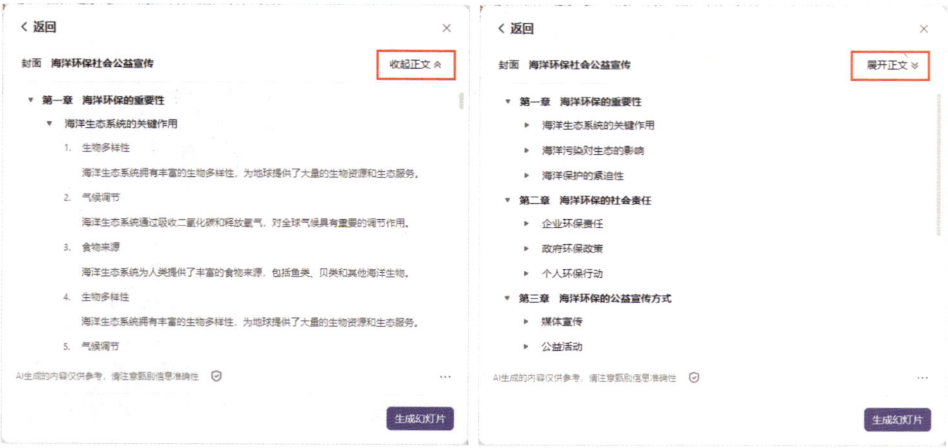

图8-4

（2）生成 PPT

根据输入的主题生成大纲后，在窗口中单击“生成幻灯片”按钮，随后选择一个合适的模板，单击“创建幻灯片”按钮。WPS AI 随即根据所选模板以及大纲内容自动生成一份完整的 PPT，如图 8-5 所示。

图8-5

8.1.3　幻灯片的基本操作

演示文稿创建完成后，接下来的操作几乎都要在各张幻灯片中进行，例如设置幻灯片大小以及新建、删除、复制、移动幻灯片等。

（1）设置幻灯片大小

创建好演示文稿后，如果想要更改其幻灯片的大小，可以在菜单栏中切换到“设计”选项卡，单击“幻灯片大小”下拉按钮，选择“自定义大小”选项，打开“页面设置”对话框，将“幻灯片大小”选项设为“自定义”，并设置好“宽度”和“高度”值，单击“确定”按钮，在“页面缩放选项”对话框中单击“确保适合”按钮即可，如图 8-6 所示。

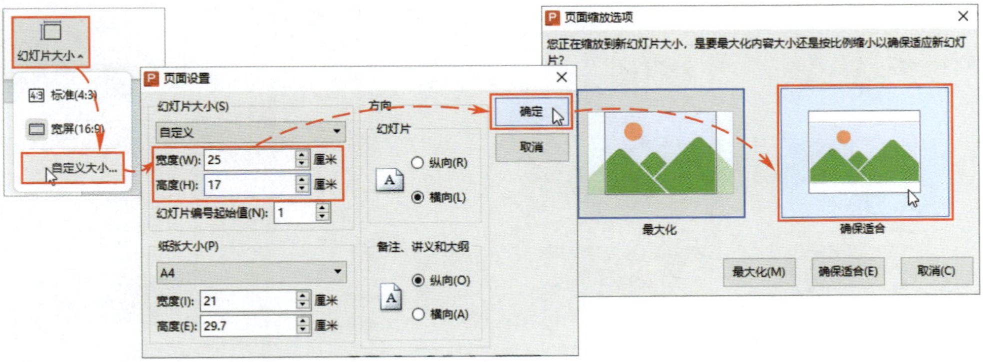

图8-6

操作技巧

目前幻灯片默认尺寸为宽屏（16：9），用户可以根据放映场地的需求来调整尺寸，一般情况下只需在“幻灯片大小”列表中选择“标准（4：3）”或“宽屏（16：9）”即可。

（2）新建和删除幻灯片

在制作幻灯片内容时，用户经常会根据内容调整幻灯片的页数，如果页数不够，则需要新建幻灯片，那么用户只需在导航栏中选中所需的幻灯片，单击“新建幻灯片”按钮，打开“新建单页幻灯片”对话框，在版式界面中选择所需的幻灯片版式，被选幻灯片下方随即新建一页相应版式的幻灯片，如图 8-7 所示。

如果想要删除多余的幻灯片，只需选中该幻灯片，按【Delete】键即可。

（3）移动和复制幻灯片

如果用户想要调整各幻灯片间的位置，可以对幻灯片进行移动操作。选中所需的幻灯片，按住鼠标左键不放，将其拖拽至新位置，放开鼠标左键即可，如图 8-8 所示。

如果想要复制幻灯片，只需选中幻灯片，单击鼠标右键选择“复制幻灯片”选项，然后指定好新位置，再次单击鼠标右键，单击“粘贴”按钮即可，如图 8-9 所示。

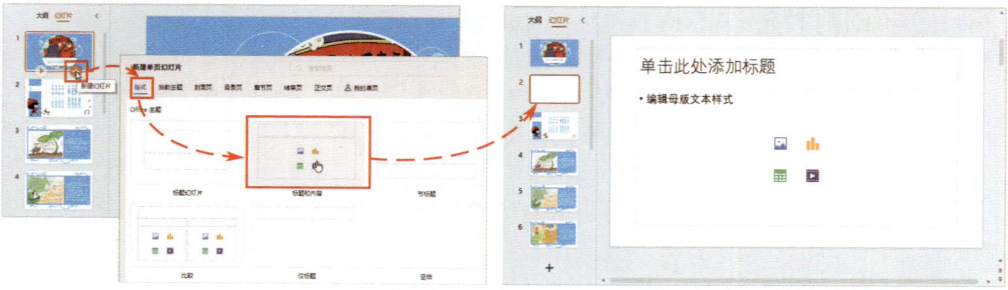

图8-7

图8-8

图8-9

（4）选择幻灯片浏览模式

在 WPS 演示中幻灯片的浏览模式共分 4 种，分别为普通、幻灯片浏览、阅读视图和备注页。

- 普通模式：幻灯片默认的浏览模式，用户可以通过左侧导航栏浏览幻灯片，也可以直接单击编辑区中任意位置，滑动鼠标中键来浏览幻灯片。
- 幻灯片浏览：在状态栏中，单击“幻灯片浏览”按钮 即可启动浏览模式。该模式会显示该演示文稿中所有幻灯片，如图 8-10 所示。
- 阅读视图：也称之为放映视图，在状态栏中单击“阅读视图”按钮后，随即切换到该视图模式，如图 8-11 所示。该模式可用于浏览演示文稿的整体效果。
- 备注页模式：在“视图”选项卡中，单击“备注页”按钮即可切换到备注页视图模式。该视图扩展了备注区域，隐藏导航栏，压缩了幻灯片编辑区。用户可在备注栏中输入备注信息，如图 8-12 所示。

新手误区

在放映演示文稿时，备注页中的信息内容是不会显示的。

图8-10

图8-11

图8-12

8.1.4 在幻灯片中添加文字

在演示文稿中添加幻灯片后，还需要适当地在幻灯片中添加和编辑文字以阐述主题，下面分别介绍如何添加文本、编辑文本、设置文本段落格式。

（1）输入普通文本

在幻灯片中用户是无法直接输入文字内容的（除复制文本外），必须要通过文本框或占位符等载体才可以输入。

在新建一张幻灯片后，用户可以看到“单击此处添加标题”等虚线框，即为文本占位符。单击该占位符，即可输入文本内容，如图 8-13 所示。

图8-13

如果是下载的模板文件，想更改其中的文本内容，只需选中该文本后，输入新文本内容即可，如图 8-14 所示。

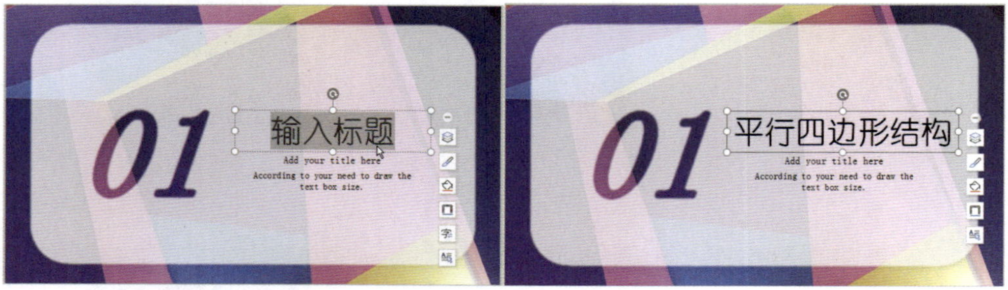

图8-14

（2）输入特殊文本

在幻灯片中想要输入一些特殊文本，例如商标符号、数学符号、化学符号等一些特殊文字，可以通过“符号”功能来解决。

将光标定位至文本插入点，选择“插入”选项卡单击“符号”下拉按钮，从中选择所需的符号文本，随即在光标处即可插入该符号，如图 8-15 所示。

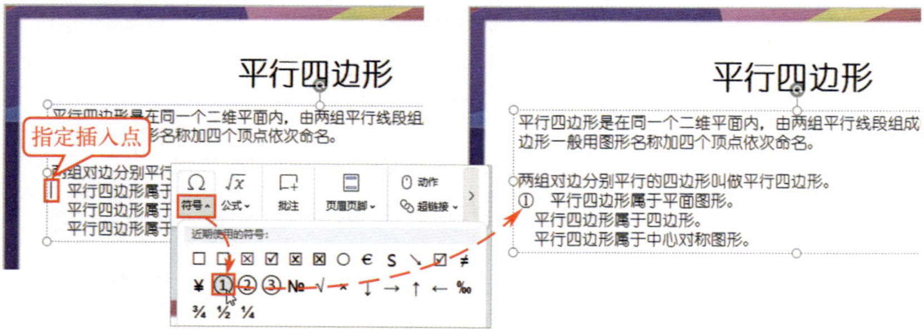

图8-15

操作技巧

如果用户在“符号”列表中没有找到所需的符号，可在列表中选择“其他符号”选项，在打开的“符号”对话框中进行选择，选择好后单击“插入”按钮即可插入，如图 8-16 所示。

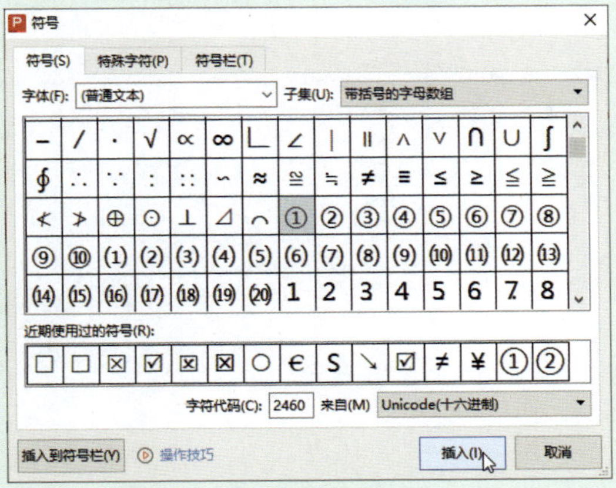

图8-16

（3）设置文本格式

文字输入完成后，通常都需要对文本的基本格式进行设置，例如设置字体、字号、颜色以及其他一些格式效果。

在幻灯片中选择要设置的文本，在“文字工具”选项卡中单击“字体”下拉按钮，从中可以选择合适的字体；单击“字号”下拉按钮，可以设置文本的大小；单击“字体颜色”按钮，可以设置其颜色，如图 8-17 所示。

图8-17

除此之外，还可以将文本加粗、倾斜显示，也可以为其添加下划线，设置文字阴影等。这些设置选项都可以通过单击相应的设置命令进行操作。同时还可以单击设置面板右侧下三角按钮，打开“字体”对话框，从中对字体格式进行更具体的设置，如图 8-18 所示。

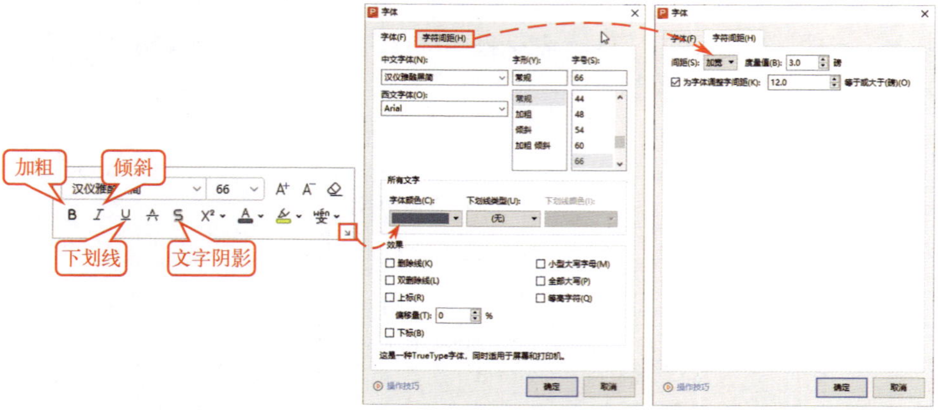

图8-18

操作技巧

用户还可以通过悬浮的选项面板进行文本格式的设置。选中文字后，系统会在文本右上方显示浮动的格式面板，在该面板中同样可以进行相关设置。

（4）设置段落格式

选中文本段落后，在“文本工具”选项卡中可以对段落进行设置，例如设置段落的对齐方式、段落行距、段落文字方向、添加项目符号、项目编号等，如图 8-19 所示。

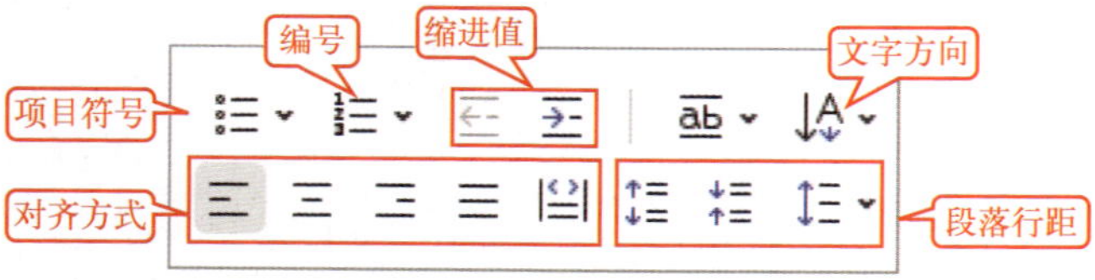

图8-19

单击“项目符号”或“编号”下拉按钮，可打开相应的下拉列表，从中选择合适的符号和编号样式，如图 8-20、图 8-21 所示。单击选项卡右下角的三角按钮，则会打开“段落”对话框，从中可对段落进行详细设置，如图 8-22 所示。

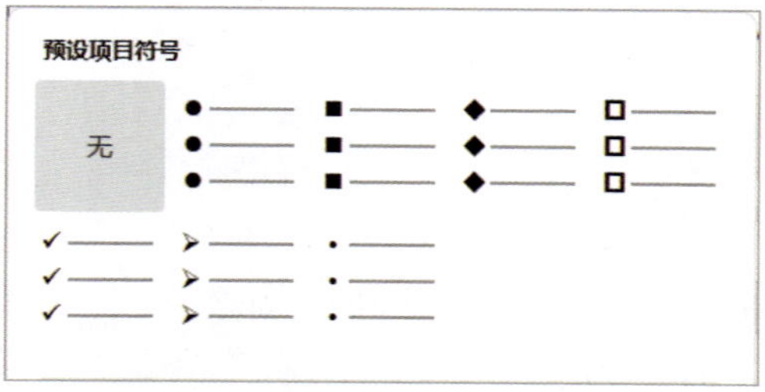

图8-20

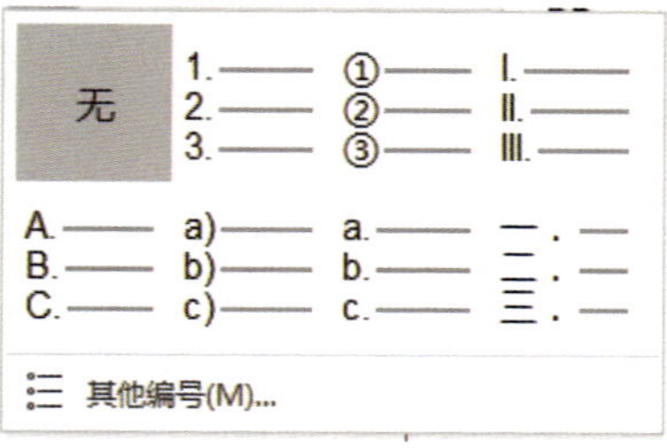

图8-21

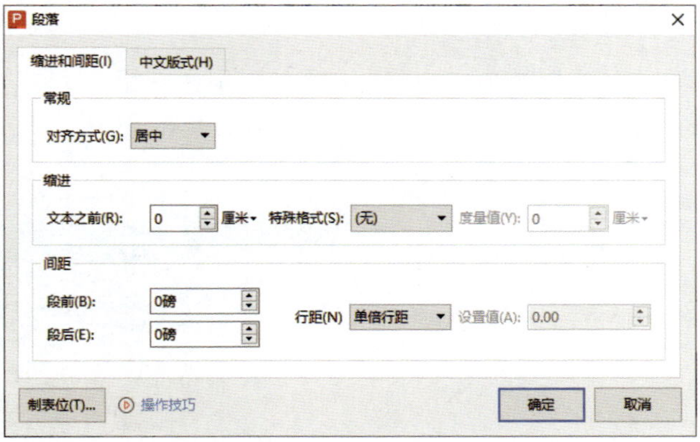

图8-22

（5）使用艺术字输入

对于演示文稿中诸如标题、重点文本、结尾语等文本，可以通过艺术字的形式来体现，既能美化页面，又可以增强视觉感受。

选择所需幻灯片，在“插入”选项卡中单击“艺术字”下拉按钮，从中选择一款艺术字样式，此时在页面中会显示“请在此处输入文字”艺术字样式。在此输入新文字内容，然后根据需要调整其字体、字号。也可通过“文本填充”“文本轮廓”或“文本效果”这 3 项命令对其样式进行更改，如图 8-23 所示。

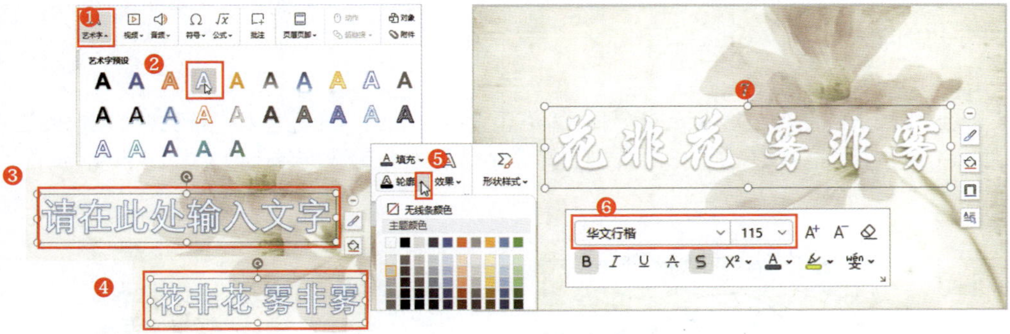

图8-23

操作技巧

在 WPS 演示中，用户还可以从“艺术字”下拉列表中选择合适的艺术字模板来插入。该操作简单、高效，可以避免用户二次设置调整。

8.1.5　在幻灯片中插入图片

演示文稿中除文字元素外，还需要使用图片元素来强调文字内容。本节介绍图片在幻灯片中的应用操作。

8.1.5.1 插入图片

选中幻灯片，在“插入”选项卡中单击“图片”下拉按钮，从中选择“本地图片”选项，在“插入图片”对话框中，选择要插入的图片，单击“打开”按钮，即可完成图片的插入，如图 8-24 所示。

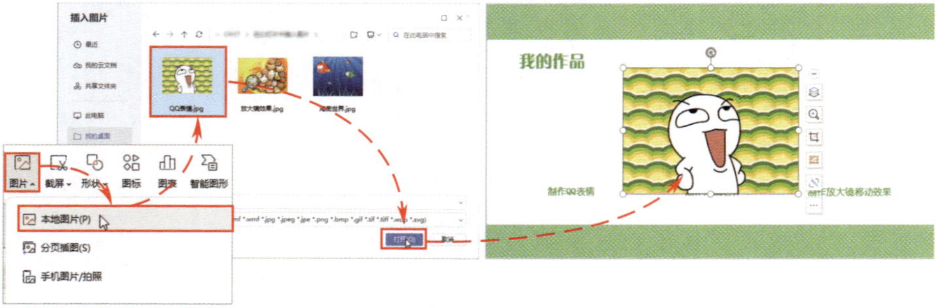

图8-24

如果没有现成的图片，需要自行寻找相关配图，用户可以使用 WPS 系统自带的一些插图插入。在“图片”下拉列表中选择合适插图类型即可。

8.1.5.2 编辑图片

通常图片插入以后，需要对图片的大小、样式进行一番调整。下面向用户介绍一些常用的图片编辑命令的操作。

(1) 调整图片大小

选中插入的图片，将光标放置于图片右下角控制点，当光标呈双向箭头时，如图 8-25 所示，按住鼠标左键不放，拖动控制点至合适位置，即可调整其大小，如图 8-26 所示。

图8-25

图8-26

操作技巧

选中图片，当光标呈十字形时，按住鼠标左键，拖动图片至合适位置，放开鼠标，即可移动图片。

（2）裁剪图片

选中图片后，图片右侧会显示相应的编辑工具栏。在该工具栏中单击“裁剪图片”按钮，此时该图片周边会出现裁剪点，选中其中一个裁剪点，如图 8-27 所示。按住鼠标左键不放，将裁剪点拖至合适的位置，放开鼠标，此时图片中暗色区域为要剪掉的区域，如图 8-28 所示。单击图片外任意点即可完成裁剪操作，如图 8-29 所示。

图8-27

图8-28

图8-29

除正常裁剪外，还可以将图片裁剪成各种形状，或者按照指定比例进行裁剪。选择“裁剪图片”工具后，系统会自动打开“按形状裁剪”和“按比例裁剪”快捷列表，如图 8-30、图 8-31 所示，在此可根据需求进行选择即可，图 8-32 所示的是将图片裁剪为云朵形状效果。

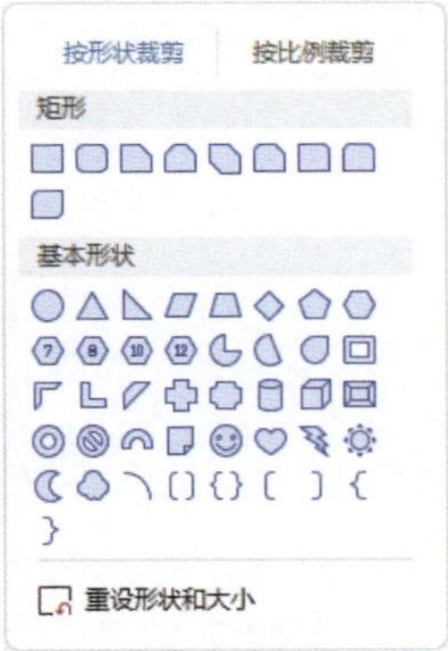

图8-30

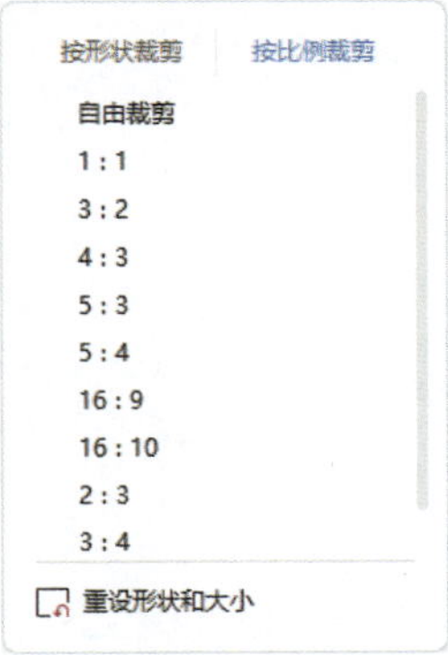

图8-31

图8-32

（3）更改图片亮度及图片样式

选中图片，在“图片工具”选项卡中，可以通过单击“增加对比度”、“降低对比度”、“增加亮度”、“降低亮度”等功能按钮来调整图片的亮度和对比度，图 8-33、图 8-34 所示为亮度调整前后的对比效果。

除此之外，还可以对图片的外观样式进行设置，例如设置图片的边框样式、边框颜色、图片的特殊处理效果等。选中图片，在“图片工具”选项卡中单击相应的功能按钮即可，如图8-35所示。

图8-33

图8-34

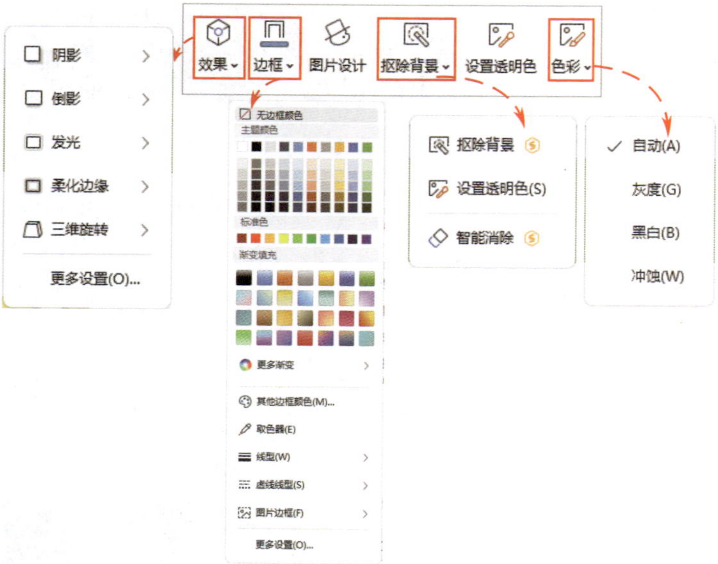

图8-35

8.1.6 在幻灯片中插入音视频

为了活跃气氛，可以在演示文稿中添加声音和视频元素。下面介绍如何在幻灯片中插入声音和视频。

（1）插入背景音乐

选中幻灯片，在“插入”选项卡中单击“音频”下拉按钮，选中“嵌入音频”选项，在打开的“插入音频”对话框中选择所需的音频文件，单击“打开”按钮，此时在幻灯片中会出现喇叭图标，说明音乐插入成功，如图 8-36 所示。

单击音频播放器中的“播放”按钮，即可试听插入的背景音乐。在“音频工具”选项卡中，用户可以对音频文件进行简单的编辑。

单击“裁剪音频”按钮，在打开的“裁剪音频”对话框中，选中开始或结束滑块，将其拖拽至合适位置，单击“确定”按钮，即可剪辑该音频，如图 8-37 所示。

图8-36

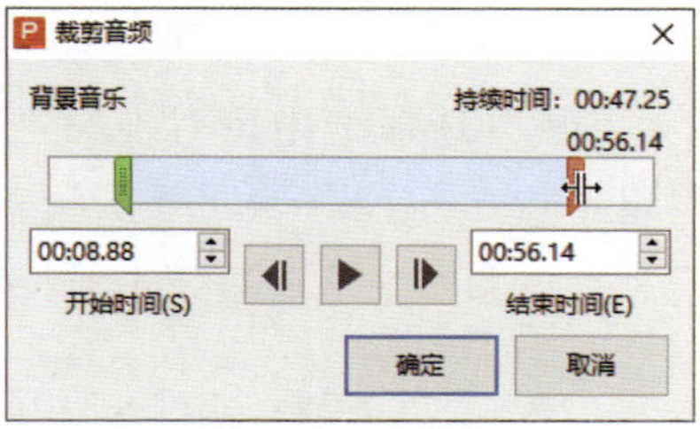

图8-37

背景音乐添加完成后，当前音乐只能在当前幻灯片中进行播放。一旦切换到其他幻灯片，音乐将停止。此时用户只需单击“设为背景音乐”按钮，这时音乐就会自动播放，并一直循环播放至幻灯片结束，如图 8-38 所示。当然用户还可以根据需求自定义开始播放的模式，例如指定在某几页幻灯片中进行播放等。

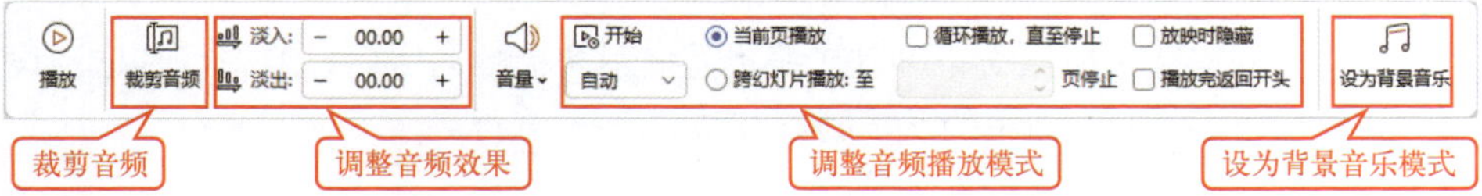

图8-38

（2）插入视频

想要在幻灯片中插入视频片段，其方法与插入音频的操作相似。在“插入”选项卡中单击“视频”下拉按钮，从中选择“嵌入视频”选项，在打开的“插入视频”对话框中选择要插入的视频文件，单击“打开”按钮，即可插入该视频，如图 8-39 所示。

操作技巧

默认情况下，在插入视频文件后，其视频将会全屏显示在幻灯片中。如果需要对其位置或大小进行调整，只需选中视频并将光标移至任意角点上，拖动角点至合适位置即可。

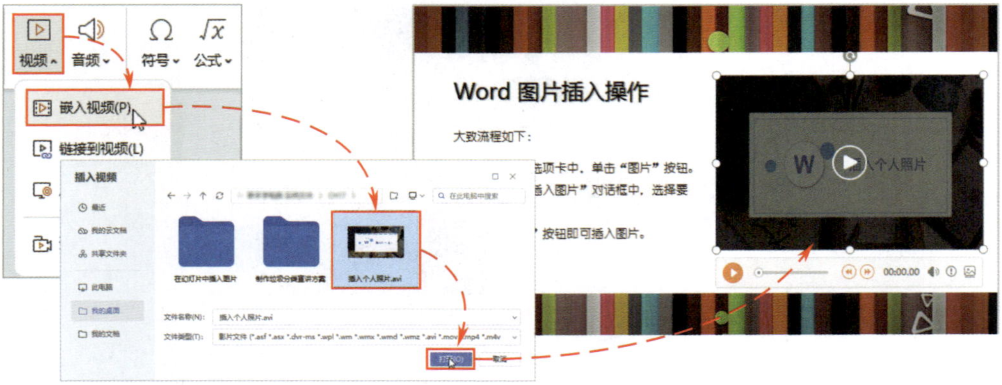

图8-39

视频插入后，在“视频工具”选项卡中可对视频进行编辑，例如剪辑视频、设置视频播放模式等，如图 8-40 所示，其操作与编辑音频相似，这里就不再介绍了。

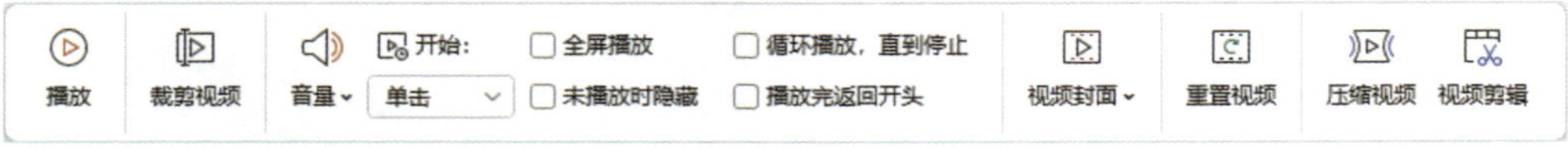

图8-40

8.2 添加动画效果

为了让演示文稿更加生动，可以在编辑完演示文稿的内容后，给幻灯片适当设置一些动画效果。本节介绍简单的动画制作方法。

8.2.1 基本动画的添加

按照不同类型动画可分为进入和退出动画、强调动画、路径动画这 4 种。其中进入和退出动画是搭配使用的，只有先进入，再退出，这样的动画顺序不能乱；否则动画就会显得很不真实。

（1）进入动画

进入动画可以让对象从幻灯片页面外以固定的方式进入到幻灯片。在幻灯片中选中要添加的动画元素，在“动画”选项卡中单击“动画”列表下拉按钮，从中选择“进入”动画项，选择一款合适的进入动画即可，如图 8-41 所示。

切入动画添加完成后，系统会自动播放其动画效果。当然用户也可以在“动画”选项卡中单击“预览效果”按钮，预览动画。

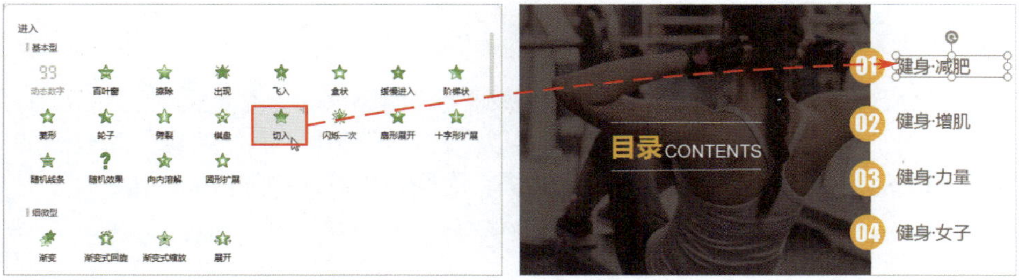

图8-41

操作技巧

为幻灯片添加动画后，在导航栏中就会显示动画图标☆。单击该动画图标，在编辑区中会播放当前幻灯片中所有动画，如图 8-42 所示。

图8-42

（2）退出动画

退出动画与进入动画相反，它是将对象从幻灯片中以固定的方式退出幻灯片的一个动作效果。在制作退出动画时，一般是在进入动画的效果上制作的，所以需使用“添加效果”功能。

选中刚添加的进入动画项，在“动画”选项卡中单击“动画窗格”按钮，打开相应的窗格，单击“添加效果”下拉按钮，选择“退出”动画中的“切出”效果。在该窗格中单击“方向”下拉按钮，从中选择“到顶部”选项，可以更改它切出的方向，设置完成后，即可预览切出动画效果，如图 8-43 所示。

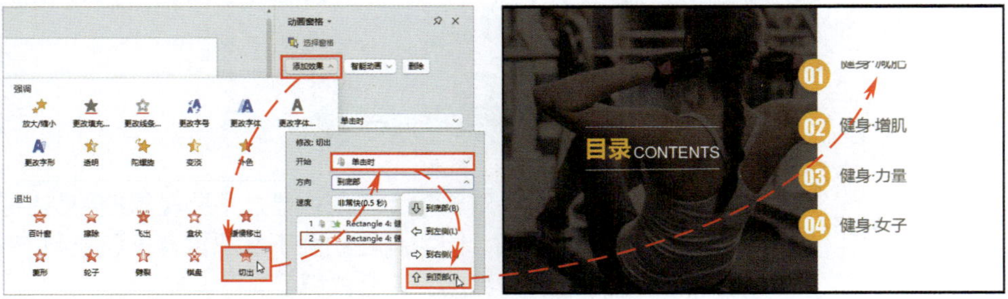

图8-43

新手误区

“添加效果”功能是在原有的动画基础上，再添加另一个动画。也就是说，当前对象上添加了两个动画效果。如果以上操作不使用“添加效果”功能添加退出动画的话，那只会播放一个退出动画，而原有的进入动画将被替代。

（3）强调动画

在幻灯片中想要强调某个内容，可以为其添加强调动画。选中所需的元素，在“动画”列表的“强调”选项组中，选择合适的效果即可，如图 8-44 所示。

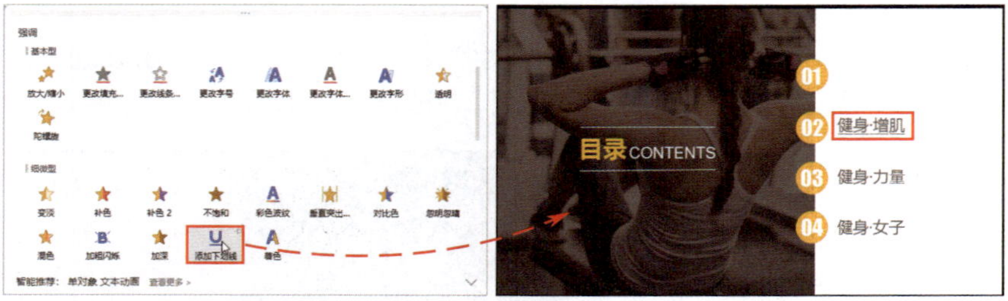

图8-44

强调动画添加好后，用户可以在“动画窗格”中调整该动画的速度。单击“速度”下拉按钮，从中选择合适的速度参数即可，如图 8-45 所示。

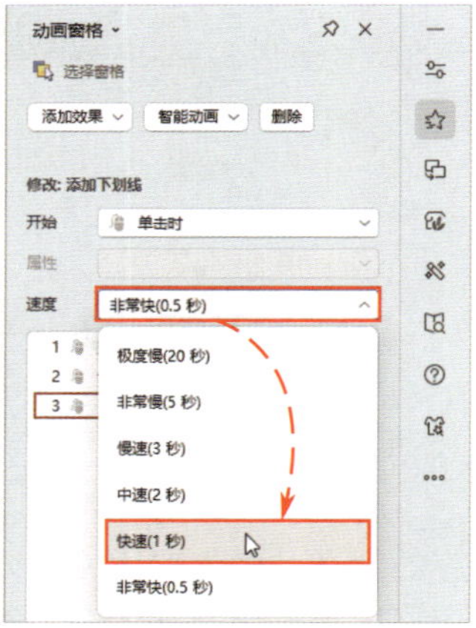

图8-45

新手误区

如果没有特殊的要求，一般不要轻易更改动画的播放速度，否则会影响到整体动画的连贯性。

（4）路径动画

路径动画可以使对象按照指定的路径进行运动。在幻灯片中选择所需元素，在“动画”列表的“动作路径”选项组中选择好路径。路径分两种类型：一种是系统自带的路径，另一种是自定义路径。这里选择“自定义路径”选项中的“直线”路径，如图 8-46 所示。然后在幻灯片中按住鼠标左键，拖动光标绘制路径。绘制好后系统会自动播放该直线路径的动画效果，如图 8-47 所示。

新手误区

对于新手来说，最好不要轻易使用路径动画。因为路径动画不好把控，一旦控制不好，会给人凌乱的感受。

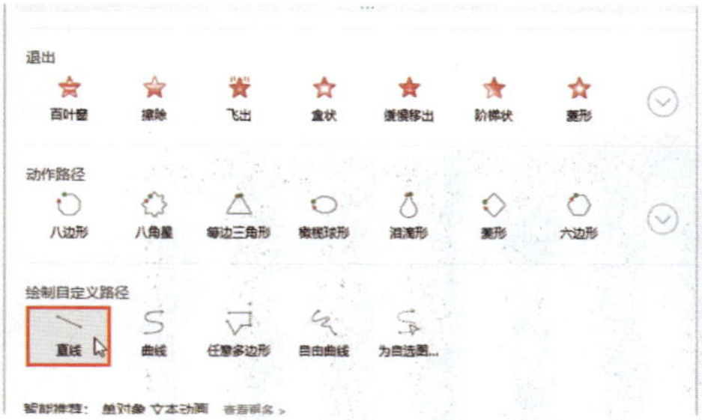

图8-46

图8-47

（5）设置动画的自动播放

默认情况下所有动画是以鼠标单击的模式开始播放的。如果用户想要让动画自动播放的话，可以在“动画窗格”中设置其开始方式。在该窗格中选择要调整的动画项，并单击该项右侧下拉按钮，从中选择“与从上一动画同时”或者“在上一动画之后”选项即可，如图 8-48 所示。

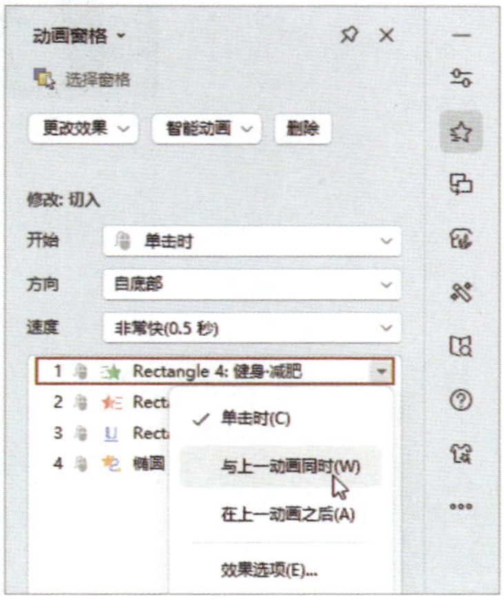

图8-48

一般来说，第 1 个动画项的开始方式为：与上一动画同时，接下来的动画开始方式可都设为：在上一动画之后。这样在放映演示文稿时，动画就会自动播放了。

8.2.2　切换动画的添加

在播放幻灯片过程中，从当前幻灯片切换到下一页幻灯片时，如果为其添加一种相匹配的切换效果，可以让人眼前一亮，注意力自然转移到下一张幻灯片中。

下面介绍如何应用切换动画的操作。

选中所需幻灯片，在“切换”选项卡的效果列表中选择一款切换效果，这里选择“梳理”效果，选择完成后系统将自动播放其效果，如图 8-49 所示。

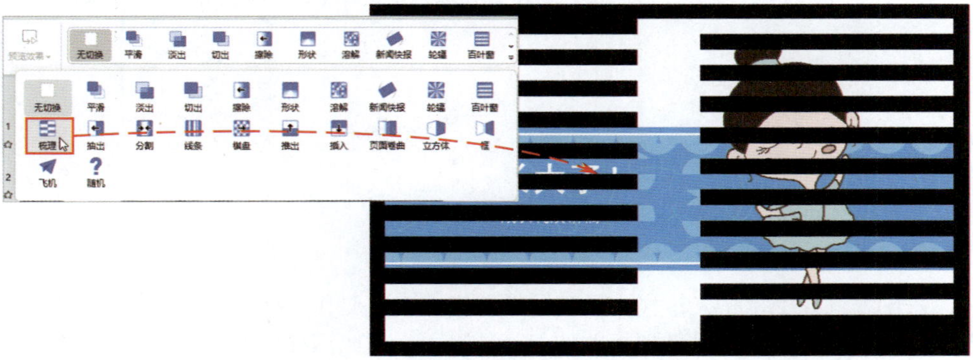

图8-49

在“切换”选项卡中单击“效果选项”下拉按钮，可以调整切换方向，如图 8-50 所示。

图8-50

如果想要将所有幻灯片统一运用这一种切换效果，只需在“切换”选项卡中单击“应用到全部”按钮即可。

8.2.3 超链接的设置

为演示文稿添加超链接，可以使幻灯片在放映时更容易掌控节奏。幻灯片中的链接类型可分为两种：一种是内部链接，另一种是外部链接。用户可根据需求选择使用。

（1）添加内部页面链接

页面链接的操作比较简单，在幻灯片中，选择要添加链接的元素，在“插入”选项卡中单击“超链接”按钮，打开“插入超链接”对话框，从中选择“本文档中的位置”选项，并选择要链接到的幻灯片页面，单击“确定”按钮，如图 8-51 所示。

此时被选中的文本元素已添加了链接，并以下划线突出显示，如图 8-52 所示。

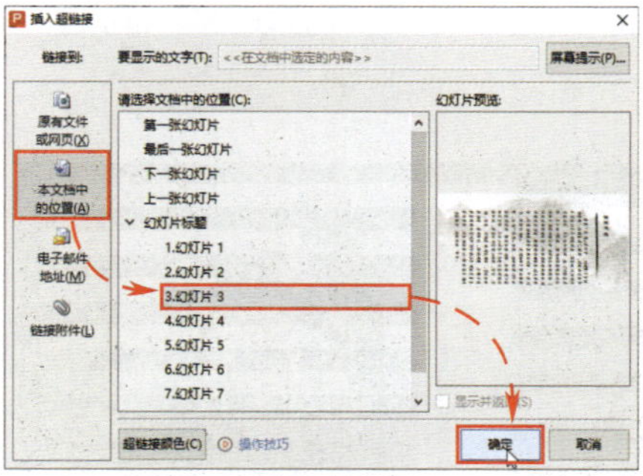

图8-51

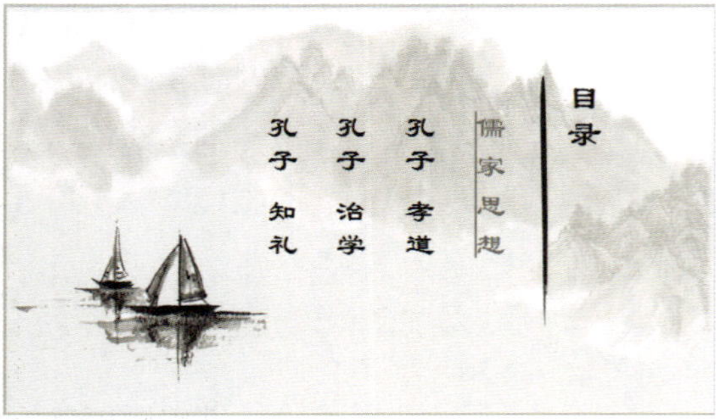

图8-52

在放映过程中，将光标移动至有添加链接的内容时，光标则会变成手指形状，单击该链接内容，随即会跳转到相关的幻灯片页面。按照同样的方法，为其他内容添加相应的超链接。

新手误区

在幻灯片中为图片、图形或文本框元素添加链接后，其形态不会发生变化。而如果链接的是文本内容，链接后的文本会发生相应的变化。

（2）添加外部文件链接

如果在演示文稿中，需要引用其他文件中的内容，可以使用超链接功能，将当前内容链接到相关内容中，以避免在放映过程中打开其他应用程序来查看相关内容。

在幻灯片中选择所需内容，同样打开“插入超链接”对话框，选择“原有文件或网页”选项，并选择要链接的文件，单击“确定”按钮即可。在放映过程中，单击该链接内容，随即会跳转到相关的文件中，如图 8-53 所示。

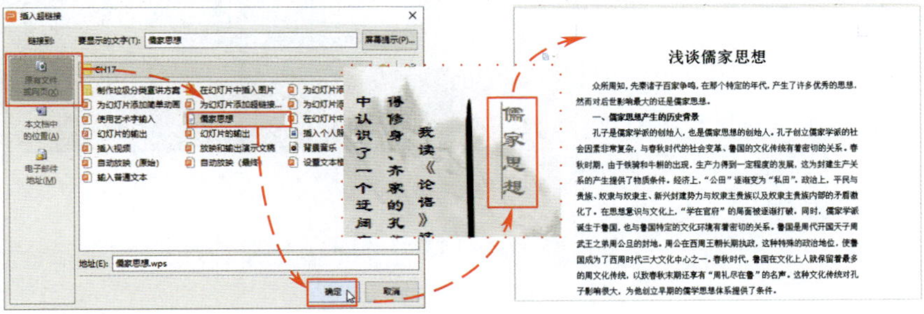

图8-53

（3）添加动作链接

添加了超链接后，如果想要迅速返回到幻灯片首页或指定的某一页内容中，可为其添加动作链接。选中所需幻灯片，在“插入”选项卡中单击“形状”下拉按钮，在“动作按钮”选项组中选择一款动作按钮，按住鼠标左键，拖动光标绘制该按钮，在打开的“动作设置”对话框中，将“超链接到”设为“幻灯片”，然后在“超链接到幻灯片”对话框中指定一张链接的幻灯片，依次单击“确定”按钮即可，如图 8-54 所示。

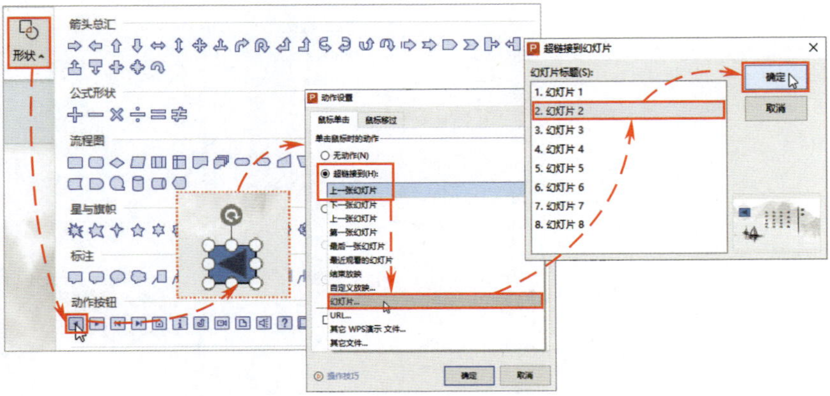

图8-54

8.3 放映和输出

演示文稿制作完毕后，接下来就可以进行放映操作了。在放映幻灯片时，有不同的放映方式和要求，用户需要根据放映场地的不同来调整放映方式。下面介绍如何将幻灯片进行放映和输出。

8.3.1 幻灯片的放映

一般来说幻灯片的放映方式有 3 种，下面分别对这 3 种放映方式进行介绍。

（1）开始放映

按键盘上的【F5】键，即可进入放映状态，该放映的顺序是从首张幻灯片开始放映，无论选择哪一张幻灯片，都是从头开始，按照幻灯片的顺序进行放映，如图 8-55 所示。放映结束后，按【Esc】键取消放映。

图8-55

如果想从某一张幻灯片开始放映的话，只需按键盘上的【Shift+F5】组合键即可，此时的放映顺序则为，从当前幻灯片开始依次往下放映。

（2）自定义放映

在放映幻灯片时，只想放映某几张幻灯片内容的话，可以使用“自定义放映”功能来操作。

在“放映”选项卡中单击“自定义放映”按钮，在打开的对话框中单击“新建”按钮，在“定义自定义放映”对话框中，先输入放映名称，然后在左侧列表中选择要放映的幻灯片，单击“添加”按钮，将其添加至右侧列表，单击“确定”按钮，返回到上一层对话框，单击“放映”按钮，如图 8-56 所示，系统会自动按照设置好的播放顺序进行放映。

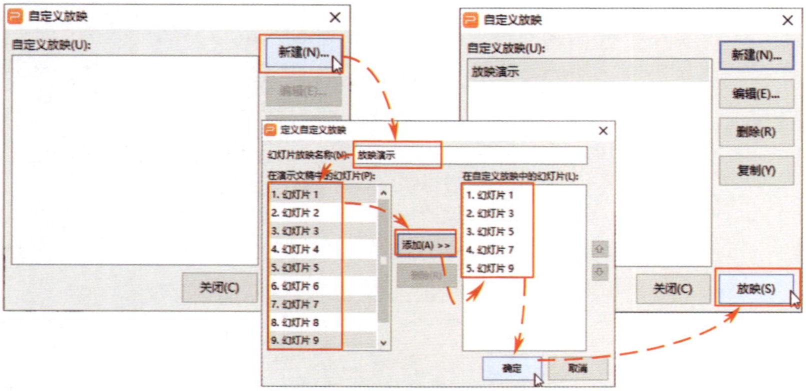

图8-56

（3）自动放映

默认情况下，幻灯片是手动放映的。如果想要让它自动放映，可使用“排练计时”功能来操作。

在“放映”选项卡中单击“排练计时”按钮，此时系统将以全屏播放幻灯片，并在该幻灯片左上角显示“预演”工具栏，如图 8-57 所示。

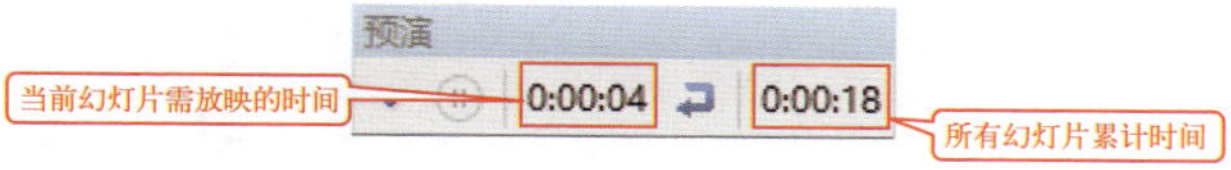

图8-57

用户根据实际需要，设置每张幻灯片放映时间，直到最后一张幻灯片。预演结束后会出现提示对话框，询问是否保留幻灯片排练时间，单击“是”按钮，如图 8-58 所示。

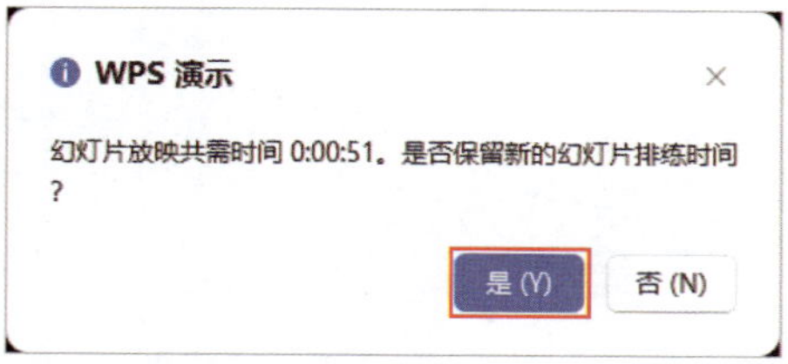

图8-58

选择后，幻灯片会以浏览模式显示，并且每张幻灯片右下方会显示预演的时间，如图 8-59 所示。按【F5】键进行放映，此时系统会根据每张幻灯片预演的时间，按照顺序进行自动放映了。

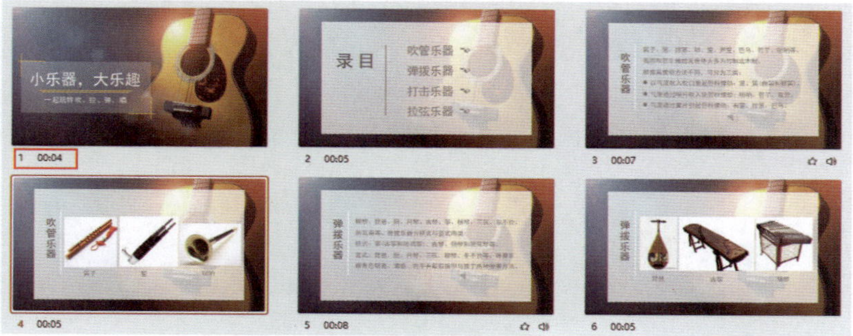

图8-59

8.3.2 幻灯片的输出

如果不想让其他人对自己的幻灯片进行修改，可以将幻灯片输出成 PDF、视频等文件格式。下面以输出 PDF 格式文件为例，来介绍具体的输出操作。

单击“文件”下拉按钮，从中选择“输出为 PDF 格式”选项，如图 8-60 所示。

稍等片刻，在“输出为 PDF”界面中，根据需要设置“输出范围”和“保存目录”，单击“开始输出”按钮，如图 8-61 所示。系统开始输出操作，输出完成后会在“状态”栏中显示“输出成功”字样，关闭界面即可。

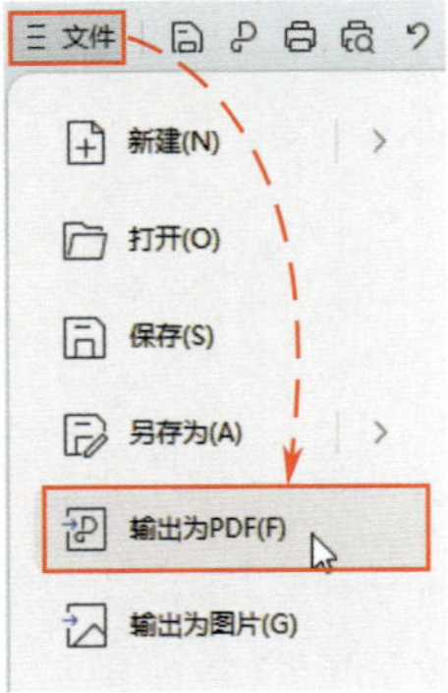

图8-60

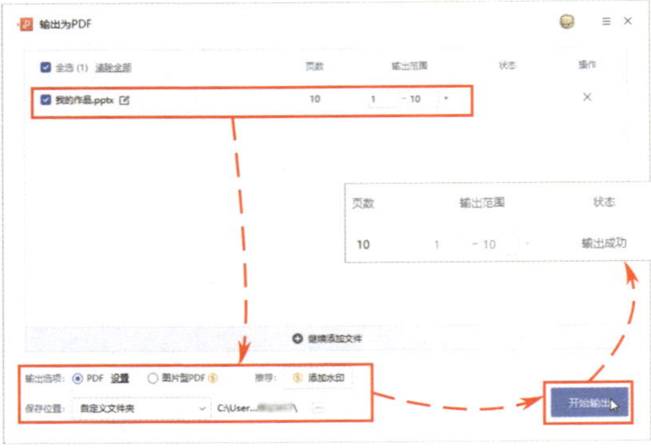

图8-61

8.4 制作垃圾分类宣讲方案

以上简单介绍了演示文稿的制作要点。下面将以制作垃圾分类主题宣讲文稿为例，对本章所学的知识进行综合应用。

8.4.1 制作标题页幻灯片

通常演示文稿大致是由标题页、目录页、内容页和结尾页这 4 大部分组成。

下面就先来制作标题页内容，具体操作如下。

Step01：启动 WPS Office 软件，在“首页”界面中单击“打开”按钮，在“打开”对话框中选择本书配套的“垃圾分类主题（素材）”演示文稿，单击“打开”按钮，如图 8-62 所示，打开原始的演示文稿，如图 8-63 所示。

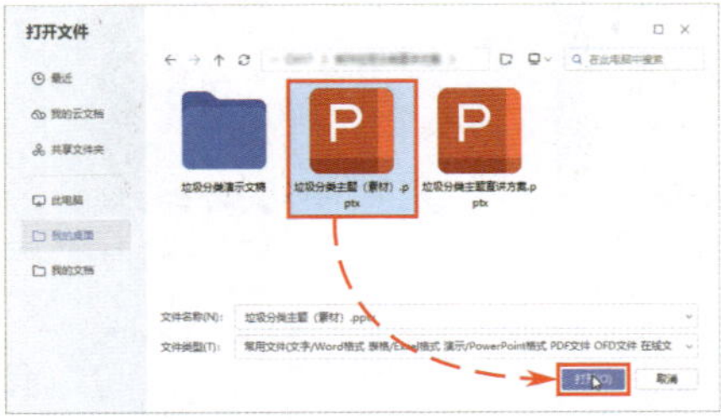

图8-62

图8-63

Step02：在“插入”选项卡中单击“图片”按钮，插入一张封面图，使用鼠标拖拽的方法，调整好封面图的位置，如图 8-64 所示。

Step03：在“插入”选项卡中单击“艺术字”下拉按钮，选择“渐变填充 • 金色，

轮廓 - 着色 4”样式，并在文本框中输入标题内容，如图 8-65 所示。

图8-64

图8-65

Step04：选中标题边框线，将光标放置右侧边框中间控制点上，当光标呈双向箭头时，按住鼠标左键不放，拖动鼠标至合适位置，放开鼠标，调整标题文本框的大小，并将其移动至页面右侧合适位置，如图 8-66 所示。

Step05：右击艺术字文本框，在弹出的菜单中选择“设置对象格式”选项，如图 8-67 所示。

图8-66

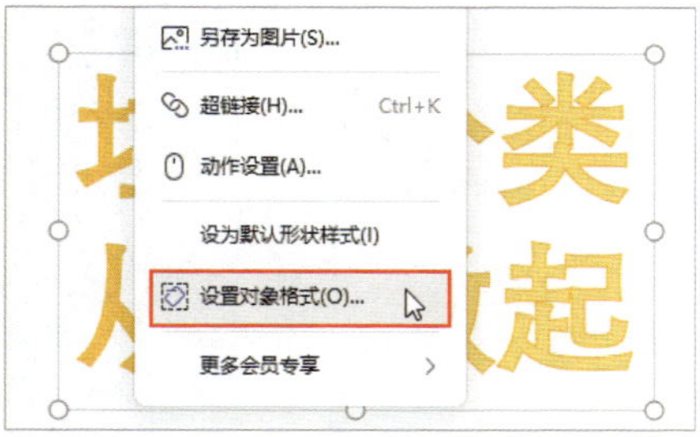

图8-67

Step06：打开“对象属性”窗格，切换到“文本选项”选项卡，保持文本填充为默认的“渐变填充”，单击“线性渐变”按钮，在展开的列表中选择“到右侧”选项，如图 8-68 所示。

Step07：根据需要添加渐变光圈，并设置好停止点的位置和颜色，如图 8-69 所示。

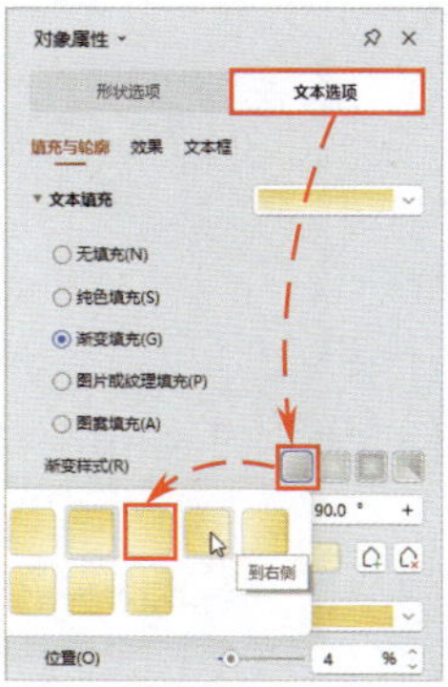

图8-68

图8-69

Step08：在“文本工具”选项卡中单击“文本轮廓”下拉按钮，从中选择“无线条颜色”选项，隐藏标题轮廓线，如图 8-70 所示。

Step09：选中标题文字，调整好标题的字体和字号。在“插入”选项卡中单击“文本框”按钮，按住鼠标左键，拖拽光标至合适位置，放开鼠标，绘制文本框，如图 8-71 所示。

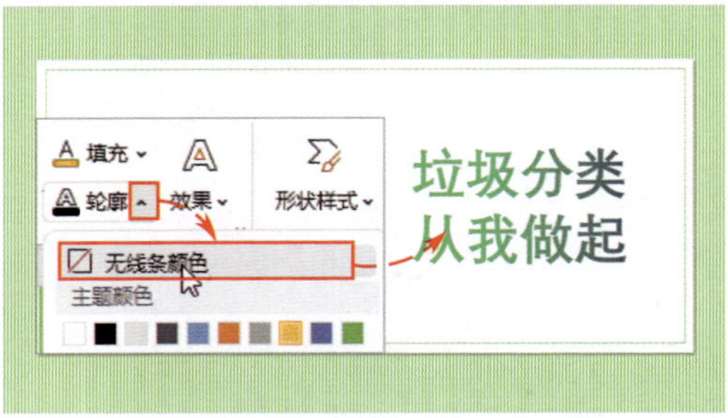

图8-70

图8-71

Step10：在文本框中输入文字内容，并设置好其文字字体、字号和颜色。在“文本工具”选项卡中单击“分散对齐”按钮，使文字对齐，如图 8-72 所示。

Step11：选中该文本框，并按住【Ctrl】键，同时按住鼠标左键不放，将文本框拖拽至合适位置，放开鼠标左键和【Ctrl】键，完成文本框的复制操作，如图 8-73 所示。

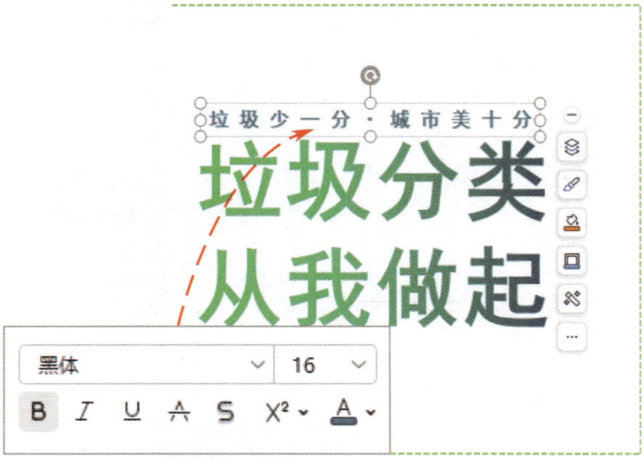

图8-72

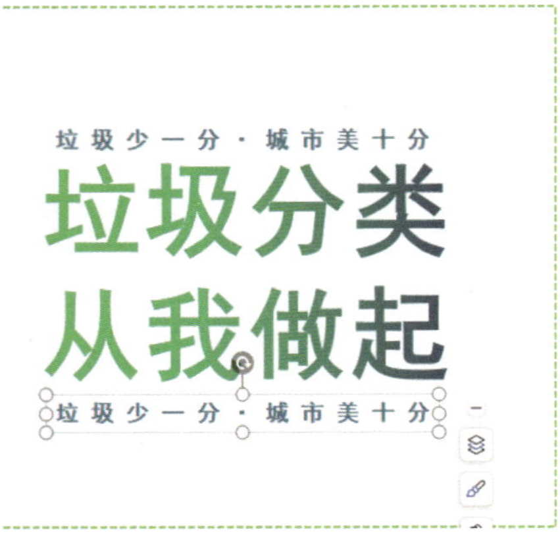

图8-73

Step12：选中复制后的文本内容，将其更改新内容。在“插入”选项卡中单击“形状”下拉按钮，选择“直线”形状，按住鼠标左键，并同时按住【Shift】键，绘制垂直线，如图 8-74 所示。

Step13：选中绘制的直线，在“绘图工具”选项卡中单击“轮廓”下拉按钮，从中选择合适的颜色，更改直线颜色，如图 8-75 所示。

至此，标题页内容制作完毕。

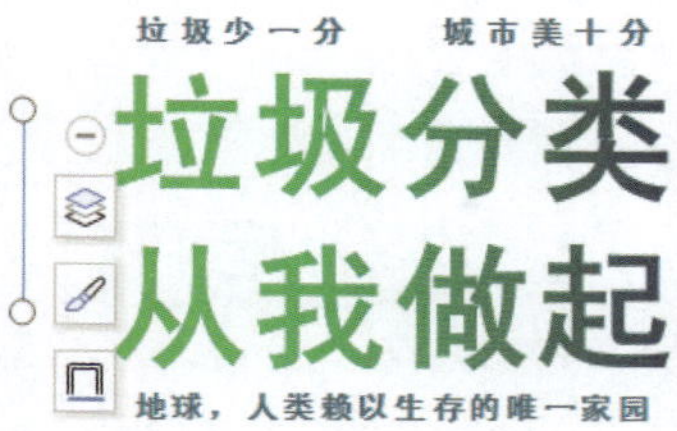

图8-74

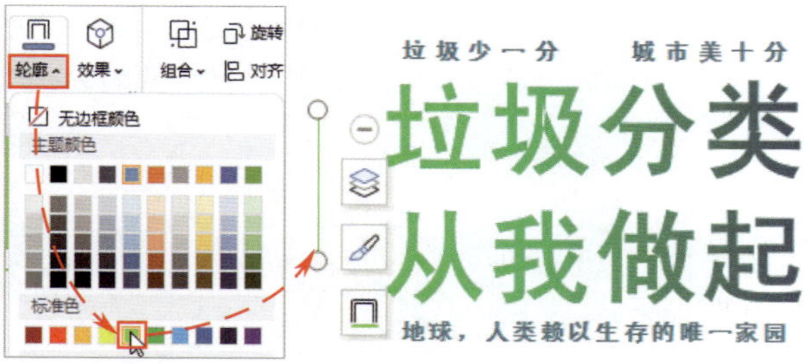

图8-75

8.4.2　制作目录页和内容页幻灯片

接下来可以按照标题页的制作方法制作目录页、内容页。具体操作如下。

Step01：选中第 2 张幻灯片，利用文本框输入目录内容，并设置好内容的字体、字号和颜色，如图 8-76 所示。

Step02：利用插入图片功能，插入“目录配图”图片素材，并将其放置于页面左侧合适位置，如图 8-77 所示。

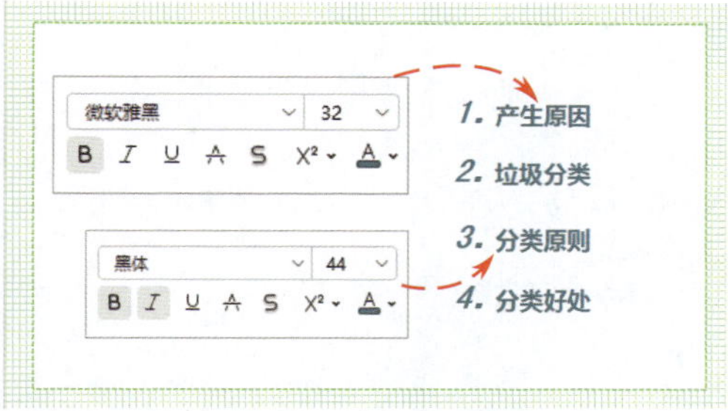

图8-76

图8-77

Step03：在“形状”列表中选择椭圆形，使用鼠标拖拽的方法，并结合【Shift】键，绘制正圆形，然后将正圆形进行复制。在“绘图工具”选项卡中单击“填充”下拉按钮，从中选择一款填充颜色，结果如图 8-78 所示。

Step04：使用文本框输入“目录”标题字样，并设置好其文字格式，调整好文字的位置，结果如图 8-79 所示。

图8-78

图8-79

Step05：使用直线形状绘制垂直线。然后在“绘图工具”选项卡中单击“轮廓”下拉按钮，选择一款虚线线型，并设置线型的箭头样式，如图 8-80 所示。

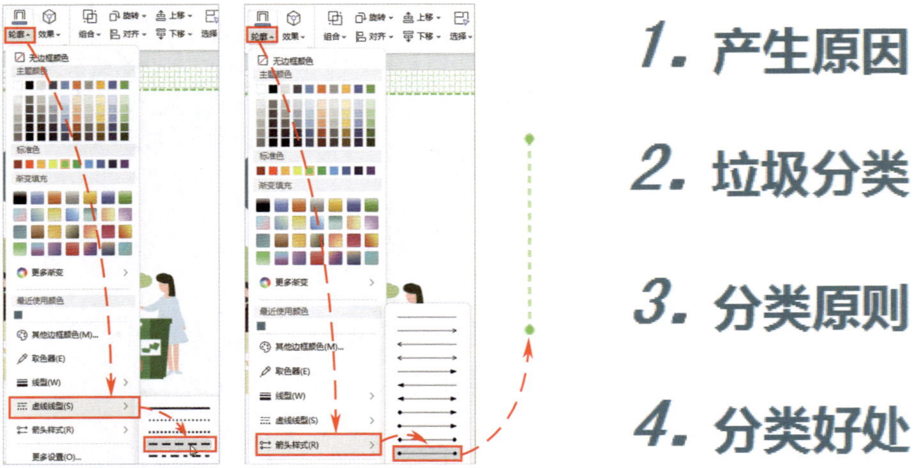

图8-80

Step06：复制第 2 张幻灯片内容，从而创建第 3 张幻灯片。按照制作目录页的方法，综合调整第 3 张幻灯片，例如插入图片、利用文本框输入文字、插入箭头形状等，其操作与上述操作相似，在此就不一一介绍了，结果如图 8-81 所示。

Step07：按照同样的方法，创建第 4、5、6、7 张幻灯片，结果如图 8-82 所示。

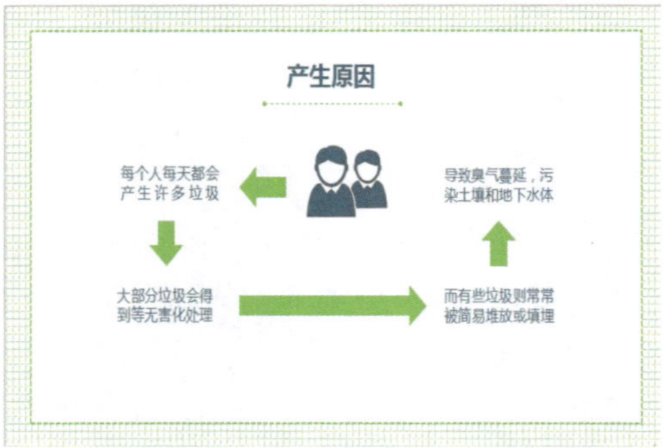

图8-81

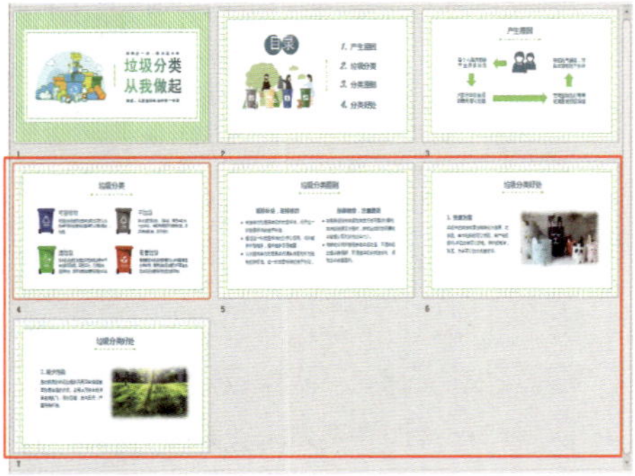

图8-82

8.4.3 制作结尾页幻灯片

结尾幻灯片通常只需在标题幻灯片的基础上做一些调整即可。下面就开始制作结尾幻灯片。

Step01：复制标题幻灯片至最后。选中图片，将其移至页面中间位置，并调整好大小。在“图片工具”选项卡中单击“颜色”下拉按钮，选择“冲蚀”选项，改变图片显示状态，如图 8-83 所示。

Step02：调整好标题文本的位置，并输入新文字内容，结果如图 8-84 所示。

Step03：利用直线绘制两条分割线，并设置好颜色，调整好位置，结果如图 8-85 所示。至此完成所有幻灯片内容的制作操作。

图8-83

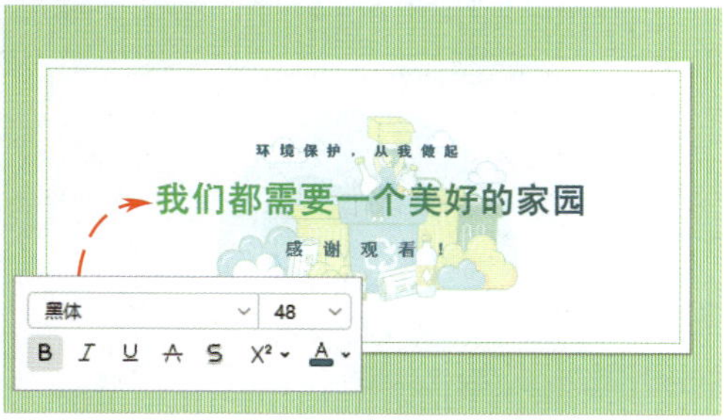

图8-84

图8-85

8.4.4 为幻灯片添加动画效果

演示文稿内容制作完成后，下面为第 2、3 张幻灯片添加一些动画效果，丰富其页面内容。

Step01：选中第 2 张幻灯片的“1. 产生原因”文本框，在“动画”选项卡的动画列表中，选择“进入”选项组中的“飞入”效果，如图 8-86 所示。

Step02：按照同样的方法，将其他 3 项目录内容都添加“飞入”动画效果。打开“动画窗格”，在此对这 4 组动画的“开始”方式进行设置，如图 8-87 所示。

图8-86

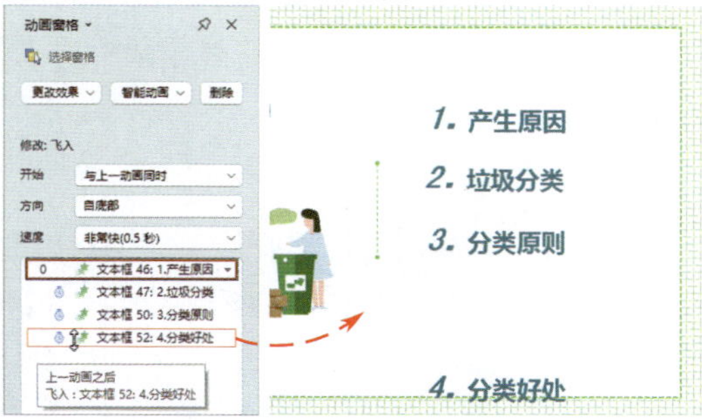

图8-87

Step03：选中第 3 张幻灯片的图片，将其添加“向内溶解”进入动画。选中左侧箭头图形，将其添加“切入”动画，在“动画窗格”中，将其“方向”设为“自右侧”，如图 8-88 所示。

Step04：按照箭头顺序，将文字添加“向内溶解”动画，将箭头图形添加“切入”动画，并按照箭头指向的顺序调整“切入”的方向，如图 8-89 所示。

图8-88

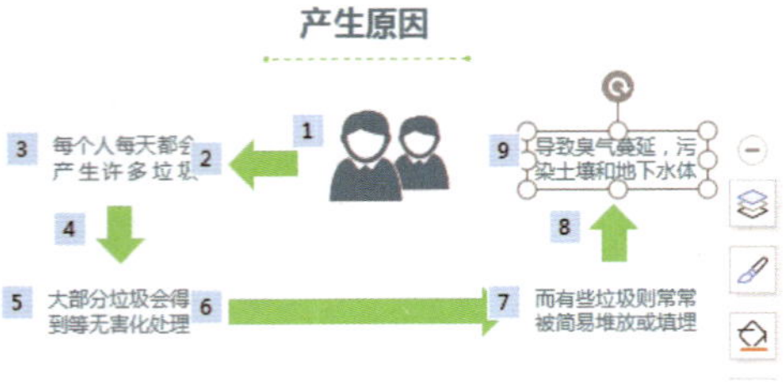

图8-89

Step05：在“动画窗格”中，将首个动画项的开始方式设为“与上一动画同时”，其他动画项的开始方式都设为“从上一项之后开始”，如图 8-90 所示。

Step06：设置完成后，在“动画”选项卡中单击“预览效果”按钮即可预览该幻灯片所有动画效果，如图 8-91 所示。

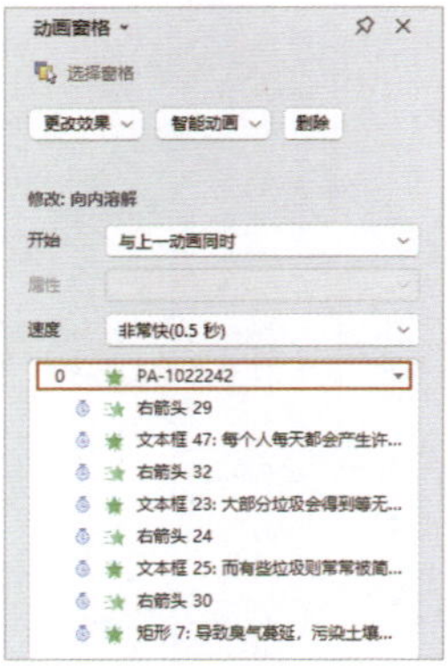

图8-90

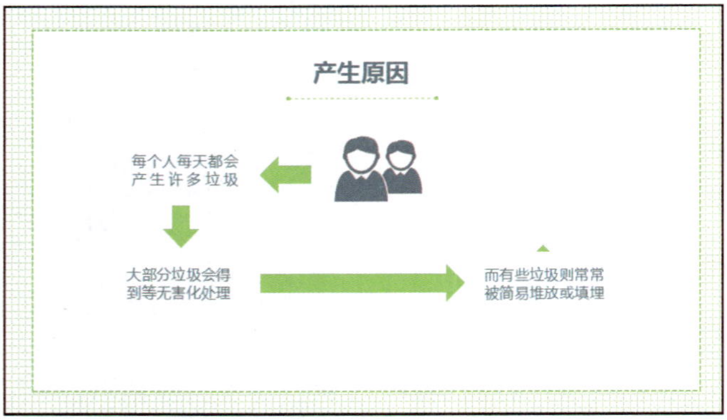

图8-91

至此完成第 2、3 张幻灯片动画的设置操作。

8.4.5 将宣讲方案进行打包

在讲解基础内容时已经介绍了如何将幻灯片输出为 PDF 格式的文件。下面介绍如何为幻灯片进行打包操作，以避免在传输过程中出现遗漏素材文件而导致演示文稿无法正常放映的情况。

Step01：在“文件”选项卡中选择“文件打包”选项，并在其子菜单中选择“打包成文件夹”选项，如图 8-92 所示。

Step02：在“演示文件打包”对话框中，输入文件夹名称，单击“浏览”按钮，在打开的“选择位置”对话框中选择好保存的位置，单击“选择文件夹”按钮，如图 8-93 所示。

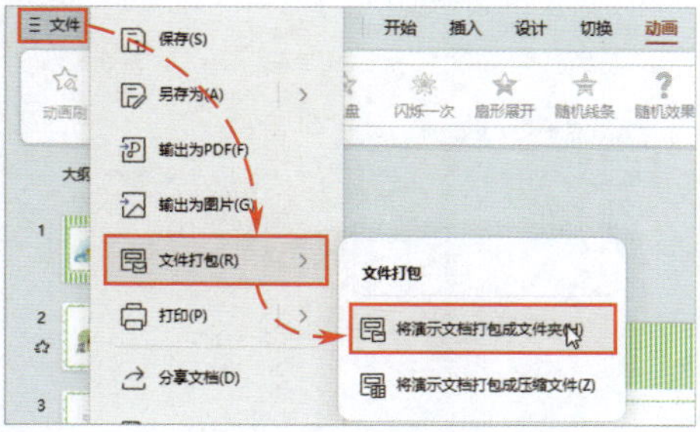

图8-92

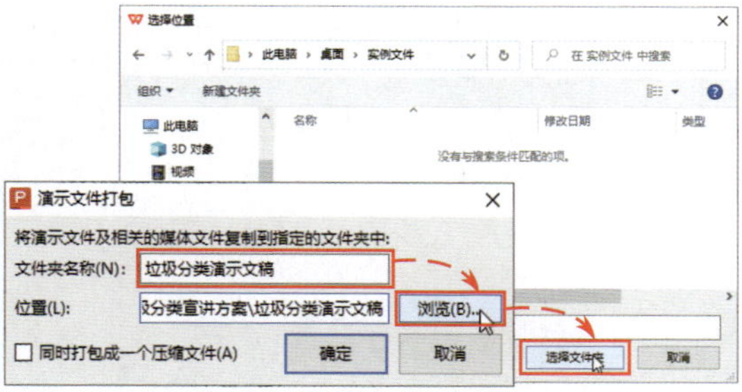

图8-93

Step03：在返回到上一层对话框，单击“确定”按钮，打开“已完成打包”对话框，单击“关闭”按钮，如图 8-94 所示。至此完成宣讲方案的打包操作。

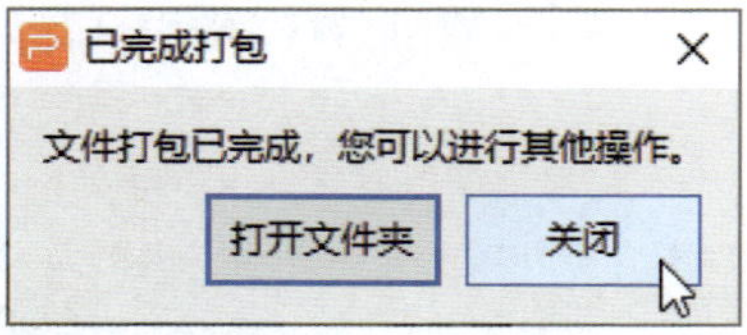

图8-94

第 9 章

Photoshop2024 新手必会

9.1 初识 Photoshop

启动 Photoshop，打开文件夹中的任意一图像，进入其工作界面。Photoshop 的操作界面主要包括菜单栏、工具箱、选项栏、浮动面板、编辑窗口、状态栏以及上下文任务栏，如图 9-1 所示。

图 9-1

（1）菜单栏

由文件、编辑、图像、文字和选择等 12 类菜单组合成菜单栏，将鼠标指针移动至菜单栏中有▸图标的命令上，此时将显示相应的子菜单，在子菜单中进行单击选择要使用的菜单项目，即可执行此命令。

（2）工具箱

默认情况下，工具箱位于编辑区的左侧，用鼠标单击工具箱中的工具按钮，即可调用该工具。部分工具图标的右下角出现一个黑色小三角形◢图标，表示该工具还包含多个子工具。使用鼠标右键单击工具图标或按住工具图标不放，则会显示工具组中隐藏的子工具。

（3）选项栏

选项栏一般位于菜单栏的下方，它是各种工具的参数控制中心。根据选择工具的不同，其所提供的选项栏选项也有所不同。用户使用工具栏中的某个工具时，选项栏会变成当前使用工具的属性设置选项，如图9-2所示为选区工具的选项栏。

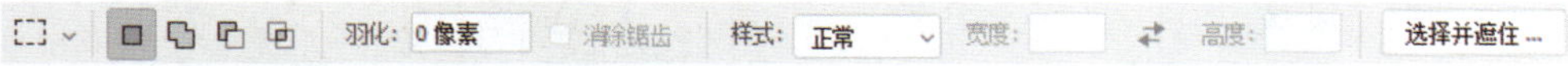

图9-2

（4）状态栏

状态栏位于文档窗口的底部，用于显示当前操作提示和当前文档的相关信息。用户可以选择需要在状态栏中显示的信息，只需单击状态栏右端的 › 按钮，在弹出的快捷菜单中选择信息即可，如图9-3所示。

（5）工作区和图像编辑窗口

在Photoshop工作界面中，灰色的区域就是工作区，图像编辑窗口在工作区内。图像编辑窗口的顶部为标题栏，标题中可以显示各文件的名称、格式、大小、显示比例和颜色模式等，如图9-4所示。

图9-3

图9-4

（6）浮动面板

浮动面板浮动在窗口的上方，可以随时切换以访问不同的面板内容。它们主要用于配合图像的编辑，对操作进行控制和参数设置。常见的面板有图层面板、通道面板、路径面板、历史面板、颜色面板等，如图9-5、图9-6所示。在面板上右击 ≡ 按钮，可以针对不同的面板功能打开菜单进行操作。

（7）上下任务栏

上下文任务栏是一个永久菜单，显示工作流程中最相关的后续步骤。例如，当选择了一个对象时，上下文任务栏会显示在画布上，并根据潜在的下一步骤提供更多策划选项，如选择主体、移除背景、转换对象、创建新的调整图层等。单击 ··· 图标，在弹出的菜单中可访问更多选项，如图9-7所示。

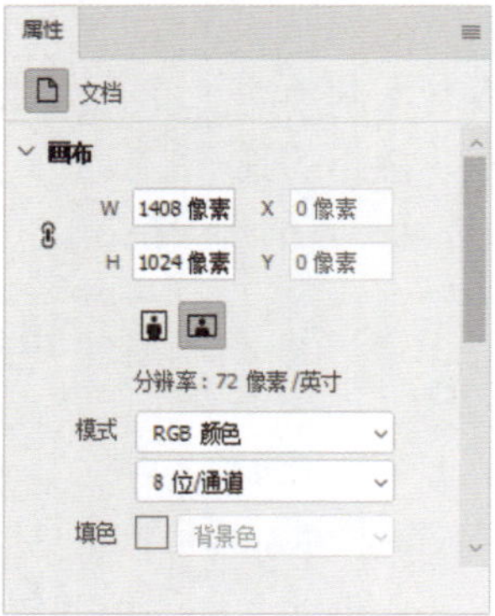

图9-5

图9-6

图9-7

9.1.1 调整图像尺寸

调整图像大小是指在保留所有图像的情况下通过改变图像的比例来实现图像尺寸的调整。

（1）使用图像大小命令调整图像尺寸

图像质量的好坏与图像的大小、分辨率有很大的关系，分辨率越高，图像就越清晰，而图像文件所占用的空间也就越大。

执行“图像”>“图像大小”命令，弹出“图像大小”对话框，从中可对图像的参数进行相应的设置，单击“确定”按钮即可，如图 9-8 所示。

图9-8

在该对话框中的各选项介绍如下。

- 图像大小：单击⚙按钮，可以选中“缩放样式”复选框。当文档中的某些图层包含图层样式时，选中“缩放样式”复选框，可以在调整图像大小时自动缩放样式效果。
- 尺寸：显示图像当前尺寸。单击尺寸右边的⌄按钮可以从尺寸列表中选择尺寸单位，如百分比、像素、英寸、厘米、毫米、点、派卡。

- 调整为：在下拉列表框中选择 Photoshop 的预设尺寸。
- 宽度 / 高度 / 分辨率：设置文档的高度、宽度、分辨率，以确定图像的大小。保持最初的宽高比例，保持启用“约束比例”选项，再次单击“约束比例”取消链接。
- 重新采样：在下拉列表框中选择采样插值方法。

（2）使用裁剪工具调整图像尺寸

裁剪工具主要用来调整画布的尺寸与图像中对象的尺寸。裁剪图像是指使用裁剪工具将部分图像剪去，从而实现图像尺寸的改变或者获取操作者需要的图像部分。

选择“裁剪工具”，在图像中拖曳得到矩形区域，矩形外的图像会变暗，以便于显示出被裁剪的区域。矩形区域的内部代表裁剪后图像保留的部分。裁剪框的周围有 8 个控制点，对控制点进行操作可以把这个框作移动、缩小、放大和旋转等调整。裁剪前后对比效果图如图 9-9、图 9-10 所示。

图9-9

图9-10

9.1.2 调整画布大小

画布是显示、绘制和编辑图像的工作区域。对画布尺寸进行调整可以在一定程度上影响图像尺寸的大小。放大画布时，会在图像四周增加空白区域，而不会影响原有的图像；缩小画布时，会裁剪掉不需要的图像边缘。

执行“图像”>“画布大小”命令，弹出“画布大小”对话框，如图 9-11 所示。在该对话框中，可以设置扩展画布尺寸，输入正数增大画布，增大的部分可填充选定的颜色；输入负数则缩小画布，图像将会被裁掉一部分。

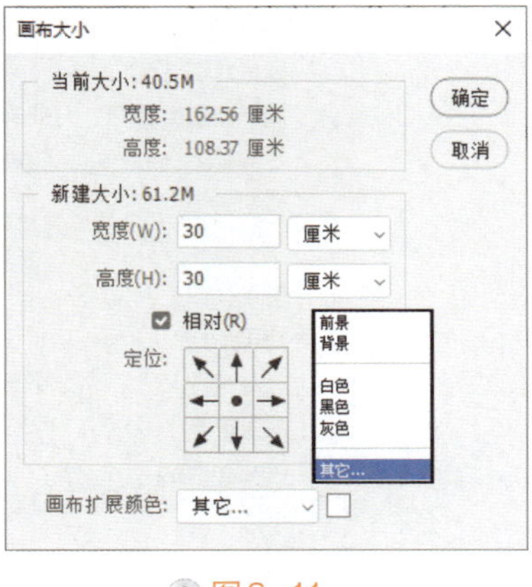

图9-11

在“画布扩展颜色”下拉列表中可选择自定义或系统自带的扩展画布颜色，设置完成后单击

“确定”按钮即可。将画布向四周扩展的效果如图 9-12、图 9-13 所示。

图9-12

图9-13

9.1.3 图像的还原或重做

在处理图像的过程中，若对效果不满意或出现操作错误，可使用软件提供的恢复操作功能来处理这类问题。

（1）退出操作

退出操作是指在执行某些操作的过程中，完成该操作之前可中途退出该操作，从而取消当前操作对图像的影响。要退出操作只需在执行该操作时按 Esc 键即可。

（2）还原 / 重做

执行“编辑”>“还原……”命令，或按 Ctrl+Z 组合键图像恢复到上一步编辑操作之前的状态；执行“编辑”>“重做……”命令，或按 Shift+Ctrl+Z 组合键向前执行一个步骤，如图 9-14 所示。

（3）恢复到任意步操作

如果需要恢复的步骤较多，可选择“窗口”>“历史记录”命令，弹出“历史记录”面板，在历史记录列表中找到需要恢复到的操作步骤，在要返回的相应步骤上单击鼠标即可，如图 9-15 所示。

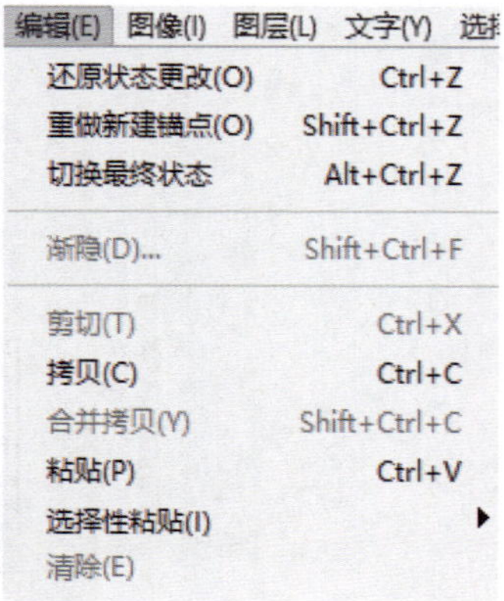

图9-14

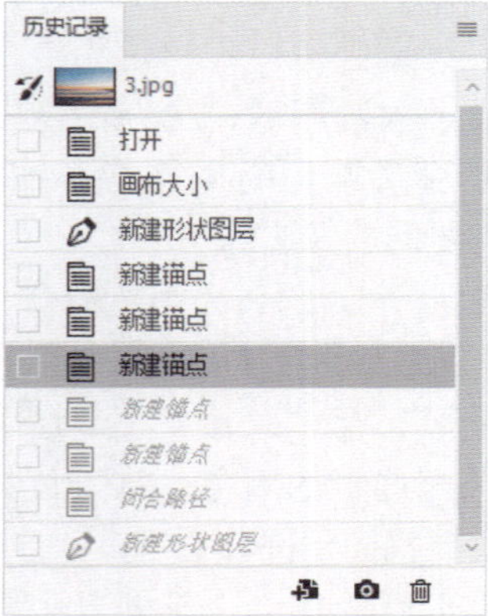

图9-15

9.2 基础工具的应用

在 Photoshop 中，要对图像的局部进行编辑，首先要通过各种途径将其选中，也就是所说的创建选区。按形状样式可将选区划分为“规则选区”和“不规则选区”两大类。创建选区的方法有很多种，可以根据具体情况使用最方便的方法来创建选区。

9.2.1 选框工具组

使用规则选框工具包括矩形选框工具、椭圆选框工具、单行选框工具和单列选框工具等，下面分别介绍这些工具的运用。

(1) 矩形和正方形选区的创建

在工具箱中选择“矩形选框工具”，在图像中单击并拖动光标，绘制出矩形的选框，框内的区域就是选择区域，即为选区。若要绘制正方形选区，则可以在按住 shift 键的同时在图像中单击并拖动光标，绘制出的选区即为正方形。

选择矩形选框工具后，显示出该工具的选项栏，如图 9-16 所示。

图9-16

在该选项栏中主要选项的功能介绍如下。

- 选区编辑按钮组：该按钮组又被称为“布尔运算”按钮组，各按钮的名称从左至右分别是新选区、添加到选区、从选区中减去及与选区交叉。
- 羽化：羽化是指通过创建选区边框内外像素的过渡来使选区边缘模糊，羽化宽度越大，则选区的边缘越模糊，此时选区的直角处也将变得圆滑。
- 样式：在该下拉列表中有“正常”“固定比例”和“固定大小”3 种选项，用于设置选区的形状。
- 选择并遮住：单击该按钮与执行“选择”>“选择并遮住”命令相同，在弹出的对话框中可以对选区进行平滑、羽化、对比度等处理。

(2) 椭圆和正圆选区的创建

单击“椭圆选框工具”，在图像中单击并拖动光标，绘制出椭圆形的选区，如图 9-17 所示。若要绘制正圆形的选区，则可以按住 shift 键的同时在图像中单击并拖动光标，绘制出的选区即为正圆形，如图 9-18 所示。

实际应用中，环形选区应用比较多，创建环形选区需要借助选区编辑组的按钮。创建一个圆形选区，在选项栏中单击“从选区减去”按钮，再次拖动绘制选区，此时绘制的部分比原来的选区略小，其中间的部分被减去，而只留下环形的圆环区域，如图 9-19 所示。切换至“新选区”状态，拖动圆环部分可自由移动选区，如图 9-20 所示。

(3) 单行 / 单列选区的创建

单击“单行选框工具”，在图像中单击绘制出单行选区，保持“添加到选

图9-17

图9-18

图9-19

图9-20

区”按钮被选中的状态，继续单击“单列选框工具”，在图像中单击并拖动光标绘制出单列选区以增加选区，绘制出十字选区，如图 9-21 所示。放大图像，可看到单击绘制为宽度为 1 像素的单行或单列选区，如图 9-22 所示。

图9-21

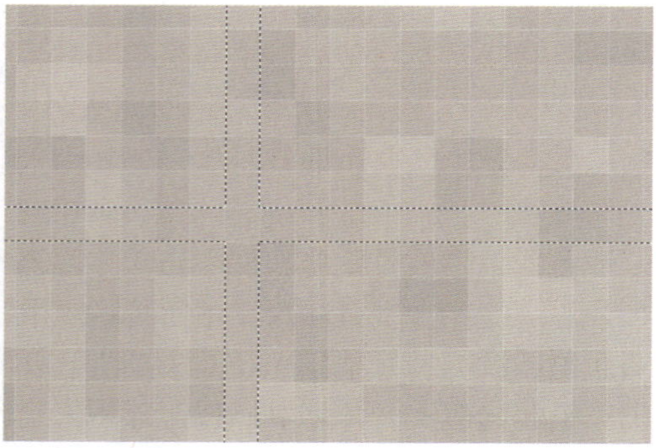

图9-22

9.2.2 套索工具组

不规则选区从字面上理解是比较随意、自由、不受具体某个形状制约的选区，在实际应用中比较常见。Photoshop 为用户提供了套索工具组和魔棒工具组，以便用户能更自由地对选区进行创建。

（1）套索工具

使用“套索工具”可以创建任意形状的选区，操作时只需要在图像窗口中按住鼠标进行绘制，释放鼠标后即可创建选区，按住Shift键增加选区，按Alt键减去选区，如图9-23、图9-24所示。

图9-23

图9-24

新手误区

如果所绘轨迹是一条闭合曲线，则选区即为该曲线所选范围；若轨迹是非闭合曲线，则套索工具会自动将该曲线的两个端点以直线连接从而构成一个闭合选区。

（2）多边形套索工具

使用多边形套索工具，可以创建具有直线轮廓的不规则选区。

选择“多边形套索工具”，单击创建出选区的起始点，沿需要创建选区的轨迹上单击鼠标，创建出选区的其他端点，最后将光标移动到起始点处，当光标变成形状时单击，即创建出需要的选区。若不回到起点，在任意位置双击鼠标也会自动在起点和终点间生成一条连线作为多边形选区的最后一条边。

（3）磁性套索工具

使用磁性套索工具，可以为图像中颜色交界处反差较大的区域创建精确选区。

选择“磁性套索工具”，单击确定选区起始点，沿选区的轨迹拖动鼠标，系统将自动在鼠标移动的轨迹上选择对比度较大的边缘产生节点，当光标回到起始点变为形状时单击，即可创建出精确的不规则选区，如图9-25、图9-26所示。

图9-25

图9-26

9.2.3 魔棒工具组

魔棒工具组包括对象选择工具、快速选择工具以及魔棒工具，属于灵活性很强的选择工具，通常用于选取图像中颜色相同或相近的区域，不必跟踪其轮廓。

（1）对象选择工具

对象选择工具可简化在图像中选择单个对象或对象的某个部分（人物、汽车、家具、宠物、衣服等）的过程。只需在对象周围绘制矩形区域或套索，对象选择工具就会自动选择已定义区域内的对象。该工具适用于处理定义明确对象的区域。

选择“对象选择工具”，在选项栏中勾选“对象查找程序”，将鼠标悬停在要选择的对象上，系统会自动选择该对象，单击即可创建选区，如图 9-27 所示。若不想自动选择，取消勾选“对象查找程序”，使用“矩形”或“套索”模式手动创建选区，如图 9-28 所示。

图9-27

图9-28

（2）快速选择工具

快速选择工具可以利用可调整的圆形笔尖根据颜色的差异迅速地绘制出选区。

选择“快速选择工具”，拖动创建选区时，其选取范围会随着光标移动而自动向外扩展并自动查找和跟随图像中定义的边缘，按住 Shift 和 Alt 键的同时单击增减选区大小，如图 9-29、图 9-30 所示。

图9-29

图9-30

（3）魔棒工具

魔棒工具主要是根据颜色的色彩范围来确定选区的工具，能够快速选择色彩差异大的图像区域。

选择“魔棒工具”，在选项栏中设置“容差”，一般情况下容差值设置为 30px。将光标移动到需要创建选区的图像中，当其变为形状时单击即可快速创建选区，按住 Shift 和 Alt 键的同时单击增减选区大小，如图 9-31 所示。按 Delete 键则删除所选选区，如图 9-32 所示。

图9-31

图9-32

9.2.4 画笔工具组

在 Photoshop 中，可以使用“画笔工具”“铅笔工具”和“历史记录画笔工具”等来绘制图像。只有了解并掌握各种绘图工具的功能与操作方法，才能绘制出想要的图像效果，同时也为图像处理的自由性增加了灵活的空间。

（1）画笔工具

在 Photoshop 中，画笔工具的应用比较广泛，使用画笔工具可以绘制出多种图形。在“画笔”选取器上所选择的画笔决定了绘制效果。选择“画笔工具”，显示该工具的选项栏，如图 9-33 所示。

图9-33

在该选项栏中主要选项的功能介绍如下。

- 工具预设：实现新建工具预设和载入工具预设等操作。
- “画笔预设”选取器：单击按钮，弹出“画笔预设”选取器，可选择画笔笔尖，设置画笔大小和硬度。
- 切换“画笔设置”面板：单击此按钮，弹出“画笔设置”面板。
- 模式选项：设置画笔的绘画模式，即绘画时的颜色与当前颜色的混合模式。
- 不透明度：设置在使用画笔绘图时所绘颜色的不透明度。数值越小，所绘出的颜色越浅，反之则越深。
- 流量：设置使用画笔绘图时所绘颜色的深浅。若设置的流量较小，则其绘制效果如同降低透明度一样，但经过反复涂抹，颜色就会逐渐饱和。
- 启用喷枪样式的建立效果：单击该按钮即可启动喷枪功能，将渐变色调应用于图像，同时模拟传统的喷枪技术，Photoshop 会根据单击程度确定画笔线条的填充数量。

- 平滑：可控制绘画时得到图像的平滑度，数值越大，平滑度越高。单击齿轮按钮，可启用一个或多个模式，有拉绳模式、描边补齐、补齐描边末端以及调整缩放。
- 设置画笔角度：在文本框中设置画笔角度。
- 绘板压力控制大小：使用压感笔压大小可以覆盖“画笔”面板中的“不透明度”和“大小”的设置。
- 设置绘画的对称选项：单击该按钮会有多种对称类型，例如垂直、水平、双轴、对角线、波纹、圆形螺旋线、平行线，径向、曼陀罗。

操作技巧

除了在选项栏中对画笔进行设置之外，按 F5 键在“画笔设置”面板，可以对画笔样式、大小以及绘制选项进行设置。

（2）铅笔工具

铅笔工具在功能及运用上与画笔工具较为类似。使用“铅笔工具”可以绘制出硬边缘的效果，特别是绘制斜线，锯齿效果会非常明显，并且所有定义的外形光滑的笔刷也会被锯齿化。单击“铅笔工具”，显示该工具的选项栏，如图 9-34 所示。

图9-34

在该选项栏中除了“自动抹掉”选项外，其他选项均与画笔工具相同。勾选自动抹掉复选框，在图像上拖动时，若光标的中心在前景色上，则该区域将抹成背景色。若在开始拖动时光标的中心在不包含前景色的区域上，则该区域将被绘制成前景色，如图 9-35 所示。按住 shift 键的同时拖动鼠标则可以绘制直线效果，如图 9-36 所示。

图9-35

图9-36

（3）混合器画笔工具

混合器画笔工具可以像传统绘画中混合颜料一样混合像素，可以轻松模拟真实的绘画效果。选择“混合器画笔工具”后，显示该工具的选项栏，如图 9-37 所示。

图9-37

在该选项栏中主要选项的功能介绍如下。

- 当前画笔载入：单击色块可调整画笔颜色，单击右侧三角符号可以选择“载入画笔”“清理画笔”和“只载入纯色”。“每次描边后载入画笔”和“每次描边后清理画笔”两个按钮，控制每一笔涂抹结束后对画笔是否更新和清理。
- 潮湿：控制画笔从画布拾取的油彩量，较高的设置会产生较长的绘画条痕。
- 载入：指定储槽中载入的油彩量，载入速率较低时，绘画描边干燥的速度会更快。
- 混合：控制画布油彩量同储槽油彩量的比例。比例为 100% 时，所有油彩从画布中拾取；比例为 0% 时，所有油彩都来自储槽。
- 流量：控制混合画笔流量大小。
- 描边平滑度 10%：用于控制画笔抖动。
- 对所有图层取样：勾选此复选框，拾取所有可见图层中的画布颜色。

9.2.5 橡皮擦工具组

在 Photoshop 中，擦除工具包括橡皮擦工具、背景橡皮擦工具和魔术橡皮擦工具。擦除图像即对整幅图像中的部分区域进行擦除，同时还可以使用渐变工具将某种颜色或渐变效果以指定的样式进行填充。

（1）橡皮擦工具

橡皮擦工具可以将像素更改为背景颜色或使其透明。单击“橡皮擦工具”，显示该工具的选项栏，如图 9-38 所示。

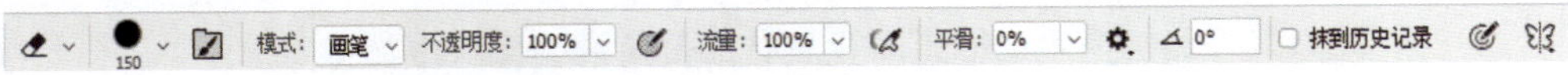

图9-38

在该选项栏中主要选项的功能介绍如下。

- 模式：可选择画笔、铅笔和块模式。若选择“画笔”或“铅笔”选项，可以使用画笔工具或铅笔工具的参数，包括笔刷样式、大小等。若选择“块”模式，则使用方块笔刷。
- 不透明度：若不想完全擦除图像，则可以降低不透明度。
- 抹到历史记录：在擦除图像时，可以使图像恢复到任意一个历史状态。该方法常用于恢复图像的局部到前一个状态。

使用橡皮擦工具在图像窗口中拖动鼠标，可用背景色的颜色来覆盖鼠标拖动处的图像颜色。若是对背景图层或是已锁定透明像素的图层使用“橡皮擦工具”，则会将像素更改为背景色，如图 9-39 所示；若是对普通图层使用“橡皮擦工具”，则会将像素更改为透明效果，如图 9-40 所示。

图9-39

图9-40

（2）背景橡皮擦工具

背景橡皮擦工具可以用于擦除指定颜色，并将被擦除的区域以透明色填充。单击“背景橡皮擦工具”，显示该工具的选项栏，如图 9-41 所示。

图9-41

在该选项栏中主要选项的功能介绍如下。

- 限制选项：在该下拉列表中包含 3 个选项。若选择“不连续”选项，则擦除图像中所有具有取样颜色的像素；若选择“连续”选项，则擦除图像中与光标相连的具有取样颜色的像素；若选择“查找边缘”选项，则在擦除与光标相连区域的同时保留图像中物体锐利的边缘效果。
- 容差文本框：可设置被擦除的图像颜色与取样颜色之间差异的大小，取值范围为 0%~100%。数值越小被擦除的图像颜色与取样颜色越接近，擦除的范围越小；数值越大则擦除的范围越大。
- 保护前景色：勾选该复选框可防止具有前景色的图像区域被擦除。

选择“吸管工具”分别吸取背景色和前景色，前景色为保留的部分，背景色为擦除的部分，选择“背景橡皮擦工具”在图像中涂抹。如图 9-42、图 9-43 所示。

图9-42

图9-43

(3) 魔术橡皮擦工具

魔术橡皮擦工具是魔术棒工具和背景橡皮擦工具的综合，它是一种根据像素颜色来擦除图像的工具。单击“魔术橡皮擦工具”，显示该工具的选项栏，如图 9-44 所示。

图9-44

在该选项栏中主要选项的功能介绍如下。

- 消除锯齿：选中此复选框，将得到较平滑的图像边缘。
- 连续复选框：勾选该复选框可使擦除工具仅擦除与单击处相连接的区域。
- 对所有图层取样：勾选该复选框，将利用所有可见图层中的组合数据来采集色样，否则只对当前图层的颜色信息进行取样。

使用魔术橡皮擦工具可以一次性擦除图像或选区中颜色相同或相近的区域，让擦除部分的图像呈透明效果，如图 9-45、图 9-46 所示。

图9-45

图9-46

操作技巧

该工具可以直接对背景图层进行擦除操作，无需解锁转为普通图层。

9.2.6 渐变工具组

在 Photoshop 中，渐变工具组分为渐变工具和油漆桶工具。使用渐变工具组里的渐变工具，可以在图像中填充渐变色。如果图像中没有选区，渐变色会填充到当前图层上；如果有选区，则会填充到选区中。

(1) 渐变工具

在填充颜色时，渐变工具可以将颜色从一种颜色变化到另一种颜色，如由浅到深、由深到浅的变化。单击“渐变工具”，显示该工具的选项栏，如图 9-47 所示。

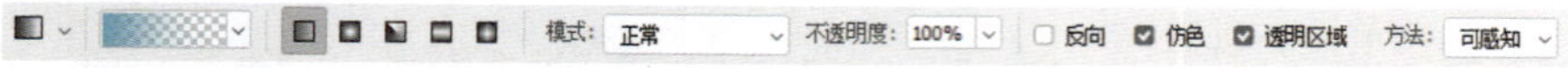

图9-47

在该选项栏中主要选项的功能介绍如下。

- 渐变颜色条：显示当前渐变颜色，单击右侧的下拉按钮，可以打开“渐变”拾色器，如图9-48所示。单击渐变颜色条，则直接显示“渐变编辑器”对话框，在该对话框中可以进行编辑，如图9-49所示。

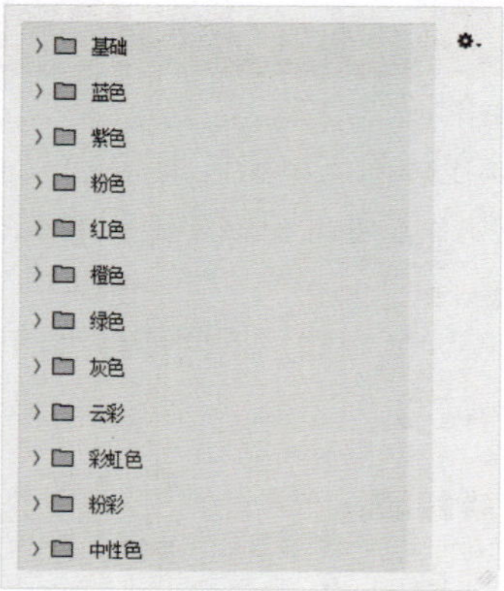

图9-48

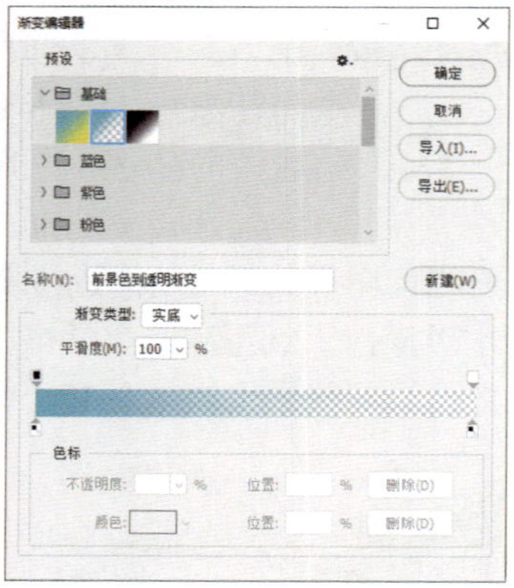

图9-49

- 线性渐变：可以以直线方式从不同方向创建起点到终点的渐变。
- 径向渐变：可以以圆形的方式创建起点到终点的渐变。
- 角度渐变：可以创建围绕起点以逆时针扫描方式的渐变。
- 对称渐变：可以使用均衡的线性渐变在起点的任意一侧创建渐变。
- 菱形渐变：可以以菱形方式从起点向外产生渐变，终点定义菱形的一个角。
- 模式：设置应用渐变时的混合模式。
- 不透明度：设置应用渐变时的不透明度。
- 反向：选中该复选框，得到反方向的渐变效果。
- 仿色：选中该复选框，可以使渐变效果更加平滑，防止打印时出现条带化现象，但在显示屏上不能明显地显示出来。
- 透明区域：选中该复选框，可以创建包含透明像素的渐变。

选择“渐变工具”，在弹出的面板中单击选择相应的渐变样式，然后将鼠标定位在图像中要设置为渐变起点的位置，拖动以定义终点，然后自动填充渐变，如图9-50、图9-51所示。

（2）油漆桶工具

油漆桶工具可以直接在图像中填充与前景色相近颜色的区域或图案，若创建了选区，则直接填充选区。单击“油漆桶工具”，显示该工具的选项栏，如图9-52所示。

在该选项栏中主要选项的功能介绍如下。

- 填充：选择“前景”，表示在图中填充的前景色，选择“图案”，表示在图中填充的是连续的图案。

图9-50

图9-51

图9-52

- 模式：用于设置渐变的混合模式。
- 不透明度：用于设置填充颜色的不透明度。
- 容差：用于控制油漆桶工具每次填充的范围，树枝越大，允许填充的范围也就越大。
- 消除锯齿：选择此项，可使填充的边缘保持平滑。
- 连续的：选中此选项，填充的区域是和鼠标单击点相似并连续的部分；如果不选择此项，填充的区域是所有和鼠标单击点相似的像素，不管是否和鼠标单击点连续。
- 所有图层：选择此选项后，就不管当前在哪个层上操作，用户所使用的工具对所有图层都起作用，而不是只针对当前操作图层。

9.2.7 图章工具组

图章工具是常用的修饰工具，主要包括仿制图章工具和图案图章工具。常用于对图像的内容进行复制和修复。

（1）仿制图章工具

仿制图章工具的作用是将取样图像应用到其他图像或同一图像的其他位置。仿制图章工具在操作前需要从图像中取样，然后将样本应用到其他图像或同一图像的其他部分。

选择“仿制图章工具”，显示该工具的选项栏，如图9-53所示。

图9-53

选择“仿制图章工具”，在选项栏中设置参数，按住Alt键，在图像中单击取样，释放Alt键后在需要修复的图像区域单击即可仿制出取样处的图像，如图9-54、图9-55所示。

图9-54

图9-55

（2）图案图章工具

图案图章工具是将系统自带的或用户自定义的图案进行复制，并应用到图像中。图案可以用来创建特殊效果、背景网纹或壁纸设计等。选择“图案图章工具”，显示该工具的选项栏，如图 9-56 所示。

图9-56

在选项栏中，若勾选对齐复选框，每次单击拖拽得到的图像效果是图案重复衔接拼贴；若取消对齐复选框，多次复制时会得到图像的重叠效果。

选择“图案图章工具”，在选项栏中选择所需图案，将鼠标移到图像窗口中，按住鼠标左键并拖动，即可使用选择的图案覆盖当前区域的图像，如图 9-57、图 9-58 所示。

图9-57

图9-58

（3）内容感知移动工具

内容感知移动工具是操作简单的智能修复工具，主要有两大功能。

- 感知移动功能：该功能主要是用来移动图片中的主体，并随意放置到合适的位置。移动后的空隙位置，软件会智能修复。
- 快速复制：选取想要复制的部分，移到其他需要的位置就可以实现复制，复制后的边缘会自动柔化处理，跟周围环境融合。

选择“内容感知工具”，显示该工具的选项栏，如图 9-59 所示。

图9-59

在该选项栏中，若选择“移动”模式，则实现“感知移动”功能；若选择“扩展”模式，则实现“快速复制”功能。

9.2.8 污点修复工具组

污点修复工具组主要对照片进行修复工作，主要包括污点修复画笔工具、修复画笔工具、修补工具、红眼工具等。

（1）污点修复画笔工具

污点修复画笔工具是将图像的纹理、光照和阴影等与所修复的图像进行自动匹配。该工具不需要进行取样定义样本，只要确定需要修补的图像的位置，然后在需要修补的位置单击并拖动鼠标，释放鼠标即可修复图像中的污点，快速除去图像中的瑕疵。

选择“污点修复画笔工具”，显示该工具的选项栏，如图 9-60 所示。

图9-60

该选项栏中主要选项的功能介绍如下。

- 类型按钮组：选中“内容识别”单选按钮，将使用选区周围的像素进行修复；选中“创建纹理”单选按钮将使用选区中的所有像素创建一个用于修复该区域的纹理；选中“近似匹配”单选按钮将使用选区边缘周围的像素来查找要用作选定区域修补的图像区域。
- 对所有图层取样复选框：勾选该复选框，可使取样范围扩展到图像中所有的可见图层。

（2）修复画笔工具

修复画笔工具与污点修复画笔工具相似，最根本的区别在于在使用修复画笔工具前需要指定样本，即在无污点位置进行取样，再用取样点的样本图像来修复图像。与仿制图章工具相同，用于修补瑕疵，可以从图像中取样或用图案填充图像。修复画笔工具在修复时，在颜色上会与周围颜色进行一次运算，使其更好地与周围融合。

选择“修复画笔工具”，显示该工具的选项栏，如图 9-61 所示。在该选项栏中，选中“取样”单选按钮表示“修复画笔工具”对图像进行修复时以图像区域中某处颜色作为基点。选中“图案”单选按钮可在其右侧的列表中选择已有的图案用于修复。

图9-61

（3）修补工具

修补工具和修复画笔工具类似，是使用图像中其他区域或图案中的像素来修复选中的区域。修补工具会将样本像素的纹理、光照和阴影与源像素进行匹配。

单击“修补工具”，显示该工具的选项栏，如图 9-62 所示。在该选项栏中，若选择“源”单选按钮，则修补工具将从目标选区修补源选区；若选择“目标”单选按钮，则修补工具将从源选区修补目标选区。

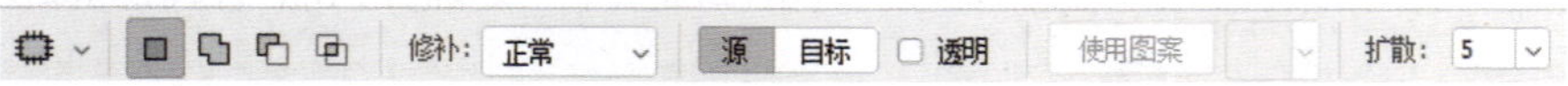

图9-62

（4）红眼工具

在使用闪光灯或光线昏暗处进行人物拍摄时，拍出的照片人物眼睛容易泛红，这种现象即我们常说的红眼现象。Photoshop 提供的“红眼工具”可以去除照片中人物眼睛中红点，以恢复眼睛光感。

9.3 文字的处理与应用

在 Photoshop 中进行设计创作时，除了可绘制色彩缤纷的图像，还可创建具有各种效果的文字。文字不仅可以帮助大家较快了解作品所呈现的主题，有时在整个作品中也可以充当非常重要的角色。本节讲述文字工具的使用方法。

9.3.1 创建文本

在 Photoshop 中，文字工具包括横排文字工具、直排文字工具、横排文字蒙版工具和直排文字蒙版工具。选择“横排文字工具” T，显示该工具的选项栏，如图 9-63 所示。

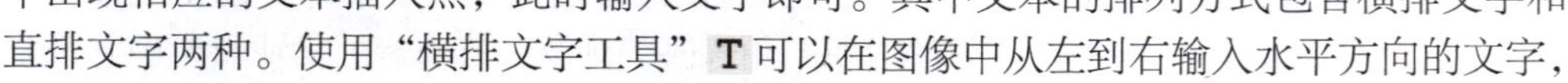

图9-63

（1）输入水平与垂直文字

选择文字工具，在选项栏中设置文字的字体和字号，在图像中单击，此时在图像中出现相应的文本插入点，此时输入文字即可。其中文本的排列方式包含横排文字和直排文字两种。使用“横排文字工具” T 可以在图像中从左到右输入水平方向的文字，如图 9-64 所示。使用“直排文字工具” ↓T 可以在图像中输入垂直方向的文字，如图 9-65 所示。文字输入完成后，按 Ctrl+Enter 组合键或者单击文字图层完成输入。

新手误区

如果需要调整已经创建好的文本排列方式，则可以直接单击选项栏的“切换文本取向”按钮，或执行“文字”>“取向”>“水平 / 垂直”命令即可。

图9-64

图9-65

（2）输入段落文字

若需要输入的文字内容较多，可通过创建段落文字的方式来进行文字输入，以便对文字进行管理并对格式进行设置。

选择文字工具，将鼠标指针移动到图像窗口中，当鼠标变成插入符号时，按住鼠标左键不松，拖动鼠标，此时在图像窗口中拉出一个文本框，如图 **9-66** 所示。文本插入点会自动插入到文本框前端，在文本框中输入文字，当文字到达文本框的边界时会自动换行。如果文字需要分段，按 Enter 键即可。

若开始绘制的文本框过大或较小，会导致输入的文字内容不能完全显示在文本框中，此时将鼠标指针移动到文本框四周的控制点上拖动鼠标调整文本框大小，使文字全部显示在文本框中，如图 **9-67** 所示。

图9-66

图9-67

（3）输入文字型选区

选择“直排文字蒙版工具”或“横排文字蒙版工具”可以创建文字型选区，即沿文字边缘创建的选区。

使用文字蒙版工具创建选区时，在“图层”面板中不会生成文字图层，因此输入文字后，不能再编辑该文字内容。

（4）沿路径输入文字

沿路径绕排文字的字面理解就是让文字跟随某一条路径的轮廓形状进行排列，有效地将文字和路径结合，在很大程度上扩充了文字带来的视觉效果。

选择钢笔工具或形状工具，在选项栏中选择“路径”选项，在图像中绘制路径，使用文字工具，将鼠标指针移至路径上方，当鼠标变为形状时，在路径上单击鼠标，此时光标会自动吸附到路径上，即可输入文字，如图 9-68 所示。按 Ctrl+Enter 组合键完成输入，如图 9-69 所示。

图9-68

图9-69

9.3.2 字符/段落面板

在 Photoshop 中有两个关于文本的面板，一个是文字，还有一个是段落，在这两个面板中用户可以设置字体的类型、大小、字距、基线移动以及颜色等属性，让文字更贴近用户想表达的主题，并使整个画面变得更加完整。

单击“切换字符和段落面板”按钮，即可弹出“字符”面板和“段落”面板，如图 9-70、图 9-71 所示。在“字符”面板中可以对文字设置更多的选项，例如行间距、竖向缩放、横向缩放、比例间距和字符间距等。在“段落”面板中单击相应的按钮或输入数值即可对文字的段落格式进行调整。

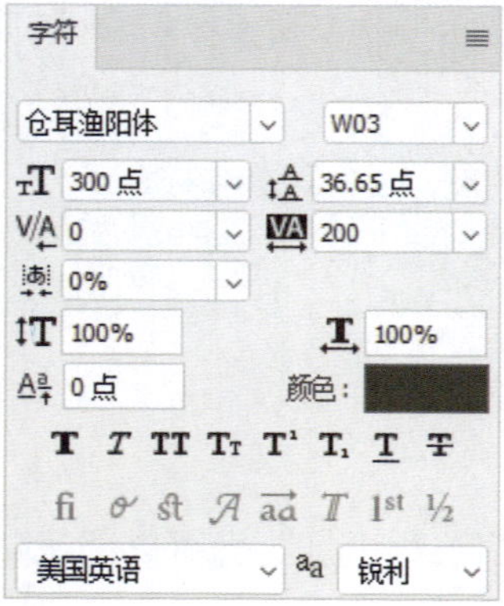

图9-70

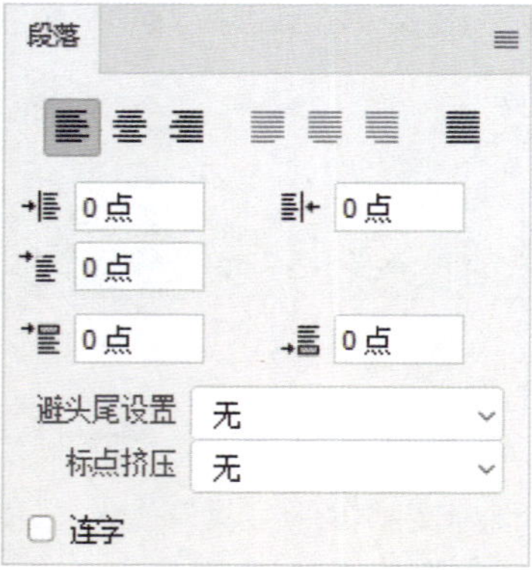

图9-71

9.3.3 将文字转换为工作路径

在图像中输入文字后，选择文字图层，单击鼠标右键，在弹出的菜单中选择“创建工作路径”选项或执行“文字”>“创建工作路径”命令，即可将文字转换为矢量图形，如图 9-72 所示。转换为工作路径后，可以使用“路径选择工具”对文字路径进行移动，调整工作路径的位置，如图 9-73 所示。按 Ctrl+Enter 组合键创建选区，按 Shift+F5 组合键填充颜色或使用油漆桶工具单击填充前景色。

图9-72

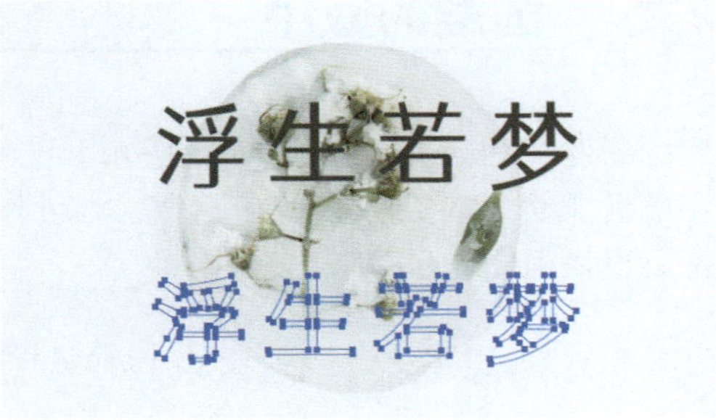

图9-73

操作技巧

工作路径是出现在“路径”面板中的临时路径，用于定义形状的轮廓。

9.3.4 变形文字

变形文字即对文字的水平形状和垂直形状做出调整，让文字效果更多样化。变形文字工具只针对整个文字图层而不能单独针对一个字体或者某些文字。在文字工具状态下单击选项栏中的“创建文字变形”按钮 ，或执行“文字”>“文字变形”命令，弹出“变形文字”对话框，如图 9-74 所示。

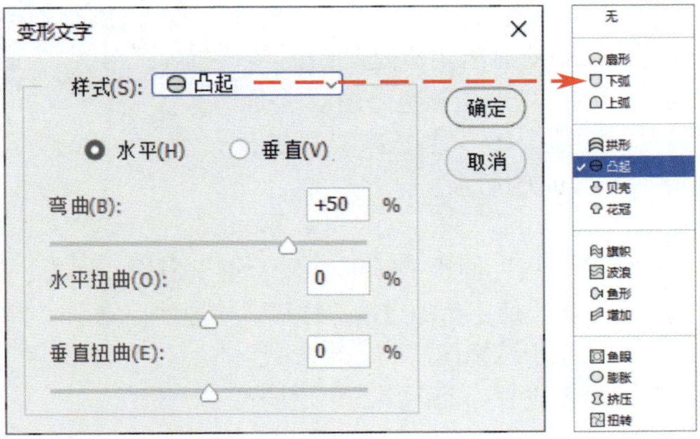

图9-74

该对话框中主要选项的功能如下。

- 水平 / 垂直：该选项主要用于调整变形文字的方向。

- 弯曲：指定对图层应用的变形程度。
- 水平扭曲 / 垂直扭曲：该选项用于对文字应用透视变形。结合“水平”和“垂直”方向上的控制以及弯曲度的协助，可以为图像中的文字增加许多效果。

9.4 图层的应用

图层在 Photoshop 中起着至关重要的作用，通过图层，可以对图形、图像以及文字等元素进行有效的管理和归整，为创作过程提供有利的条件。图层的运用非常灵活，也很简便。

9.4.1 认识图层

图层相当于一张胶片，里面包含文字或图形等元素，一张张按顺序叠放在一起，组合起来形成平面设计的最终效果。一个 Photoshop 创作的图像可以想象成是由若干张包含有各个不同部分的图像、不同透明度的纸叠加而成的，每张纸称为一个“图层”。图层具有以下三个特性。

- 独立性：图像中的每个图层都是独立的，当移动、调整或删除某个图层时，其他的图层不受任何影响。
- 透明性：图层可以看作是透明的胶片，未绘制图像的区域可查看下方图层的内容，将众多的图层按一定顺序叠加在一起，便可得到复杂的图像。
- 叠加性：图层是由上至下叠加在一起，并不是简单的堆积，而是通过控制各层图层的混合模式和选项之后叠加在一起，可以得到千变万化的图像合成效果。

在 Photoshop 中，几乎所有应用都是基于图层上的，很多复杂强大的图像处理功能也是图层所提供的。执行“窗口”>“图层”命令或按 F7 功能键，弹出“图层”面板，如图 9-75 所示。

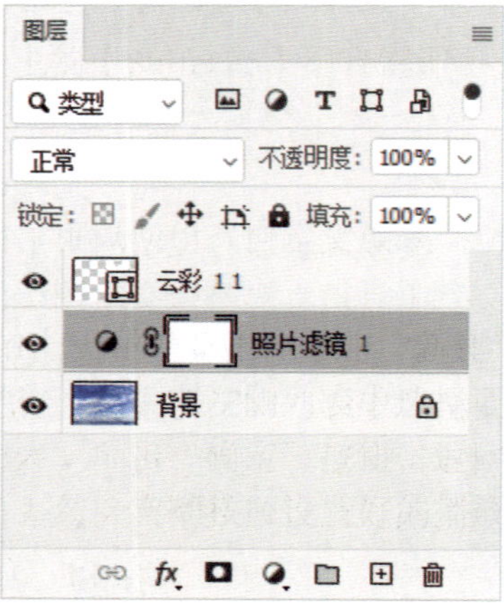

图9-75

该面板中各主要选项的功能如下。

- 图层滤镜：位于“图层”面板的顶部，显示基于名称、种类、效果、模式、属性或颜色标签的图层的子集。使用新的过滤选项可以快速地在复杂文档中找到关键层。
- 图层的混合模式：用于选择图层的混合模式。
- 图层不透明度：用于设置当前图层的不透明度。
- 图层锁定 锁定：：包括锁定透明像素、锁定图像像素、锁定位置、防止在画板内外自动嵌套和锁定全部。
- 图层填充透明度 填充：100%：可以在当前图层中调整某个区域的不透明度。
- 指示图层可见性：用于控制图层显示或者隐藏，不能编辑隐藏状态下的图层。

- **图层缩览图**：指图层图像的缩小图，方便确定调整的图层。在缩小图上右击弹出列表，在列表中可以选择缩小图的大小、颜色、像素等。
- **图层名称**：用于定义图层的名称，若想要更改图层名称，只需双击要重命名的图层，输入名称即可。
- **图层按钮组**：在图层调板底端的7个按钮分别是链接图层、添加图层样式、添加图层蒙版、创建新的填充或调整图层、创建新组、创建新图层和删除图层，它们是图层操作中常用的命令。

9.4.2 管理图层

对图像的创作和编辑离不开图层，因此对图层的基本操作必须熟练掌握。在Photoshop中，图层的操作包括新建、删除、复制、合并、重命名以及调整图层叠放顺序等。

（1）新建图层

默认状态下，打开或新建的文件只有背景图层。新建图层可以执行“图层”>“新建”>“图层”命令，弹出“新建图层”对话框，如图9-76所示。或者在“图层”面板中，单击“创建新图层”按钮，即可在当前图层上面新建一个透明图层，新建的图层会自动成为当前图层。

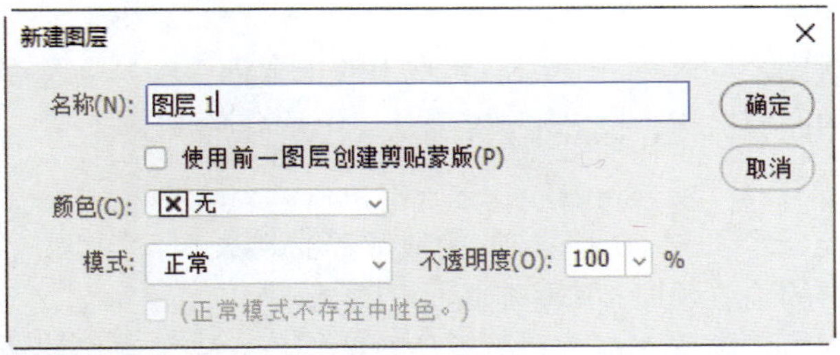

图9-76

除此之外，还应该掌握其他图层创建的方法：

- **文字图层**：选择文字工具，在图像中单击鼠标，出现闪烁光标后输入文字，按Ctrl+Enter组合键确认即可创建文字图层。
- **形状图层**：选择形状工具，拖动绘制形状即可自动生成形状图层。
- **填充或调整图层**：在“图层”中单击“创建新的填充或调整图层”按钮，在弹出的菜单中选择相应的命令，设置适当调整参数后单击“确定”按钮即可。
- **图层样式图层**：双击该图层，或右击鼠标，在弹出的菜单中选择“图层样式”选项，添加图层样式。
- **蒙版图层**：在“图层”中单击“添加图层蒙版”按钮添加图层蒙版，按Ctrl+Alt+G组合键创建剪贴蒙版。

（2）复制与删除图层

在对图像进行编辑之前，要选择相应图层作为当前工作图层，此时只需将光标移动到“图层”面板上，当其变为形状时单击需要选择的图层即可。或者在图像上单击鼠标右键，在弹出的菜单中选择相应的图层名称也可选择图层，如图 9-77 所示。

选择需要复制的图层，将其拖动到“创建新图层”按钮上即可复制出一个拷贝图层，如图 9-78 所示。复制副本图层可以避免因为操作失误造成的图像效果的损失。

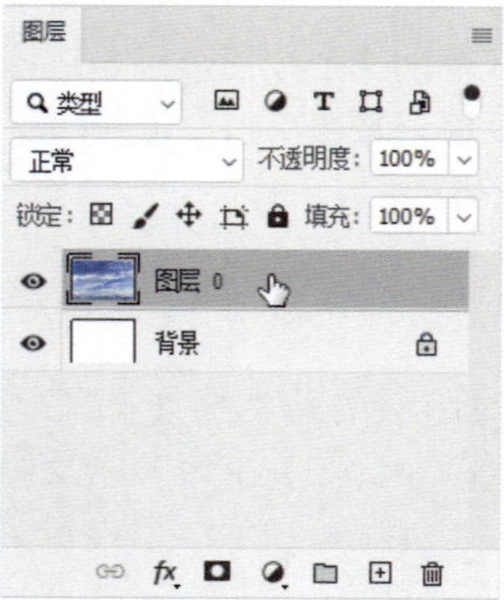

图9-77

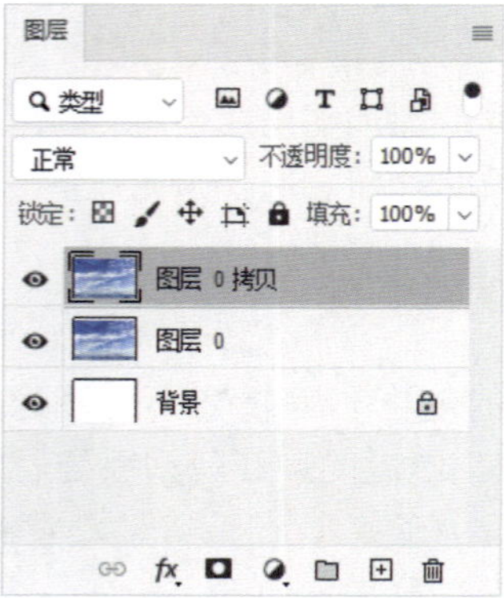

图9-78

为了减少图像文件占用的磁盘空间，在编辑图像时，通常会将不再使用的图层删除。具体的操作方法是右击需要删除的图层，在弹出的菜单中选择“删除图层”选项。或将要删除的图层拖动到“删除图层”按钮上，释放鼠标即可删除。

（3）重命名图层

如果需要修改图层的名称，在图层名称上双击鼠标，图层名称变为蓝色可编辑状态。此时输入新的图层名称，按 Enter 键确认即可重命名该图层。

（4）调整图层顺序

图像会有不止一个图层，而图层的叠放顺序直接影响着图像的合成结果，因此，常常需要调整图层的叠放顺序，来达到设计的要求。

在“图层”面板中单击选择需要调整位置的图层，将其直接拖动到目标位置，出现蓝色双线时释放鼠标即可，如图 9-79 所示。或者在“图层”面板上选择要移动的图层，执行“图层” > “排列”命令，在子菜单中单击执行相应的命令即可将选定图层移动到指定位置上，如图 9-80 所示。

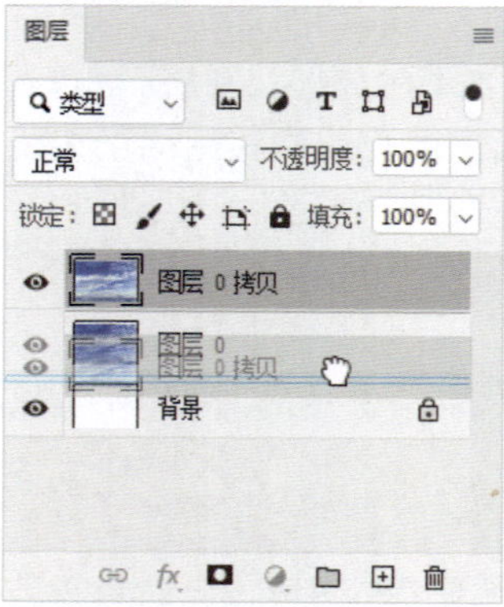

图9-79

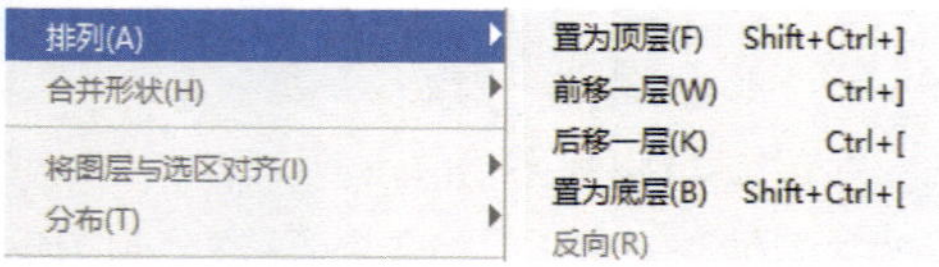

图9-80

（5）合并图层

一幅图像往往是由许多图层组成的，图层越多，文件越大。当最终确定了图像的内容后，为了缩减文件，可以合并图层。简单来说，合并图层就是将两个或两个以上图层中的图像合并到一个图层上。用户可根据需要对图层进行合并，从而减少图层的数量以便操作。

① 合并多个图层

当需要合并两个或多个图层时，有以下几种方法：

- 执行“图层”>“合并图层”命令；
- 按 Ctrl+E 组合键合并图层；
- 右击鼠标，在弹出的菜单中选择“合并图层”选项；
- 单击面板右上角的≡按钮，在弹出的菜单中选择“合并图层”选项。

② 合并可见图层

将图层中可见的图层合并到一个图层中，而隐藏的图像则保持不动。

- 执行“图层”>“合并可见图层”命令；
- 按 Ctrl+Shift+E 组合键即可合并可见图层；
- 右击鼠标，在弹出的菜单中选择“合并可见图层”选项；
- 单击面板右上角的≡按钮，在弹出的菜单中选择“合并可见图层”选项。

③ 拼合图像

所有可见图层进行合并，而丢弃隐藏的图层。

执行“图层”>“拼合图像”命令，Photosho 会将所有处于显示的图层合并到背景图层中。若有隐藏的图层，在拼合图像时会弹出提示对话框，询问是否要扔掉隐藏的图层，单击“确定”按钮即可，如图 9-81 所示。

④ 盖印图层

盖印图层是可以将多个图层的内容合并到一个新的图层中，同时保持原始图层的内容不变，按 Ctrl+Alt+Shift+E 组合键即可，如图 9-82 所示。

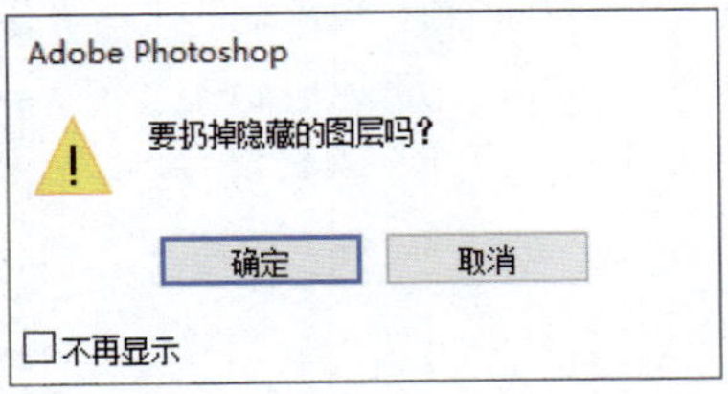

图9-81

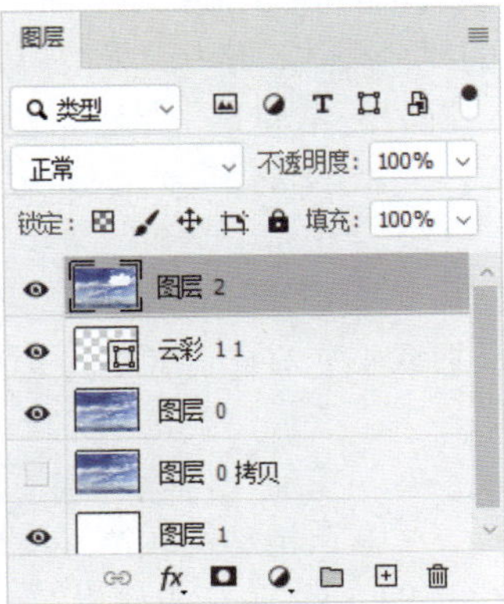

图9-82

9.4.3　图层样式

为图层添加图层样式是指为图层上的图形添加一些特殊的效果。例如投影、内阴影、内发光、外发光、斜面和浮雕、光泽、颜色叠加、渐变叠加等。下面详细介绍图层样式的应用。

（1）调整图层不透明度

图层的不透明度直接影响图层上图像的透明效果，对其进行调整可淡化当前图层中的图像，使图像产生虚实结合的透明感。在“图层”面板的“不透明度”数值框中输入相应的数值或直接拖动滑块即可，如图 9-83、图 9-84 所示。数值的取值范围在 0~100% 之间：当值为 100% 时，图层完全不透明；为 0% 时，图层完全透明。

图9-83

图9-84

新手误区

填充透明度只用于设置图层的内部填充颜色，对添加到图层的外部效果（如投影）不起作用。

（2）设置图层混合模式

混合模式的应用非常广泛，在“图层”面板中，可以很方便地设置各图层的混合模式，选择不同的混合模式会得到不同的效果。

默认情况为正常模式，除正常模式外，Photoshop 中提供了 6 组 27 种混合模式，如图 9-85 所示。

- 组合模式：正常、溶解。
- 加深模式：变暗、正片叠底、颜色加深、线性加深、深色。
- 减淡模式：变亮、滤色、颜色减淡、线性减淡（添加）、浅色。
- 对比模式：叠加、柔光、强光、亮光、线性光、点光、实色混合。
- 比较模式：差值、排除、减去、划分。
- 色彩模式：色相、饱和度、颜色和明度。

图 9-86、图 9-87 所示为使用图层样式的前后效果。

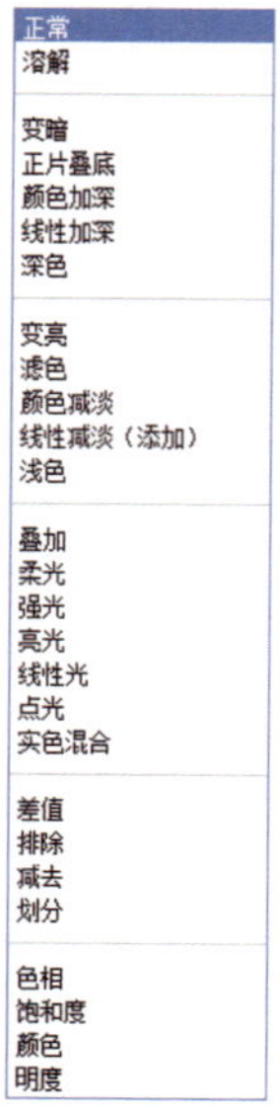

图9-85

（3）应用图层样式

双击需要添加图层样式的图层，弹出“图层样式”对话框，勾选相应的复选框并设置参数以调整效果，单击“确定”按钮即可，如图 9-88 所示。

图9-86

图9-87

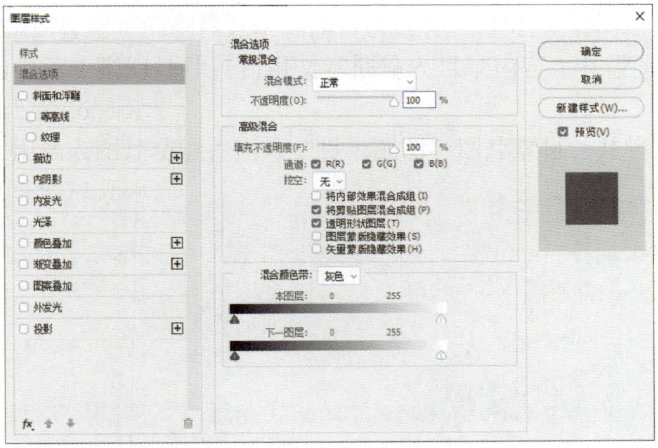

图9-88

该对话框中各选项的功能介绍如下。

- 混合选项：设置图像的混合模式与不透明度、设置图像的填充不透明度，指定通道的混合范围，以及设置混合像素的亮度范围。
- 斜面与浮雕：可以添加不同组合方式的浮雕效果，从而增加图像的立体感。
- 描边：可以使用颜色、渐变以及图案来描绘图像的轮廓边缘。
- 内阴影：可以在紧靠图层内容的边缘向内添加阴影，使图层呈现凹陷的效果。
- 内发光：沿图层内容的边缘向内创建发光效果。
- 光泽：可以为图像添加光滑的具有光泽的内部阴影。
- 颜色叠加：可以在图像上叠加指定的颜色，通过混合模式的修改调整图像与颜色的混合效果。
- 渐变叠加：可以在图像上叠加指定的渐变色。
- 图案叠加：可以在图像上叠加图案。通过混合模式的设置使叠加的图案与原图进行混合。
- 外发光：可以沿图层内容的边缘向外创建发光效果。
- 投影：可以为图层模拟出向后的投影效果，增强某部分的层次感以及立体感。

图 9-89、图 9-90 所示为使用描边图层样式的前后效果。

图9-89

图9-90

此外，还可以单击“图层”面板底部的“添加图层样式”按钮 fx，从弹出的下拉菜单中选择任意一种样式，弹出“图层样式”对话框，勾选相应的复选框并设置参数，若选中多个复选框，则可同时为图层添加多种样式效果。

（4）管理图层样式

图层的样式也是可以编辑与管理的，合理应用这些操作可以有效提高工作效率。

① 复制图层样式

如果要重复使用一个已经设置好的样式，可以复制该图层样式应用到其他图层上。选中已添加图层样式的图层，右击鼠标，在弹出的菜单中选择“拷贝图层样式”选项，再选择需要粘贴图层样式的图层，右击鼠标，在弹出的菜单中选择“粘贴图层样式”选项即可。

② 删除图层样式

删除图层样式可分为两种形式，一种是删除图层中运用的所有图层样式；另一种是删除图层中运用的部分图层样式。

- **删除图层中运用的所有图层样式**：将要删除的图层中的图层样式图标 fx 拖动到“删除图层” 按钮上，释放鼠标即可删除图层样式。
- **删除图层中运用的部分图层样式**：展开图层样式，选择要删除的其中一种图层样式，将其拖到“删除图层” 按钮上，释放鼠标即可删除该图层样式，而其他的图层样式依然保留，如图 9-91、图 9-92 所示。

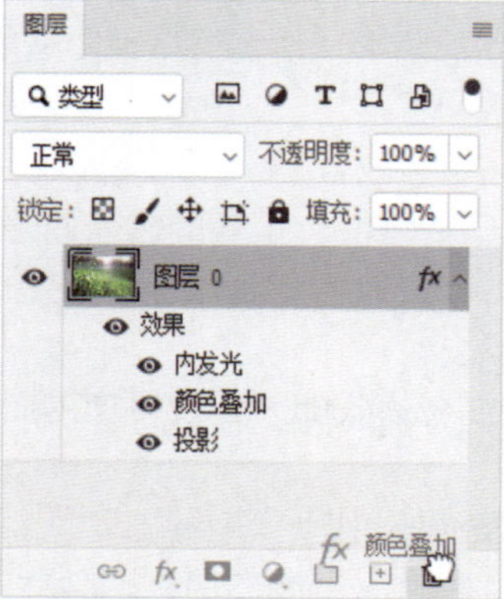

图9-91

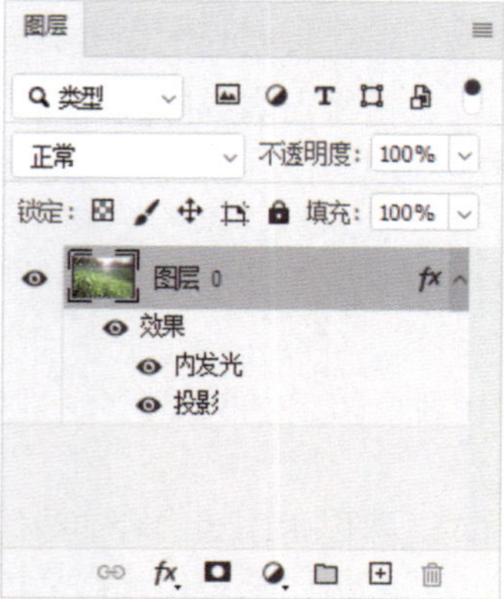

图9-92

③ 隐藏图层样式

有时图像中的效果太过复杂，难免会扰乱画面，这时用户可以隐藏图层效果。选择任意图层，执行“图层”>“图层样式”>“隐藏所有效果”命令，此时该图像文件中所有图层的图层样式将被隐藏。

单击当前图层中已添加的图层样式前的图标，即可将当前层的图层样式隐藏。此外，还可以单击其中某一种图层样式前的图标，即只隐藏该图层样式。

9.5 路径的创建

路径工具是 Photoshop 矢量设计功能的充分体现，用户可以利用路径功能绘制线条或者曲线，并对绘制后的线条进行填充等，从而完成一些选取工具无法完成的工作，因此，必须熟练掌握路径工具的使用。使用钢笔工具和自由钢笔工具都可以创建路径，也可以使用钢笔工具组中的其他工具，如添加锚点工具、删除锚点工具等对路径进行修改和调整，使其更适合用户的要求。

9.5.1 路径和路径面板

所谓路径是指在屏幕上表现为一些不可打印、不能活动的矢量形状，由锚点和连接锚点的线段或曲线构成，每个锚点还包含了两个控制柄，用于精确调整锚点及前后线段的曲度，从而匹配想要选择的边界。

执行“窗口”>“路径”命令，弹出“路径”面板，可以进行路径的新建、保存、复制、填充以及描边等操作，如图 9-93 所示。

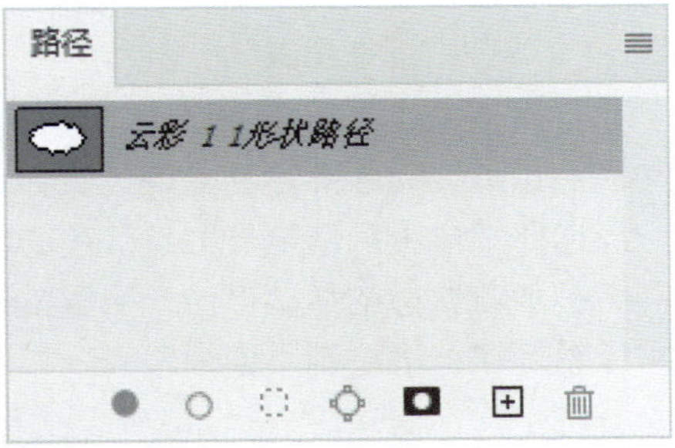

图9-93

该面板中各主要选项的功能介绍如下。

- 路径缩览图和路径层名：用于显示路径的大致形状和路径名称，双击名称后可为该路径重命名。
- 用前景色填充路径：单击该按钮将使用前景色填充当前路径。
- 用画笔描边路径：单击该按钮可用画笔工具和前景色为当前路径描边。
- 将路径作为选区载入：单击该按钮可将当前路径转换成选区，此时还可对选区进行其他编辑操作。
- 从选区生成工作路径：单击该按钮将选区转换为工作路径。
- 添加图层蒙版：单击该按钮为路径添加图层蒙版。
- 创建新路径：单击该按钮可创建新的路径图层。
- 删除当前路径：单击该按钮可删除当前路径图层。

9.5.2 钢笔工具组

Photoshop 软件中提供了一组用于创建、编辑路径的工具，位于 Photoshop 软件的工具箱中。默认情况下，其图标显示呈现为钢笔图标。

（1）钢笔工具

钢笔工具是一种矢量绘图工具，使用它可以精确绘制出直线或平滑的曲线。

选择“钢笔工具”，在图像中单击创建路径起点，此时在图像中会出现一个锚点，沿图像中需要创建路径的图案轮廓方向单击并按住鼠标不放向外拖动，让曲线贴合图像边缘，直到当光标与创建的路径起点相连接，路径才会自动闭合，如图 9-94、图 9-95 所示。

图9-94

图9-95

（2）自由钢笔工具

自由钢笔工具可以在图像窗口中拖动鼠标绘制任意形状的路径。在绘画时，将自动添加锚点，无需确定锚点的位置，完成路径后同样可进一步对其进行调整。

选择“自由钢笔工具”，在选项栏中勾选“磁性的”复选框将创建连续的路径，同时会随着鼠标的移动产生一系列的锚点，如图 9-96 所示；若取消勾选该复选框，则可像铅笔在纸上绘制不连续路径，如图 9-97 所示。

图9-96

图9-97

新手误区

“自由钢笔工具”类似于“套索工具”，不同的是，“套索工具”绘制的是选区，而“自由钢笔工具”绘制的是路径。

9.5.3 路径形状的调整

路径可以是平滑的直线或曲线，也可以是由多个锚点组成闭合形状，在路径中添加锚点或删除锚点都能改变路径的形状。

（1）添加 / 删除锚点

选择“添加锚点工具”，将鼠标移到要添加锚点的路径上，当鼠标变为形状时单击鼠标即可添加一个锚点，添加的锚点以实心显示，此时拖动该锚点可以改变路径的形状。

选择“删除锚点工具”，将鼠标移到要删除的锚点上，当鼠标变为形状时单击鼠标即可删除该锚点，删除锚点后路径的形状也会发生相应变化。

（2）转换锚点

使用“转换点工具”能将路径在尖角和平滑之间进行转换，具体有以下几种方式。

① 在要转换为平滑点的锚点上按住鼠标左键不放并拖动，会出现锚点的控制柄，拖动控制柄即可调整曲线的形状，如图 9-98 所示。

② 若要将平滑点转换成没有方向线的角点，只要单击平滑锚点即可，如图 9-99 所示。

③ 若要将平滑点转换为带有方向线的角点，要使方向线出现，然后拖动方向点使方向线断开，如图 9-100 所示。

图9-98

图9-99

图9-100

9.6 通道和蒙版

对图像的编辑实质上是对通道的编辑。通道是真正记录图像信息的地方，无论色彩的改变、选区的增减、渐变的产生，都可以追溯到通道中去。

9.6.1 通道的创建

一般情况下，在 Photoshop 中新建的通道是保存选择区域信息的 Alpha 通道，可以更加方便地对图像进行编辑。创建通道分为创建空白通道和创建带选区的通道两种。

（1）创建空白通道

空白通道是指创建的通道属于选区通道，但选区中没有图像等信息。

在“通道”面板中单击右上角的≡按钮，在弹出的菜单中选择“新建通道”选项，如图 9-101 所示，弹出“新建通道”对话框，如图 9-102 所示，在该对话框中设置新通道的名称等参数，单击“确定”按钮即可。在“通道”面板中单击底部的“创建新通道”按钮⊞也可以新建一个空白通道。

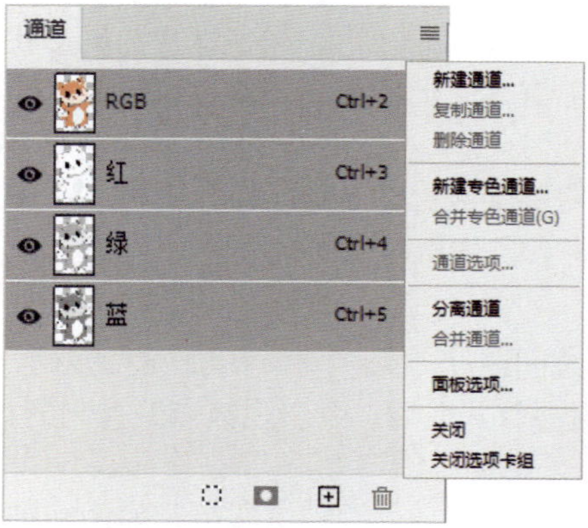

图9-101

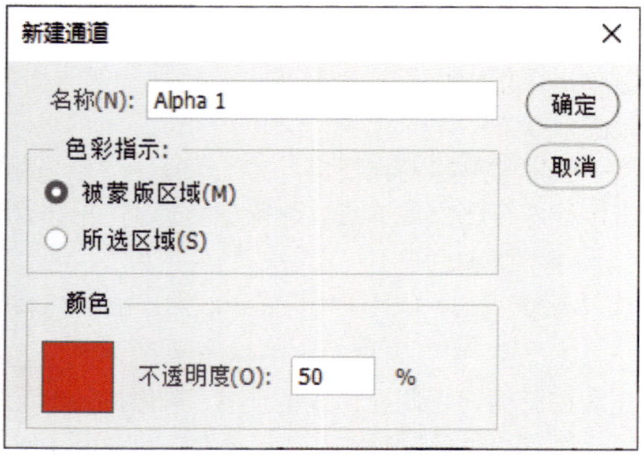

图9-102

（2）通过选区创建选区通道

选区通道是用来存放选区信息的，一般由用户保存选区，用户可以在图像中将需要保留的图像创建选区，然后在“通道”面板中单击“创建新通道”按钮⊞即可。将选区创建为新通道后能方便用户在后面的重复操作中快速载入选区。若用户是在背景图层上创建选区，可直接单击“将选区存储为通道”按钮◘快速创建带有选区的 Alpha 通道。在将选区保存为 Alpha 通道时，选择区域被保存为白色，非选择区域保存为黑色。如果选择区域具有羽化值，则此类选择区域被保存为由灰色柔和过渡的通道。

9.6.2 蒙版的分类

Photoshop 蒙版是将不同灰度色值转化为不同的透明度，并作用到它所在的图层，使图层不同部位透明度产生相应的变化。黑色为完全透明，白色为完全不透明，灰色为半透明。蒙版分为快速蒙版、矢量蒙版、图层蒙版和剪贴蒙版 4 类。

（1）快速蒙版

快速蒙版是一种临时性的蒙版，是暂时在图像表面产生一种与保护膜类似的保护装置，常用于帮助用户快速得到精确的选区。当在快速蒙版模式中工作时，“通道”面板中会出现一个临时快速蒙版通道，但是，所有的蒙版编辑是在图像窗口中完成的。

单击工具箱底部的“以快速蒙板模式编辑”按钮◙或者按 Q 键，进入快速蒙版编辑状态，单击“画笔工具”，适当调整画笔大小，在图像中需要添加快速蒙版的区域进行涂抹，涂抹后的区域呈半透明红色显示，然后再按 Q 键退出快速蒙版，从而建立选区，如图 9-103、图 9-104 所示。

（2）矢量蒙版

矢量蒙版是通过形状控制图像显示区域的，它只能作用于当前图层。其本质为使

图9-103

图9-104

用路径制作蒙版，遮盖路径覆盖的图像区域，显示无路径覆盖的图像区域。矢量蒙版可以通过形状工具创建，也可以通过路径来创建。

选择钢笔工具，绘制图像路径，执行“图层”>“矢量蒙版”>“当前路径”命令，保留路径覆盖区域图像，背景区域则隐藏不见，如图 9-105、图 9-106 所示。

图9-105

图9-106

选择“自定形状工具”，在选项栏中选择“形状”模式，设置形状样式，在图像中单击并拖动鼠标，绘制形状即可创建矢量蒙版。

（3）图层蒙版

图层蒙版可以在不破坏图像的情况下反复修改图层的效果，大大方便了对图像的编辑。选择添加蒙版的图层为当前图层，单击“图层”面板底端的“添加图层蒙版”按钮，设置前景色为黑色，使用“画笔工具”在图层蒙版上进行涂抹擦除，如图 9-107、图 9-108 所示。

按住 Alt 键的同时单击“添加图层蒙版”按钮可创建黑色的蒙版，设置前景色为白色，使用画笔工具擦除显示。若图层中有选区时，直接单击面板底部的“添加图层蒙版”按钮，选区内的图像被保留，而选区外的图像将被隐藏。

（4）剪贴蒙版

剪贴蒙版是使用处于下方图层的形状来限制上方图层的显示状态。剪贴蒙版由两部分组成：一部分为基层，即基础层，用于定义显示图像的范围或形状；另一部分

图9-107

图9-108

为内容层，用于存放将要表现的图像内容。使用剪贴蒙版能够在不影响原图像的同时有效地完成剪贴制作。蒙版中的基底图层名称带下划线，上层图层的缩览图是缩进的。

创建剪贴蒙版有如下两种方法：

- 在面板中按住 Alt 键的同时将鼠标移至两图层间的分隔线上，当其变为形状时，单击鼠标左键即可，如图 9-109、图 9-110 所示；
- 在面板中选择要进行剪贴的两个图层中的内容层，按 Ctrl+Alt+G 组合键即可。

图9-109

图9-110

在使用剪贴蒙版处理图像时，内容层一定位于基础层的上方，才能对图像进行正确剪贴。创建剪贴蒙版后，再按 Ctrl+Alt+G 组合键即可释放剪贴蒙版。

9.7 图像色彩的调整

构成图像的重要元素之一便是色彩，调整图像的色彩，图像带给人们的视觉感受和风格也会跟随着变化，图像也会呈现出全新的面貌。

9.7.1 色阶

色阶主要用来调整图像的高光、中间调以及阴影的强度级别，从而校正图像的色调范围和色彩平衡。执行“图像”>“调整”>“色阶”命令或按 Ctrl+L 组合键，弹出“色阶”对话框，如图 9-111 所示。

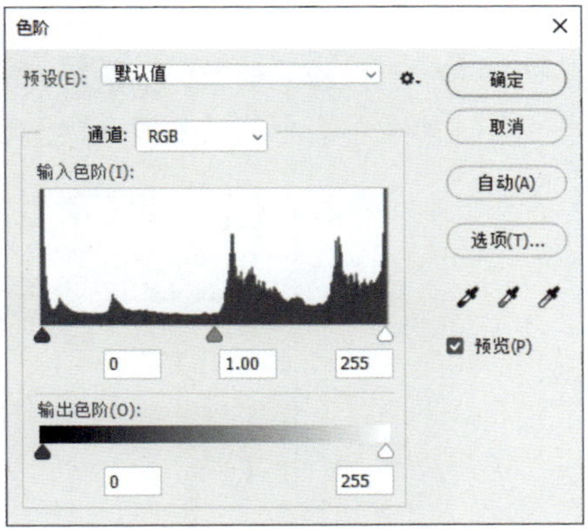

图9-111

该对话框中各主要选项的功能如下。

- 预设：在其下拉列表框中选择预设色阶文件对图像进行调整。
- 通道：在其下拉列表框中选择调整整体或者单个通道色调的通道。
- 输入色阶：该选项分别对应上方直方图中的三个滑块，拖动即可调整其阴影、高光以及中间调。
- 输出色阶：设置图像亮度范围，其取值范围为 0 ～ 255，两个数值分别用于调整暗部色调和亮部色调。
- 自动按钮：单击该按钮，Photoshop 将以 0.5 的比例对图像进行调整，把最亮的像素调整为白色，而把最暗的像素调整为黑色。图 9-112、图 9-113 所示为调整前后效果。

图9-112

图9-113

- 选项按钮：通过单击该按钮，弹出“自动颜色校正选项”对话框。该对话框主要用于设置“阴影”和“高光”所占比例。
- 从图像中取样以设置黑场：单击该按钮在图像中取样，可以将单击处的像素调整为黑色，同时图像中比该单击点亮的像素也会变成黑色。
- 从图像中取样以设置灰场：单击该按钮在图像中取样，可以根据单击点设置为灰度色，从而改变图像的色调。
- 从图像中取样以设置白场：单击该按钮在图像中取样，可以将单击处的像素调整为白色，同时图像中比该单击点亮的像素也会变成白色。

9.7.2 曲线

曲线的使用不仅可以调整图像整体的色调，还可以精确地控制图像中多个色调区域的明暗度，可以将一幅整体偏暗且模糊的图像变得清晰、色彩鲜明。执行“图像”>“调整 ”>“曲线”命令或按 Ctrl+M 组合键，弹出“曲线”对话框，如图 9-114 所示。

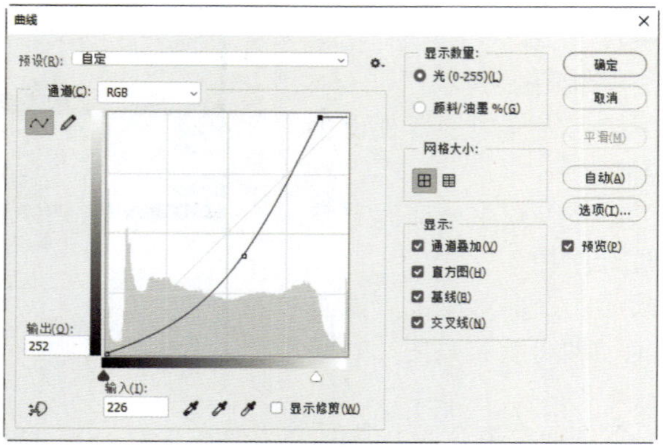

图9-114

该对话框中各主要选项的功能如下。

- 曲线编辑框：曲线的水平轴表示原始图像的亮度，即图像的输入值；垂直轴表示处理后新图像的亮度，即图像的输出值；曲线的斜率表示相应像素点的灰度值。在曲线上单击并拖动可创建控制点调整色调。
- 编辑点以修改曲线：表示以拖动曲线上控制点的方式来调整图像。
- 通过绘制来修改曲线：单击该按钮后将鼠标移到曲线编辑框中，当其变为形状时单击并拖动，绘制需要的曲线来调整图像。
- 按钮：控制曲线编辑框中曲线的网格数量。
- “显示”选项区：包括“通道叠加”“基线”“直方图”和“交叉线”4 个复选框，只有勾选这些复选框才会在曲线编辑框里显示 3 个通道叠加以及基线、直方图和交叉线的效果。

图 9-115、图 9-116 所示为使用曲线命令调整图像的前后效果。

图9-115

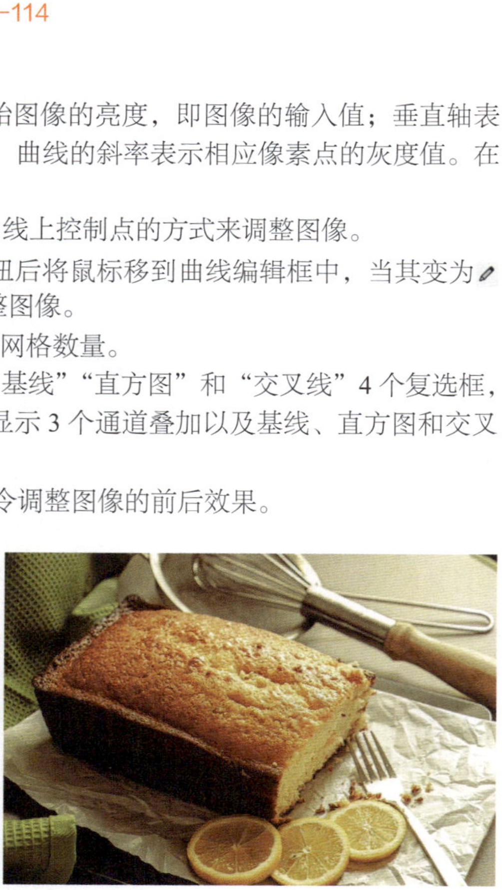

图9-116

9.7.3 色彩平衡

色彩平衡是指调整图像整体色彩平衡，只作用于复合颜色通道，在彩色图像中改变颜色的混合，用于纠正图像中明显的偏色问题。执行该命令可以在图像原色的基础上根据需要来添加其他颜色，或通过增加某种颜色的补色，以减少该颜色的数量，从而改变图像的色调。执行“图像”>“调整”>“色彩平衡”命令或按 Ctrl+B 组合键，弹出“色彩平衡”对话框，如图 9-117 所示。

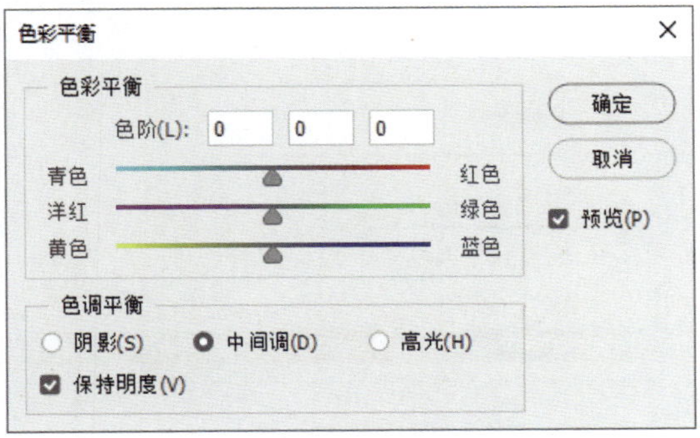

图9-117

该对话框中各主要选项的功能如下。

- “色彩平衡”选项区：在“色阶”后的文本框中输入数值即可调整组成图像的 6 个不同原色的比例，用户也可直接用鼠标拖动文本框下方 3 个滑块的位置来调整图像的色彩。
- “色调平衡”选项区：用于选择需要进行调整的色彩范围，包括暗调、中间调和高光，选中某一个单选按钮，就可对相应色调的像素进行调整。勾选“保持明度”复选框时，调整色彩时将保持图像亮度不变。

图 9-118、图 9-119 所示为使用色彩平衡命令调整图像的前后效果。

图9-118

图9-119

9.7.4 色相/饱和度

色相/饱和度主要用于调整图像像素的色相及饱和度，通过对图像的色相、饱和度和亮度进行调整，从而达到改变图像色彩的目的。而且还可以通过给像素定义新的色相和饱和度，实现灰度图像上色的功能，或创作单色调效果。

选择“图像”>“调整”>“色相/饱和度”命令或按 Ctrl+U 组合键，弹出“色相/饱和度”对话框，如图 9-120 所示。

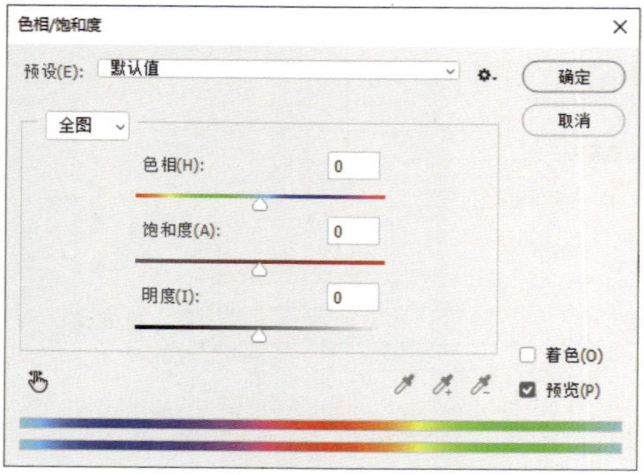

图9-120

在该对话框中，若选择“全图”选项可一次调整整幅图像中的所有颜色。若选中“全图”选项之外的选项，则色彩变化只对当前选中的颜色起作用。若勾选“着色”复选框，则通过调整色相和饱和度，能让图像呈现多种富有质感的单色调效果，图 9-121、图 9-122 所示为应用“着色”调整图像的前后效果。

图9-121

图9-122

9.7.5 替换颜色

替换颜色主要是针对图像中某颜色范围内的图像进行调整，用其他颜色替换图像中的某个区域的颜色，来调整色相、饱和度和明度值。简单来说，替换颜色命令可以视为一项结合了“色彩范围”和“色相/饱和度”命令的功能。执行“图像”>“调整”>“替换颜色”命令，弹出“替换颜色”对话框，如图 9-123 所示。

将鼠标移动到图像中需要替换颜色的图像上单击以吸取颜色，并在该对话框中设

图9-123

置颜色容差，单击结果上的色块调整颜色，可根据需要调整色相、饱和度以及明度参数，图 9-124、图 9-125 所示为替换颜色前后对比效果图。

图9-124

图9-125

9.7.6 去色

去色即去掉图像的颜色，将图像中所有颜色的饱和度变为 0，使图像显示为灰度，每个像素的亮度值不会改变。执行“图像” > “调整” > “去色”命令或按 Shift+Ctrl+U 组合键即可，图 9-126、图 9-127 所示为图像去色前后对比效果图。

图9-126

图9-127

第 10 章

AIGC 技术基础应用指南

10.1 AIGC概述

AIGC（Artificial Intelligence Generated Content）即人工智能生成内容，是一种利用人工智能技术自动生成各种类型内容的技术。它基于深度学习、自然语言处理、计算机视觉等多领域技术的融合，使机器能够模拟人类的创作过程，生成高质量、多样化的原创内容。

10.1.1 初识AIGC技术

初识 AIGC，用户可以想象它是一位非常聪明且多才多艺的助手，这个助手的名字就叫 AIGC。它不像普通的助手那样只能按照你的指令去做事，而是能够自己学习和创造。这个助手能够读懂你的文字，听懂你的声音，甚至能看懂图片和视频，然后根据这些信息来生成新的内容，比如文章、图片、音乐或者视频等。

AIGC 之所以能做到这些，是因为它背后有着强大的技术支持，就像是我们的大脑一样。它使用了一种叫做“人工智能”的技术，这种技术让 AIGC 能够像人类一样思考和学习。具体来说，它通过分析大量的数据，学习其中的规律和模式，然后利用这些学到的知识来生成新的内容。

（1）定义与背景

AIGC 是指通过人工智能算法和技术，对大量数据进行学习和分析，从而自动生成文本、图像、音频、视频等多种类型的内容。它是在专家生产内容（PGC）和用户生产内容（UGC）之后出现的一种新型内容创作方式，标志着人工智能技术在内容创作领域的深入应用。

（2）技术原理

AIGC 主要基于机器学习，尤其是深度学习领域的技术，包括自然语言处理（NLP）和计算机视觉等。通过读入大量的人类语言数据或图像数据，AIGC 模型能够学习语言的语法规则、上下文关系和图像的特征表示，进而生成与之相关的内容。在文本生成中，自然语言处理技术起着核心作用；在图像生成中，则主要利用生成对抗网络（GAN）等模型。

（3）发展历程

AIGC 的发展历程可以分为早期萌芽阶段、沉淀累积阶段和快速发展阶段。随着深度学习算法、算力设备和互联网技术的不断进步，AIGC 技术逐渐从实验性转向实用性，并在多个领域展现出巨大的潜力和价值。

（4）优势与挑战

AIGC 技术的优势主要体现在提高生产效率、降低成本、增强创造性、提升内容质量和满足多样化需求等方面。然而，它也面临着数据隐私、伦理问题、技术风险和安全隐患等挑战。因此，在利用 AIGC 技术时，需要注重技术安全和隐私保护，并充分考虑其带来的社会影响。

（5）未来展望

随着人工智能技术的不断发展，AIGC 的前景将更加广阔。未来，AIGC 可能会更加侧重于创作质量的提升，强调个性化和定制化，并深入应用于更多领域。技术的进步将使 AIGC 更加智能、自主，创作的内容将越来越逼真和多样化。

10.1.2　AIGC技术应用领域

AIGC 技术具有广泛的应用领域，主要可以总结为以下几个方面。

（1）内容创作

- 文本生成：AIGC 可以快速生成文章、故事、诗歌等文本内容，无论是新闻报道、社交媒体帖子还是产品描述，都能轻松应对。它可以根据给定的提示或主题，创作出连贯、有创意的文本。
- 图像生成：AIGC 技术能够生成原创的图像和艺术作品，比如风景画、肖像画等。通过学习大量的图像数据，AIGC 可以创造出新的视觉效果，为设计、广告等领域提供丰富的素材。
- 音频和视频生成：在音频领域，AIGC 可以生成音乐、语音等音频内容；在视频领域，它可以辅助生成视频内容，从简单的动画到复杂的电影场景都能实现。这使得 AIGC 在娱乐、教育、营销等多个领域都有广泛的应用。

（2）营销广告

- 广告文案生成：AIGC 可以根据品牌调性和受众特征，生成吸引人的广告文案，提高广告的点击率和转化率。
- 社交媒体管理：AIGC 可以自动生成社交媒体帖子，保持账号的活跃度，吸引更多关注。

（3）办公场景

- 智能客服：AIGC 可以接受客户的求助信息，快速识别客户需求并给予相应回复或建议，提高客户满意度和客服工作效率。
- 数据分析：AIGC 可以对大量数据进行自动分析和处理，提供有价值的数据报告和参考意见，帮助企业更好地了解市场和客户需求。

（4）教育培训

- 个性化学习：AIGC 可以根据学生的学习偏好和进度，提供个性化的学习内容和教学方法，实现一对一的智能辅导。
- 智能评估：AIGC 能够根据学生的回答和反馈进行智能评估，帮助学生及时了解自己的学习状况并进行调整。
- 教育资源生成：AIGC 还可以自动生成教学材料、模拟考试等内容，提高教育资源的丰富性和质量。

（5）医疗健康

- 医学影像分析：AIGC 可以通过学习大量医学影像数据，自动生成对病变区域的标注和描述，帮助医生更准确地诊断疾病。
- 药物研发：AIGC 可以分析已知药物的化学结构和作用机制，预测和设计新的药物分子，加速药物研发过程，降低研发成本。
- 智能问诊：AIGC 还可以模仿医生问诊的方式，提供智能问诊服务，改善患者的就医体验。

（6）虚拟场景生成

AIGC 可以创建虚拟的三维环境，为用户提供沉浸式的 VR 和 AR 体验。这在游戏、教育、旅游等领域都有广泛的应用。

（7）其他领域

AIGC 还在金融、娱乐、设计等多个领域展现出其独特的价值。例如，在金融领域，AIGC 可以生成金融报告、市场分析等内容；在娱乐领域，AIGC 可以生成个性化的娱乐新闻和互动内容；在设计领域，AIGC 可以辅助设计师完成各种设计任务，提高设计效率和质量。

10.1.3 AIGC 工具及特点

目前，AIGC 领域涌现出众多热门工具，这些工具在内容创作、图像生成、视频制作、音频处理、代码开发等多个方面展现出强大的能力。以下是一些比较热门的 AIGC 工具及其特点和主要用途。

（1）智能写作与创作辅助

① ChatGPT

ChatGPT 是一款基于 GPT 系列模型的自然语言处理工具，具备强大的文本生成能力，可用于智能问答、文本创作、内容生成等多种场景。它在自动客服、智能助手、教育辅助等多个领域都有广泛的应用潜力。

② 文心一言

文心一言是百度研发的知识增强型大规模语言模型，具备与人对话互动、解答疑问、辅助创作等多种能力。文心一言不仅能够理解人类语言并进行对话交流，还能辅助用户进行文案撰写和创意激发。它广泛应用于各种创作场景和工作中。

③ 智谱清言

智谱清言是一款集成了自然语言处理、深度学习等技术的智能写作工具，具备自动撰写文章并生成标题、摘要和关键词等功能，还能调整文章风格。

（2）智能图像处理与生成

① Midjourney

Midjourney 是一款以文本提示生成图像的 AI 工具，用户只需输入关键词描述，AI 即可通过算法生成图像。它支持在线使用，免去了下载安装的麻烦，降低了使用门槛。Midjourney 生成的图像质量很高，支持多种艺术风格，且允许用户实时调整图像参数，以获得最满意的效果。

② Stable Diffusion

Stable Diffusion 是一款创新的开源图像绘制工具。它以其简洁直观的操作界面和高精度的图像生成能力而受到用户喜爱。Stable Diffusion 允许用户输入关键词生成图像，且图像生成速度快、质量高。此外，它还支持用户实时调整图像参数，以满足个性化需求。

③ Pixso AI

Pixso AI 是国产一体化在线协作设计工具 Pixso 内置的 AI 软件免费版，它集合了多种 AI 能力，旨在帮助设计师和艺术家释放创造力。Pixso AI 具备 AI 绘图、语言大师、灵感专家、设计规范生成、设计元素检查清单五大应用能力。其中，AI 绘图功能支持多风格、多尺寸、多数量的图像生成；语言大师功能则支持多语言翻译和文案撰写、润色等。

10.1.4 AIGC的使用方法

掌握 AIGC 工具的使用方法，能够帮助用户了解这项技术，并能快速上手制作，从而提升自己的工作效率。

（1）选择合适的 AIGC 工具

根据工作场景和需求选择合适的 AIGC 工具至关重要。

- 代码编写与辅助：对于程序员而言，GitHub Copilot、Tabnine、Amazon CodeWhisperer、Microsoft IntelliCode 等工具可以提供代码补全、建议等功能，显著提高编程效率。
- 内容创作：ChatGPT、文言一心等 AI 语言模型可以生成各种文案、PPT、演讲稿等，适合文字工作者和内容创作者。
- 图像处理：Stable Diffusion、Disco Diffusion 等文生图软件能生成绘画作品，帮助设计师和插画师快速完成任务。
- 视频编辑：Sora、腾讯智影、剪映等视频编辑工具则提高了视频剪辑师和短视频创作者的工作效率。

（2）深入了解工具功能

在使用 AIGC 工具之前，深入了解其功能和使用方法是必要的。通过阅读官方文档、教程、观看教学视频等方式，掌握工具的基本操作和高级功能，以便更高效地利用它们。

（3）数据准备与预处理

对于需要输入数据的 AIGC 工具，提前准备好高质量的数据并进行预处理。这包括数据清洗、去噪、标准化等步骤，以确保输入数据的质量和准确性，从而提高AIGC工具的输出质量和效率。

（4）协同工作与资源整合

许多AIGC工具可以与其他工具或平台协同工作，通过整合资源实现更高效的工作流程。例如，将AI语言模型与文档编辑器结合使用，可以自动生成文档大纲和内容；将文生图软件与设计软件结合使用，可以快速生成设计作品等。

（5）不断学习与适应

随着AIGC技术的不断发展，新的工具和方法不断涌现。因此，保持学习的态度，关注最新的AIGC技术和工具动态，不断尝试新的工具和方法，以适应快速变化的工作环境并提高工作效率。

10.2 会提问才能得到好答案

想要让AI返回准确性更高，更符合预期的答案，首先要懂得如何向AI提问。

10.2.1 提问的基本原则

向AI工具提问时，为了获得更准确、更有用的回答，需要遵循一定的原则。这些原则不仅能帮助用户有效地与AI进行交互，还能提升获得的信息质量。以下是一些关键的注意事项。

- 明确且具体的问题：AI通常更擅长处理直接明了的问题，因此要避免使用模糊或抽象的词汇，确保你的问题清晰、具体且不含糊。
- 结构化问题：将问题分解成几个小部分，按照逻辑顺序提问。这有助于AI更好地理解问题并给出详细的回答。如果你需要了解一个复杂过程，可以从最基础的步骤开始提问。
- 使用正确的术语：在可能的情况下，使用领域相关的专业术语或关键词。这有助于AI识别并给出更准确的回答。同时，确保你对这些术语有准确的理解，以免产生误导。
- 提供背景信息：如果问题涉及到特定的上下文或情境，提供足够的背景信息可以帮助AI更好地理解问题并给出针对性的回答。例如，在询问电脑技术问题的解决方案时，可以事先说明你的操作系统版本、软件版本等。
- 避免引导性答案：尽量避免在问题中暗示或引导AI给出特定的答案。这样做可能会导致AI忽略其他可能的解决方案或信息。相反，你应该让AI自由地根据问题本身来给出回答。
- 检查问题的开放性：有时开放性问题可以激发AI的创意思考，但在需要具体答案时，则应尽量保持问题的封闭性。
- 多次尝试与调整：如果AI的首次回答不符合你的期待，不要气馁。尝试重新组织问题、调整措辞或提供更多背景信息，然后再次提问。有时候，简单的调整就能让AI给出更满意的回答。

10.2.2 提问的分类

AI 提问的类型可分为开放式、封闭式和具体化这三种，这种分类方式有助于用户根据不同的需求和场景选择合适的提问类型，以更有效地与 AI 工具进行交互。

（1）开放式提问

开放式提问允许 AI 能够不受限制，自由表达观点。这类问题通常不设定固定的答案范围，鼓励回答者展开详细的解释、描述或讨论。这类问题通常具有如下特点。

- 答案多样性：由于不受限制，开放式问题的答案可能多种多样，反映了回答者的个人见解、经验和情感。
- 深度探讨：有助于深入了解回答者的思想、态度和知识背景，促进深入讨论和交流。
- 应用场景：适用于需要收集主观意见、理解复杂情境或进行创造性思考的场景。

例如，“你认为人工智能在未来十年内将如何改变我们的日常生活？”这个问题是一个典型的开放式问题，因为它允许回答者自由表达自己对未来趋势的看法和预测。回答可能涉及多个方面，如智能家居、自动驾驶、医疗健康、教育娱乐等，每个方面都可以有详细的解释和讨论。这种类型的问题鼓励创造性的思考和深入的探讨。

（2）封闭式提问

封闭式提问是要求 AI 能给出简短、明确的答案。这种方式通常设定了固定的答案范围或选项，AI 只能从中选择或给出是 / 否等简单回答。封闭式提问的特点如下。

- 答案明确性：答案具有唯一性或确定性，有助于快速获取关键信息。
- 高效性：在需要快速收集数据、进行统计或验证事实时，封闭式问题非常有效。
- 应用场景：适用于问卷调查、客户反馈、知识测试等需要量化分析或快速获取信息的场景。

例如，“苹果公司的最新款 iPhone 是 iPhone 16 吗？”这是一个封闭式的提问，因为它要求回答者给出简短、明确的答案。在这个例子中，答案要么是“是”，要么是“否”。该方式主要用于快速确认事实或收集简单的统计信息。它们有助于减少歧义，并确保数据的准确性和一致性。

（3）具体化提问

具体化提问是要求 AI 针对特定细节、具体案例或实例给出相应的回答。这种方式注重于具体的事实、数据、过程或方法。具体化提问的特点如下。

- 针对性强：直接针对某个具体点进行提问，有助于获取详细、准确的信息。
- 实践导向：有助于理解实际操作中的细节、挑战和解决方案，对实践具有指导意义。
- 应用场景：适用于技术支持、故障诊断、案例分析等需要深入了解具体情况和细节的场景。

例如，“在编写一个用于处理用户登录的 Python 脚本时，如何确保密码在数据库中以加密形式存储？”这个问题是一个具体化问题，因为它要求回答者针对一个特定的技术细节或实践问题进行回答。在这个例子中，问题关注点是如何在 Python 脚本中实现密码的加密存储。回答可能包括具体的库（如 bcrypt 或 hashlib）的使用方法、加密算法的选择以及如何在数据库中存储加密后的密码等详细信息。这种类型的问题有助于解决实际操作中遇到的具体问题，提高开发效率和安全性。

10.2.3 优化提问技巧

当遇到提问内容无法表述清楚时，用户可尝试以下两种提问优化策略，以便提升问题的质量和答案的准确性。

（1）清晰度与简洁性

- 确保提问内容直接指向所需了解或解决的核心点。避免模棱两可，或过于宽泛的表述。
- 对于复杂的问题，可以尝试将其拆分成几个更小、更具体的问题来逐一询问。
- 不要绕弯子或铺垫过多，开门见山式的切入想要解决的关键问题。
- 去除不必要的修饰词和冗长的句子结构，用最直接、最简洁的方式表达问题。这样不仅可以减少 AI 解析问题的时间，还能提高回答的准确性。

例如，“我最近在学习编程，感觉很难，希望 AI 能给出一些建议？”可以向 AI 提问：“作为初学者，我在学习 Java 编程时遇到了理解类和对象概念的困难，请提供具体的学习资源或方法建议。”

问题明确指出了学习的具体编程语言（Java）、遇到的具体难点（理解类和对象概念），以及所需的帮助类型（学习资源或方法建议）。这样的表述使得 AI 能够更准确地理解问题，并给出针对性的回答。问题去除了不必要的修饰词和冗长的句子结构，直接切入主题，用简洁明了的方式表达了需求。

以下是 AI 给出的答案：

作为初学者，在学习 Java 编程时理解类和对象的概念确实是一个重要的里程碑。以下是一些具体的学习资源和方法建议，帮助你更好地掌握这些核心概念：

学习资源

1. 官方文档和教程

- Oracle 官方文档：Oracle 是 Java 的创始公司，其官方文档提供了最权威、最全面的 Java 学习资料。你可以从官方网站上下载 Java SE（标准版）的教程，这些教程详细介绍了 Java 的基础知识，包括类和对象的概念。
- Java 官方教程：Java 官方网站上也有一系列面向初学者的教程和示例代码，这些资源通常非常直观且易于理解。

2. 在线学习平台

- Coursera：Coursera 上有多门知名大学教授的 Java 编程课程，这些课程不仅涵盖了类和对象等基础知识，还提供了丰富的实践项目和编程作业。
- Udemy：Udemy 上有很多高质量的 Java 编程课程，你可以选择适合初学者的课程进行学习，这些课程通常会通过实例和练习题帮助你加深理解。

3. 技术博客和社区

- CSDN 博客：CSDN 是国内知名的技术博客平台，上面有很多 Java 程序员分享的学习心得、技术文章和示例代码。你可以通过搜索关键词找到关于类和对象概念的详细解析和实例。

- Stack Overflow：Stack Overflow 是一个程序员的问答社区，你可以在上面提问关于类和对象的问题，并找到来自全球程序员的解答。同时，你也可以浏览其他程序员的问题和答案，从中学习到很多实用的知识和技巧。

4. 视频教程

- B 站（哔哩哔哩）：B 站上有大量的 Java 编程视频教程，你可以找到一些专门针对初学者的视频系列进行学习。这些视频教程通常会通过生动的演示和讲解帮助你更好地理解类和对象的概念。

- YouTube：YouTube 上也有很多 Java 编程的视频教程，其中不乏由知名程序员和教育机构制作的高质量内容。

学习方法

1. 理论与实践相结合（具体内容 略）
2. 多做练习题（具体内容 略）
3. 阅读优秀代码（具体内容 略）
4. 参与技术讨论（具体内容 略）
5. 制定学习计划（具体内容 略）

通过以上学习资源和方法的结合使用，相信你可以更快地掌握 Java 中类和对象的概念，为后续的学习打下坚实的基础。

（2）使用示例与上下文

- 在提问时，提供一个或多个具体的案例或场景来说明你的问题。这样可以帮助 AI 更好地理解你的需求，并给出更加贴合实际的回答。

- 对于涉及编程、数据分析等领域的问题，提供相关的代码片段或数据样本可以极大地提高 AI 回答的准确性。这些示例可以帮助 AI 了解你的工作环境和具体需求。

- 如果这个问题是在一个持续对话或工作流程中提出的，可以简要回顾之前的对话或流程，以便 AI 更好地理解问题与之前的讨论或任务之间的关联。

- 如果问题涉及某个特定领域或专业知识，可以提供相关的文献、研究报告或官方文档作为参考。这些资源可以为 AI 提供额外的信息来源和验证依据。

例如，市场营销经理想要了解如何通过社交媒体提高品牌曝光度。可向 AI 提问："我们的目标受众是年轻女性，主要使用 Instagram 平台，请基于近期成功的营销案例，给出通过 Instagram 提高我们品牌曝光度的具体策略和步骤。"

问题提供了一个具体的示例场景（年轻女性受众、Instagram 平台），并要求基于近期成功的营销案例给出建议。这样的表述不仅为 AI 提供了具体的参考点，还能激发 AI 给出更加具体、可操作的回答。

以下为 AI 给出的回答：

针对年轻女性作为主要目标受众，且主要使用 Instagram 平台的情况，以下是通过 Instagram 提高品牌曝光度的具体策略和步骤，这些策略基于近期成功的营销案例进行提炼：

一、策略规划

1. 明确品牌定位与目标

深入分析年轻女性的兴趣、消费习惯、社交行为等，明确品牌的核心价值和差异化特点。

设定清晰的品牌曝光度和用户参与度目标，以便衡量营销效果。

2. 研究竞争对手

分析同类型品牌在 Instagram 上的表现，了解他们的营销策略、内容风格及用户互动情况。

寻找差异化的营销点，以吸引年轻女性的注意。

二、内容策略

1. 高质量视觉内容

制作符合年轻女性审美的高质量图片和视频，确保内容具有吸引力、创意性和相关性。

使用鲜明的色彩、清晰的画面和有趣的构图，提升内容的视觉冲击力。

2. 多样化内容主题

围绕品牌核心价值，结合年轻女性的兴趣点，制定多样化的内容主题，如时尚穿搭、美妆教程、生活方式分享等。

保持内容的新鲜感和趣味性，定期更新内容以保持用户的关注度。

3. 利用热门话题和标签

关注 Instagram 上的热门话题和标签，如 #fashion、#beauty、#lifestyle 等，结合品牌内容使用这些标签，提高内容的曝光度。

创建品牌专属的话题标签，鼓励用户参与讨论和分享，增强品牌与用户的互动。

三、互动策略

（具体内容 略）

四、利用 Instagram 功能

（具体内容 略）

五、数据分析与优化

（具体内容 略）

通过以上策略和步骤的实施，你可以有效提升品牌在 Instagram 上的曝光度，吸引更多年轻女性用户的关注和喜爱。同时，也要保持对市场和用户需求的敏感度，不断调整和优化营销策赔以适应变化。

10.3 AIGC提升文档制作效率

在文档制作方面灵活应用 AIGC 工具可提升文档质量，提高办公效率，减少人为错误。下面将围绕文档的撰写、数据报告的生成、会议的要点记录这三个方面来介绍 AIGC 工具的实际应用。

10.3.1 文档撰写与编辑

假设某品牌的制造商需要为新推出的智能手环撰写一份详细的产品说明书。这份说明书需包含产品的功能介绍、使用方法、注意事项、故障排除等多个部分。为了提升说明书的编写效率和准确性，可以使用 AIGC 工具来辅助撰写这份文档。

用户可先向 AI 提供主题、背景信息、具体需求、功能详解、使用指南以及输出要求等信息。具体内容如下。

1. 主题

请编写智能手环详细说明书。

2. 背景信息

我正在开发一款智能手环，该手环具备健康监测（如心率、血氧、步数）、消息提醒、睡眠追踪、运动模式识别、音乐控制、NFC 支付及远程拍照控制等功能。

目标用户群体为健身爱好者、科技产品追求者及日常健康关注者。

3. 具体需求

产品概述：请概述智能手环的主要功能、设计理念及适用场景。

产品规格：列出手环的尺寸、重量、电池续航、防水等级、兼容系统等具体规格信息。

4. 功能详解

健康监测：详细说明心率监测、血氧检测、步数统计、睡眠追踪等功能的原理、使用方法及注意事项。

消息提醒：解释如何设置并接收来自手机（如来电、短信、社交媒体通知）的消息提醒。

运动模式：列出支持的运动模式（如跑步、骑行、游泳等），并说明如何切换及记录数据。

音乐控制：描述如何通过手环控制手机播放音乐，包括播放 / 暂停、切换歌曲等。

NFC 支付：介绍如何设置和使用 NFC 支付功能，包括安全性说明。

远程拍照：说明如何通过手环远程控制手机拍照的步骤。

5. 使用指南

配对与连接：详细步骤说明如何将手环与手机配对并连接。

充电与维护：指导用户如何正确充电、保养及解决常见问题。

应用程序（APP）介绍：简要介绍配套APP的功能，如数据同步、个性化设置等。

安全与隐私：阐述手环在收集用户数据时的安全措施，以及用户如何管理自己的隐私设置。

故障排除：列出常见问题及解决方案，帮助用户快速解决使用中的问题。

6. 输出要求

请以清晰、简洁的语言编写，确保非技术背景的用户也能轻松理解。

如有必要，可包含图表、示意图或视频链接以增强说明效果。

请确保所有信息准确无误，符合产品实际功能。

AIGC生成文档如下：

智能手环详细说明书

一、产品概述

欢迎使用我们的智能手环！本手环专为健身爱好者、科技产品追求者及日常健康关注者设计，集健康监测、消息提醒、睡眠追踪、运动模式识别、音乐控制、NFC支付及远程拍照控制等多种功能于一体。我们秉承“智能生活，健康相伴”的设计理念，致力于为您打造便捷、高效、智能的生活体验。

二、产品规格

- 尺寸：[具体尺寸，如长 × 宽 × 高，单位mm]
- 重量：[具体重量，单位克]
- 电池续航：正常使用下可达[具体时长，如7天]，具体视使用情况而定。
- 防水等级：IP68级防水，可在多种水下环境中使用，但不建议长时间浸泡或潜水。
- 兼容系统：支持Android [具体版本号]及以上、iOS [具体版本号]及以上操作系统。

三、功能详解

1. 健康监测

- 心率监测：采用高精度传感器，实时监测您的心率变化，帮助您了解运动强度及身体状况。
- 血氧检测：通过先进的血氧饱和度检测技术，让您随时掌握血液中的氧气含量。
- 步数统计：自动记录您的日常步数，鼓励您保持活跃的生活方式。
- 睡眠追踪：全面监测您的睡眠状态，包括深睡、浅睡和清醒时间，提供详细的睡眠报告。

2. 消息提醒

通过蓝牙连接手机后，手环可接收并显示来电、短信及社交媒体通知，让您不错过任何重要信息。

3. 运动模式

支持多种运动模式，包括跑步、骑行、游泳等。通过手环上的按钮或配套APP即可轻松切换模式，并自动记录运动数据。

4. 音乐控制

连接手机后，您可以通过手环上的按钮控制手机播放音乐，实现播放 / 暂停、切换歌曲等功能。

5. NFC 支付

支持 NFC 快速支付功能，绑定银行卡或支付账户后，只需轻触手环即可完成支付，安全便捷。

6. 远程拍照

配合手机使用，手环可作为遥控器远程控制手机拍照，捕捉美好瞬间。

四、使用指南

1. 配对与连接

- 打开手机蓝牙功能。
- 下载并安装配套 APP。
- 打开 APP，按照提示搜索并配对手环。

2. 充电与维护

- 使用专用充电器或 USB 接口为手环充电。
- 避免将手环暴露在高温、潮湿或强磁场环境中。
- 定期清洁手环表带及主体，保持卫生。

3. 应用程序（APP）介绍

配套 APP 提供数据同步、个性化设置、运动计划制定等功能，帮助您更好地管理健康和生活。

4. 安全与隐私

我们严格遵守数据保护法规，确保您的个人信息安全。您可以在 APP 中管理自己的隐私设置，控制数据分享范围。

五、故障排除

- 如遇连接问题，请检查蓝牙是否开启，手环电量是否充足，并尝试重新配对。
- 如发现数据异常，请检查手环是否佩戴正确，或尝试重启手环和 APP。
- 更多问题请参考用户手册或联系客服支持。

六、结语

感谢您选择我们的智能手环！我们致力于为您提供优质的产品和服务，希望这款手环能成为您健康生活的得力助手。如有任何疑问或建议，请随时联系我们。祝您使用愉快！

10.3.2 数据分析与报告生成

在这数据驱动时代，企业和机构越来越依赖数据分析来支持决策、优化运营和发现新商机，而 AIGC 技术的引入，极大地改变了数据分析的方式和效率。

假设，现在想要为一组数据创建可视化图表，并对数据进行简单的分析。使用可以进行数据分析的 AI 工具便可以轻松完成操作（此处使用的 AI 工具为“智谱清言”）。用户可向 AI 提供所需的数据信息，AI 则会根据你提供数据进行思考和分析，并将返回分析结果生成一份恰当的图表，以供展示，如图 10-1 所示。

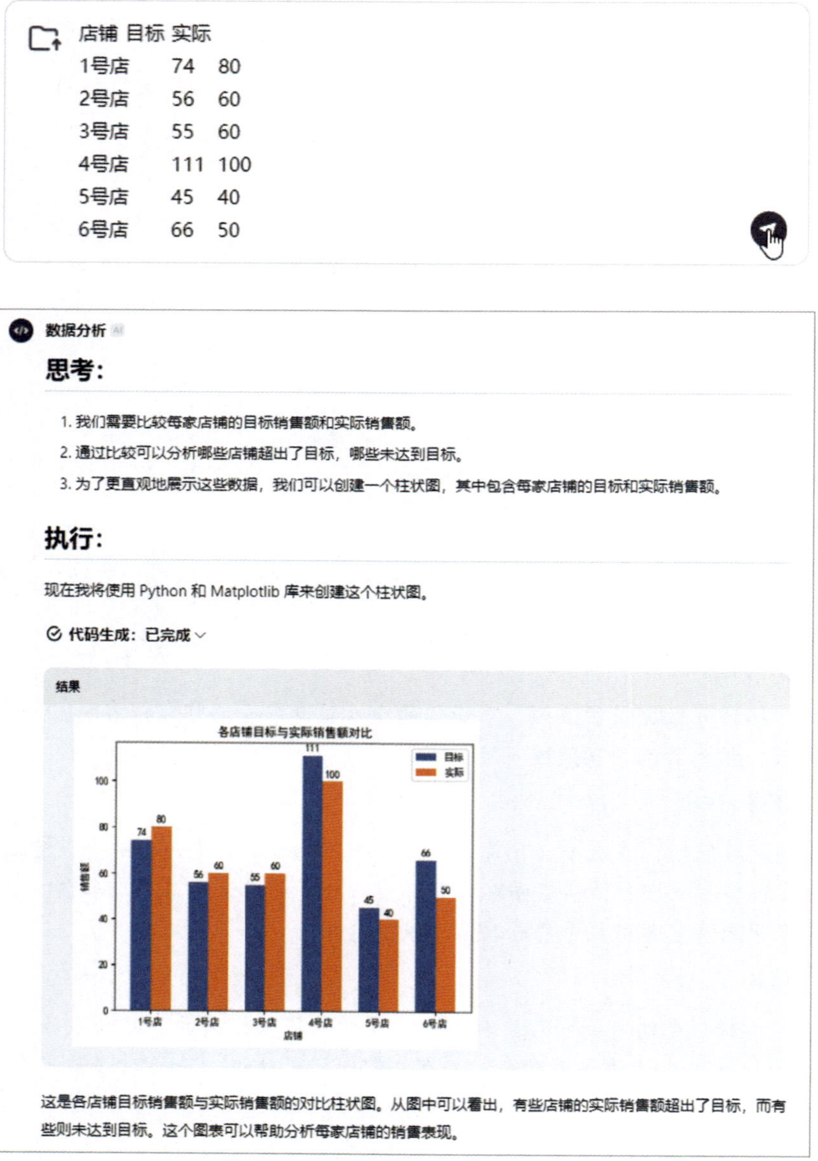

图10-1

10.3.3 会议记录与要点总结

假设某公司在2024年9月20日召开了一次关于新产品市场推广策略的会议，会议由市场部经理主持，参会人员包括销售总监、产品经理、营销专员等多位关键成员。

（1）会议记录过程

① 音频转文字

使用AI工具（如腾讯云的“通义听悟”）将会议录音实时转换为文字。通义听悟支持实时记录，并能自动区分发言人，确保文字记录的准确性和完整性。

② 文字记录整理

AI工具在转换文字的同时，还能自动去除语气词、重复语句等无关紧要的内容，使记录更加精练。

转换完成后，AI会生成一个包含时间戳、发言人标识和完整会议内容的文本文件。

（2）要点总结过程

① 关键信息提取

利用AI工具（如Kimi）对会议记录文本进行进一步处理，提取关键信息。Kimi能够识别并提取出会议中的重点议题、决策结果、行动项等关键内容。

例如，从会议记录中提取出新产品目标市场的确定、营销渠道的选择、预算分配等关键信息。

② 生成会议纪要

AI工具根据提取的关键信息，自动生成会议纪要。会议纪要中包含了会议时间、地点、参会人员、主要议题、决策结果、下一步行动项等要素。

生成的会议纪要格式规范、条理清晰，便于参会人员查阅和后续跟进。

（3）示例会议纪要

会议纪要

会议时间：2024年9月20日 14:00-16:00

会议地点：公司第一会议室

参会人员：市场部经理、销售总监、产品经理、营销专员等

主要议题及决策：

1. **新产品目标市场定位**：

- 经过讨论，确定新产品主要面向25-35岁的年轻职场人群，该群体对科技产品接受度高，消费潜力大。
- 营销专员将负责进一步的市场调研，以验证目标市场的准确性。

2. **营销渠道选择**：

- 决定采用线上线下相结合的营销方式，线上主要通过社交媒体、电商平台进行推广；线下则举办新品发布会和体验活动。
- 产品经理负责协调线上渠道的布局和优化；营销专员负责线下活动的组织和执行。

3. 预算分配：

- 初步预算为 ×× 万元，其中线上推广占比 60%，线下活动占比 30%，市场调研占比 10%。
- 销售总监将负责预算的审核和分配，确保各项营销活动顺利进行。

4. 下一步行动项：

- 营销专员需在两周内完成市场调研报告，并提交给市场部经理审阅。
- 产品经理需在一周内完成线上渠道的布局方案，并与相关部门协调实施。
- 营销专员需着手准备新品发布会和体验活动的相关事宜。

通过以上步骤，AI 不仅帮助公司快速完成了会议记录与要点总结的工作，还大大提高了工作效率和准确性。同时，生成的会议纪要也为后续的工作跟进和决策提供了有力的支持。

10.4 AIGC提供设计灵感

AIGC 除了在文档处理方面体现出显著的优势外，在设计领域方面也能给予很多设计灵感的迸发。AIGC 可根据用户需求、偏好及市场趋势，生成满足特定场景下的设计作品。用户在该作品的基础上不断优化设计方案，从而提升作品的创新性和美观度。

10.4.1 文生图的基本概念

文生图，即文本生成图像，是一种利用人工智能技术，通过输入描述性文本（通常称为“提示词”）来生成相应图像的技术。输入的文本描述会被处理成 AI 可以理解的表达方式。接着基于处理后的文本信息，AI 模型开始生成图像。

文生图技术在多个领域都有着广泛的应用，如：

- 艺术创作：艺术家和设计师可以利用文生图技术快速生成各种风格、形式的艺术作品，如插画、油画、摄影作品等。
- 广告与品牌设计：在广告和品牌宣传中，文生图技术可以生成创意海报、社交媒体封面图等，提升视觉效果和吸引力。
- 游戏与影视概念设计：在游戏开发和影视制作中，文生图技术可以帮助概念设计师快速生成场景、角色等概念图，提高设计效率。
- 教育与科普：在教育领域，文生图技术可以用于生成生动形象的教学素材和科普内容，帮助学生更好地理解和掌握知识。

这里使用“智谱清言”AI 工具生成图片。智谱清言是一款功能强大、应用场景广泛的智能化助手，除了在文章、文案、代码等方面具备出色的处理能力，在 AI 绘图领域也有不错的表现。用户只需输入图片主题和制作图片的类型，AI 便会生成相应的图片，对于需要快速制作图片的用户来说非常便捷，无需具备专业的图片编辑技能，就能轻松生成符合需求的图片。目前智谱清言的基本功能是免费的，能够满足大多数用户的日常使用需求。

示例 1：在霓虹闪烁的赛博都市天际线下，一位身着高科技战甲的宇航员站在破碎的月球表面，凝视着远方的虚拟星空，生成效果如图 10-2 所示。

示例 2：在一个阳光明媚的午后，一只色彩斑斓的猫咪懒洋洋地躺在开满鲜花的窗台上，享受着温暖的日光浴，旁边是一杯还冒着热气的香浓咖啡。生成效果如图 10-3 所示。

图10-2

图10-3

10.4.2 提升文生图效果的技巧

从用户的角度来说，可以通过选择合适的描述词和细化生成要求，有效地提升 AI 工具生成图片的质量。

这里主要使用“文心一言”工具生成图片。文心一言是百度公司推出的一款基于深度学习平台和知识增强大模型的生成式 AI 工具。它能快速回答问题、生成文本、翻译语言，还能根据描述生成图片。其图片生成功能具有多样化输出、高度定制化、高效便捷等特点，适用于创意设计、内容创作、教育学习等多个领域。通过简单的输入和参数选择，用户就能轻松生成高质量的图片素材。目前用户可以在文心一言的官方网站上免费使用其提供的各项功能。

（1）清晰的主题

如果你想要生成一张关于“夏日海滩”的图片，确保描述词中明确包含“夏日”“阳光”“海滩”“海浪”等关键词。

示例：“夏日的阳光洒在金黄色的沙滩上，清澈的海浪轻轻拍打着海滩，远处是蔚蓝的海平线和几朵悠闲的白云。”生成效果如图 10-4 所示。

（2）详细的描绘

细化每个元素的特征，如颜色、形状、质感等。

示例：“一个装着咖啡的圆形玻璃杯，放在窗台前的方桌上，阳光正透过窗户照在杯子上。”生成效果如图 10-5 所示。

图10-4

图10-5

（3）情感与氛围

在描述词中加入情感元素，如“宁静”“欢快”“神秘”“浪漫”等，可以引导 AI 工具生成具有特定情感氛围的图片。

示例：“一种生活在天上的怪兽，十分神秘，体形巨大，全身覆盖白色绒毛，眼睛有神，给人恐惧威压的感觉”。生成效果如图 10-6 所示。

图10-6

（4）图片风格

如果想要特定的风格，如写实、卡通或概念艺术等，可以在关键词中明确，如“写实风格”“卡通化处理”等。

示例 1：“一只可爱的泰迪犬在水中游泳，超级细腻，蓝色背景，3D 逼真风格”。生成效果如图 10-7 所示。

示例 2：“一只可爱的泰迪犬在水中游泳，超级细腻，蓝色背景，扁平插画风格”。生成效果如图 10-8 所示。

图10-7

图10-8

（5）技术参数

为了确保图片的高清效果，可以指定分辨率，如“4K 画质”“高清细节”等。另外还可以指定图片的比例。

示例 1：“古风夸张变形卡通，长发美女打伞，五官精致，最高画质，画面比例 1：1”。生成效果如图 10-9 所示。

示例 2：“古风夸张变形卡通，长发美女打伞，五官精致，最高画质，画面比例 4：3”。生成效果如图 10-10 所示。

图10-9

图10-10

除了上述 AI 智能工具，可以生成图片的免费智能工具还有很多，例如讯飞星火、Stable Diffusion、海艺 AI 等。用户可以尝试使用不同 AI 助手生成图片，以便获得更符合自己需要的图片风格。

附录　拓展学习内容

通过以上内容的学习，我们已经掌握了电脑的常用功能及操作技巧。为了帮助读者拓展学习，特赠送以下几章电子版内容，可扫相应的二维码，有选择性地进行学习，提高效率。

第 1 章 熟悉系统自带的附件

1.1　计算器

1.2　截图工具

1.3　写字板

1.4　画图程序

扫码看视频

扫码获取电子版

第 2 章 系统的安全与管理

2.1　电脑受到的威胁

2.2　使用Windows更新功能

2.3　Windows 11常见的安全管理设置

2.4　使用第三方工具进行安全管理

2.5　使用系统自带管理与优化工具

2.6　使用第三方工具进行管理与优化

扫码看视频

扫码获取电子版

第 3 章

装机必备的应用程序

3.1 软件的安装与卸载

3.2 压缩/解压缩工具

3.3 驱动工具

3.4 视频工具

3.5 聊天工具

3.6 输入法

3.7 办公软件

扫码看视频

扫码获取电子版

第 4 章

上网可以做的那些事

4.1 收发电子邮件

4.2 网上购物

4.3 在线休闲娱乐

4.4 观看直播及在线直播

4.5 网络课程的观看

4.6 AI工具的使用

扫码看视频

扫码获取电子版

第 5 章 PDF 阅读器的使用

5.1 了解PDF阅读器
5.2 利用PDF阅读器查看文档
5.3 使用手机查看PDF文档

扫码看视频

扫码获取电子版